新版电工实用技术

新版电工电路

——从趣味到应用

君兰工作室　编
黄海平　审校

科学出版社
北京

内 容 简 介

本书作者总结多年工作经验，将电工技术人员必须掌握的实用电工电路精炼出来，进行点对点的直观讲解。试图于细微深处，以朴实、易懂的方式介绍电工电路，让读者一看就懂、即学即用。

本书主要内容包括电工常用的基本控制电路、电气控制电路、电气控制配接电路、自动控制电路、数字电路、电动机软启动及变频调速控制电路、机床电气控制电路、照明电路、电度计量表电路、保护电路，以及趣味电工电路。

本书内容实用性强，图文并茂，具有一定的指导性和参考性。

本书适合作为各级院校电工、电子及相关专业师生的参考用书，同时可供广大电工技术人员、初级电工参考阅读。

图书在版编目(CIP)数据

新版电工电路：从趣味到应用/君兰工作室编；黄海平审校.
—北京：科学出版社，2014.5
(新版电工实用技术)
ISBN 978-7-03-039688-4

Ⅰ.新… Ⅱ.①君…②黄… Ⅲ.电路-基本知识 Ⅳ.TM13

中国版本图书馆 CIP 数据核字(2014)第 019969 号

责任编辑：孙力维 杨 凯/责任制作：魏 谨
责任印制：赵德静/封面设计：东方云飞
北京东方科龙图文有限公司 制作
http://www.okbook.com.cn

科学出版社 出版
北京东黄城根北街 16 号
邮政编码：100717
http://www.sciencep.com
新科印刷有限公司 印刷
科学出版社发行 各地新华书店经销
*

2014 年 5 月第 一 版 开本：A5(890×1240)
2014 年 5 月第一次印刷 印张：9
印数：1—4 000 字数：270 000

定 价： 36.00 元
(如有印装质量问题，我社负责调换)

前　言

2008年我们出版了“电工电子实用技术”丛书，其中《电工电子电路——从趣味到应用》一书一经推出便得到了广大读者的欢迎，其实用的内容、图解的风格、简洁的语言都使得这本书深受广大电工技术人员的喜爱，获得了很好的销量。

随着社会的快速发展，电工技术也有了很大进步，为了更好地适应现代电工的技术要求，满足新晋电工技术人员学习电工知识、掌握电工技能的愿望，总结几年来读者的反馈信息，我们推出了“新版电工实用技术”丛书。其中，《新版电工电路——从趣味到应用》一书坚持第一版图书内容实用、高度图解的风格，根据当前就业形势的需求，去掉了第一版图书中电子电路的部分内容，更新了部分电路，增添了新的适合现代电工工作实际的新型电路内容。

本书共13章，主要内容包括电工常用基本控制电路、电气控制电路、电气控制配接电路、实操控制电路、自动控制电路、数字电路、电动机软启动及变频调速控制电路、机床电气控制电路、照明电路、电度计量表电路、保护电路，以及多种趣味电工电路。

山东威海的黄海平老师为本书做了大量的审校工作，在此表示衷心的感谢！参加本书编写的人员还有黄鑫、张铮、刘守真、李渝陵、凌玉泉、李霞、凌黎、高惠瑾、凌珍泉、谭亚林、凌万泉、王兰君、朱雷雷、张扬、刘彦爱、贾贵超等同志，在此表示衷心感谢。

由于编者水平有限，书中难免有错误和不当之处，恳请广大读者批评指正。

编　者

目录

第1章 电工常用基本控制电路

第2章 电工常用电气控制电路

第4章　电工常用实操控制电路

第5章　电工常用自动控制电路

第6章 电工常用数字电路

第7章 电工常用经典电路

第 8 章 电动机软启动及变频调速控制电路

第 9 章 电工常用机床电气控制电路

第10章 电工常用照明电路

第11章 电工常用电度计量表电路

第12章 电工常用保护电路

第13章 趣味电工电路

第1章

电工常用基本控制电路

1.1 电动机控制的主电路

1. 启动、停止电动机

众所周知，三相感应电动机（以下称为电动机）施加三相交流电压就转动，产生机械动能。在电源和电动机之间，如图 1.1 所示，组合连接一个闸刀开关和熔丝，手动断开、闭合这个闸刀开关，电动机中就会有电源电流流过或是没有电流流过，电动机启动或是停止。

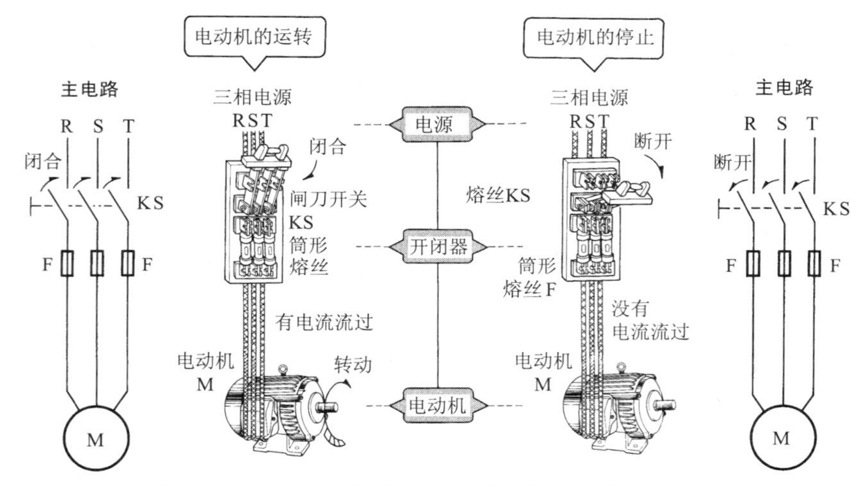

图 1.1　电动机控制的主电路（使用闸刀开关的情况）

在电动机的控制中，把从电源经过开闭器直接到达电动机的电路叫做主电路。另外，电动机电路中安装熔丝，是用于短路和过电流（指电动机的标牌上标注的电流值以上的电流）的保护，但是熔丝有以下缺点：

① 每当熔丝断开时，必须更换。

② 熔丝只要有一相断开，就变成了单相运转，有时会烧坏电动机。

③ 如果只采用熔丝，很难耐得住电动机启动时的大电流（启动时的电流一般是标牌上标记电流的 6～7 倍），而且很难具有运转中超负荷电流时必须熔断的保护特性。所以，取代闸刀开关和熔丝的组合，如图 1.2 所示，采用热动式或者电磁式的配线用断路器，过流工作后，只要再次通

电操作，不用更换熔丝，电源电路就能再次启动。像这样使用配线用断路器等，手动地进行开闭操作，控制电动机启停的方法叫做直接手动操作控制。

2. 远距离控制电动机

作为启动或是停止电动机的方法，在三相交流电源和电动机之间只用闸刀开关或是配线用断路器的直接的手动操作控制有以下缺点：

① 启动或停止电动机必须到现场操作，不能在远距离进行控制。

② 配线用断路器是切断电流的，构造上不适合用于频繁开关负载。

③ 闸刀开关，因为出现弧光等原因，不适合用于运转中的负载开关。

如图 1.3 所示，通常在配线用断路器和电动机之间连接电磁接触器，构成间接手动操作控制电路。之所以采用上述方法，是由于以下原因：

① 配线用断路器同时起到过电流保护的作用。

② 对于平时的负载电流的开闭，使用电磁接触器。

③ 用按钮开关等，电流容量小的小型操作开关，可以开闭具有大电流容量的触点的电磁接触器，所以能够安全地控制大容量的电动机。

④ 因为可以使用按钮开关等小型操作开关，所以把按钮开关集中到一个地方，能从远处集中地进行运转操作。

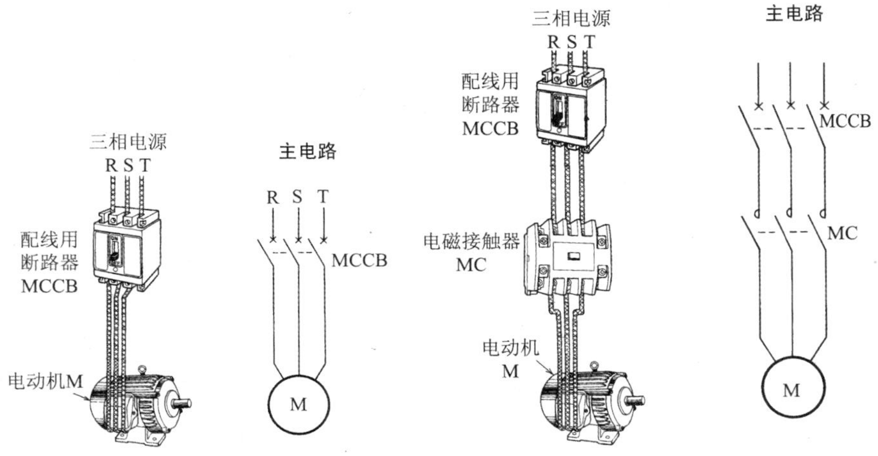

图 1.2 电动机控制的主电路
（使用配线用断路器的情况）

图 1.3 电动机控制的主电路
（使用电磁接触器的情况）

1.2 电动机启动控制电路

1. 电动机启动控制电路的实际配线图

图 1.4 表示电动机启动控制电路的实际配线。在该示例中，使用配线用断路器作为电源开关，电动机电路的开闭使用的是由电磁接触器和热敏继电器组合而成的电磁开闭器，该电磁开关的开闭操作是由启动以及停止两个按钮开关 ST-BS、STP-BS 进行操作的，电动机运转时红色的指示灯（RL）亮，停止时绿色的指示灯（GL）亮。

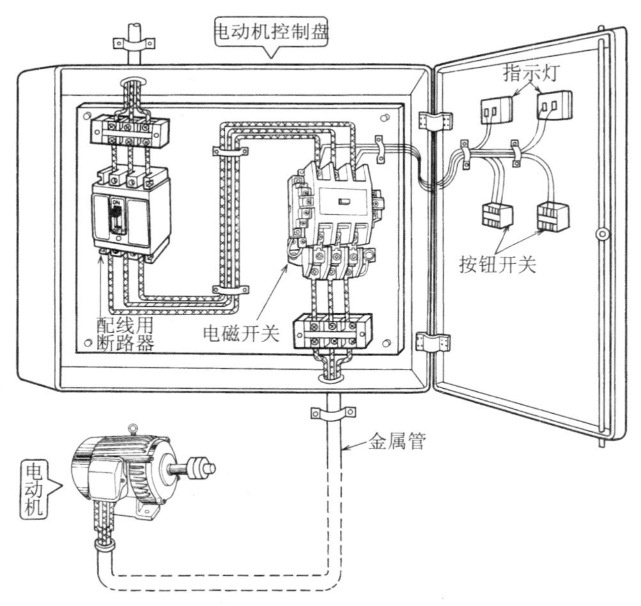

图 1.4　电动机启动控制电路实际配线图（Ⅰ）

图 1.5 所示的实际配线图与图 1.4 多少有些不同，对于实际进行配线作业来说图 1.5 更方便。把这个实际配线图转换成顺序图，如图 1.6 所示，在该图中，从主电路的 R、S 相分别引线，作为控制电路的控制母线。

2. 电动机启动动作

电动机启动动作如图1.7所示，按下启动用按钮开关ST-BS，电磁接触器

MC开始工作，主触点MC闭合，电动机M启动。

① 接通主电路的电源开关配线用微型断路器MCCB。

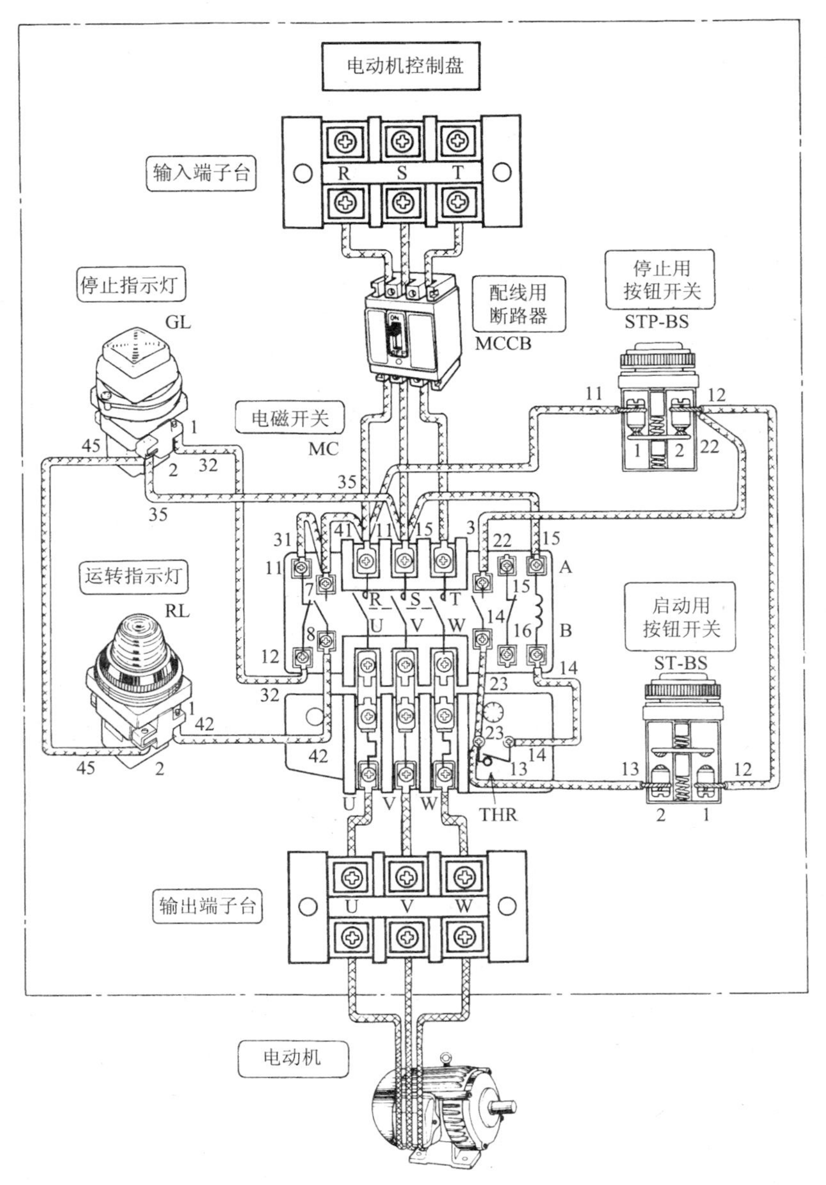

图1.5 电动机启动控制电路实际配线图(Ⅱ)

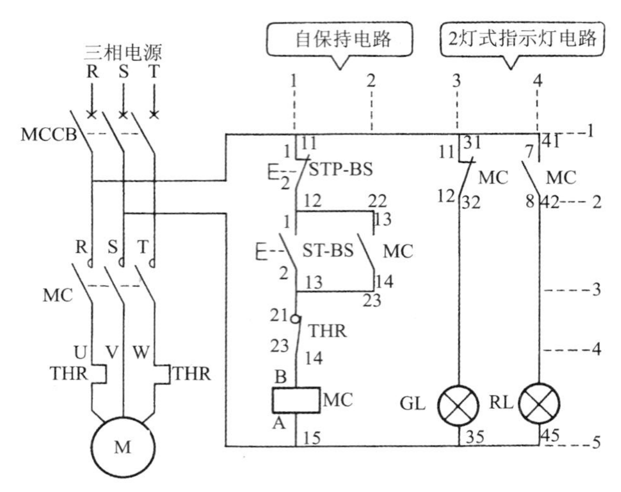

图 1.6　电动机启动控制电路顺序图

② 回路[C]的电磁接触器的辅助常闭触点 MC 闭合，停止指示灯 GL 中有电流，灯亮(表示电源被接通)。

③ 按下回路[A]的启动用按钮开关 ST-BS，其常开触点就闭合。

④ 回路[A]的电磁线圈 MC 中有电流，电磁接触器动作。

⑤ 回路[B]的自保持常开触点 MC 闭合。

⑥ 电流通过回路[B]流入电磁线圈 MC，电磁接触器 MC 自保持。

⑦ 主电路的主触点 MC 闭合。

⑧ 主电路的电动机 M 被施加三相交流电压，电动机启动，开始旋转。

⑨ MC 动作，回路[D]的辅助常开触点 MC 闭合。

⑩ 运转指示灯 RL 中有电流，灯亮。

⑪ MC 动作，回路[C]的辅助常闭触点 MC 断开。

⑫ 停止指示灯 GL 中没有电流流过，灯灭。

⑬ 按住回路[A]的 ST-BS 的手脱离。

注意，电磁接触器 MC 一做动作，步骤⑤、⑦、⑨、⑪的动作同时进行。

3. 电动机停止动作

电动机停止动作如图 1.8 所示，按下停止用按钮开关 STP-BS，电磁接触器 MC 复位，主触点 MC 断开，电动机 M 停止。

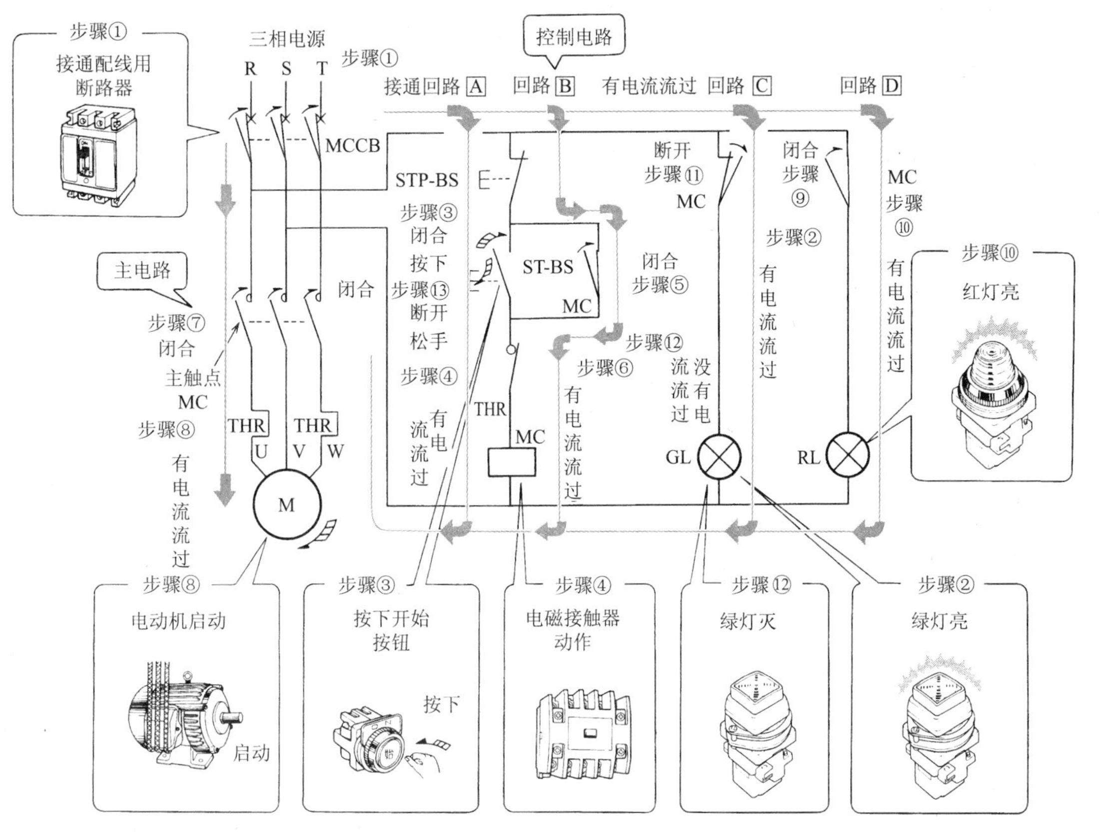

步骤①
接通配线用断路器
三相电源
R S T
步骤①
MCCB
接通回路 A
回路 B
控制电路
有电流流过
回路 C
回路 D
STP-BS
步骤③
闭合
按下
步骤⑬
断开
松手
步骤④
有电流流过
ST-BS
MC
THR
断开
步骤⑪
MC
闭合
步骤⑤
步骤⑫
没有电流流过
步骤⑥
有电流流过
闭合
步骤⑨
步骤②
有电流流过
MC
步骤⑩
有电流流过
GL
RL
步骤⑩
红灯亮
主电路
步骤⑦
闭合
主触点
MC
步骤⑧
有电流流过
闭合
THR
U V W
M
步骤⑧
电动机启动
启动
步骤③
按下开始按钮
按下
步骤④
电磁接触器动作
步骤⑫
绿灯灭
步骤②
绿灯亮

图 1.7 电动机启动动作

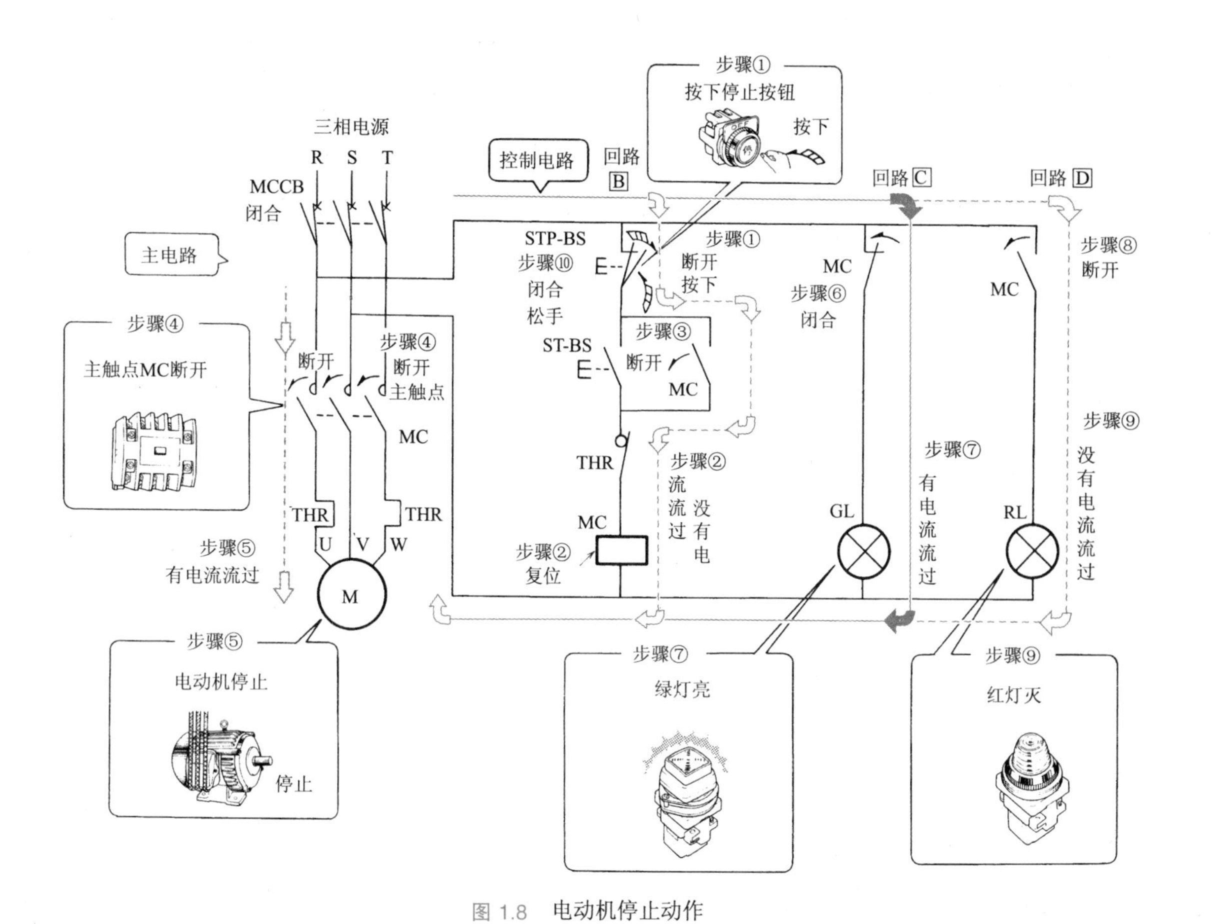
三相电源
R S T
MCCB
闭合
主电路
控制电路
回路 B
步骤①
按下停止按钮
按下
回路 C
回路 D
STP-BS
步骤⑩
闭合
松手
步骤①
断开
按下
MC
步骤⑥
闭合
MC
步骤⑧
断开
步骤④
主触点MC断开
断开
步骤④
断开
主触点
步骤③
ST-BS
断开
MC
MC
THR
步骤②
流流过
没有电
步骤⑦
有电流流过
步骤⑨
没有电流流过
THR
THR
U V W
MC
步骤②
复位
GL
RL
步骤⑤
有电流流过
M
步骤⑤
电动机停止
停止
步骤⑦
绿灯亮
步骤⑨
红灯灭

图 1.8　电动机停止动作

① 按下回路[B]的停止用按钮开关 STP-BS，其触点断开。
② 回路[B]的电磁线圈 MC 中没有电流，电磁接触器 MC 复位。
③ 回路[B]的自保持常开触点 MC 断开，解除自保持。
④ MC 复位，主电路的主触点 MC 断开。
⑤ 主电路的电动机 M 不施加三相交流电压，电动机停止。
⑥ MC 复位，回路[C]的辅助常闭触点 MC 闭合。
⑦ 停止指示灯 GL 中有电流流入，灯亮。
⑧ MC 复位，回路[D]的辅助常开触点 MC 断开。
⑨ 运转指示灯 RL 中没有电流流过，灯灭。
⑩ 按住回路[B]的 STP-BS 的手脱离。
注意，电磁接触器 MC 复位，步骤③、④、⑥、⑧的动作同时进行。
至此，恢复到按下启动用按钮开关之前的状态。

1.3 改变电动机旋转方向

1. 电动机正转、反转的定义

如图 1.9 所示，没有特别指定时，从连接的反面看，把沿顺时针方向的转动定义为电动机正转，沿逆时针方向的转动定义为电动机反转。

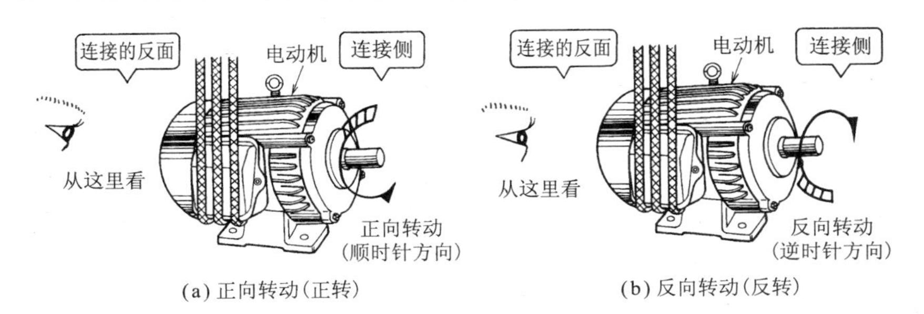

(a) 正向转动(正转)　　(b) 反向转动(反转)

图 1.9 电动机正转、反转的识别

2. 电动机正转、反转的工作方法

要改变电动机的转动方向，把 3 根引出线中任意 2 根调换一下，再接上电源就可以了。如图 1.10 所示，电动机的 U、V、W 相和三相电源的 R、S、T 相对应，R 相和 U 相、S 相和 V 相、T 相和 W 相对应地连接起来

时，为电动机正转。如图1.11所示，R相和T相调换一下，R相和W相对应，T相和U相对应，这样调换三相交流电源的R、S、T相中的二相，接上电动机的引出线，电动机就反方向转动了。

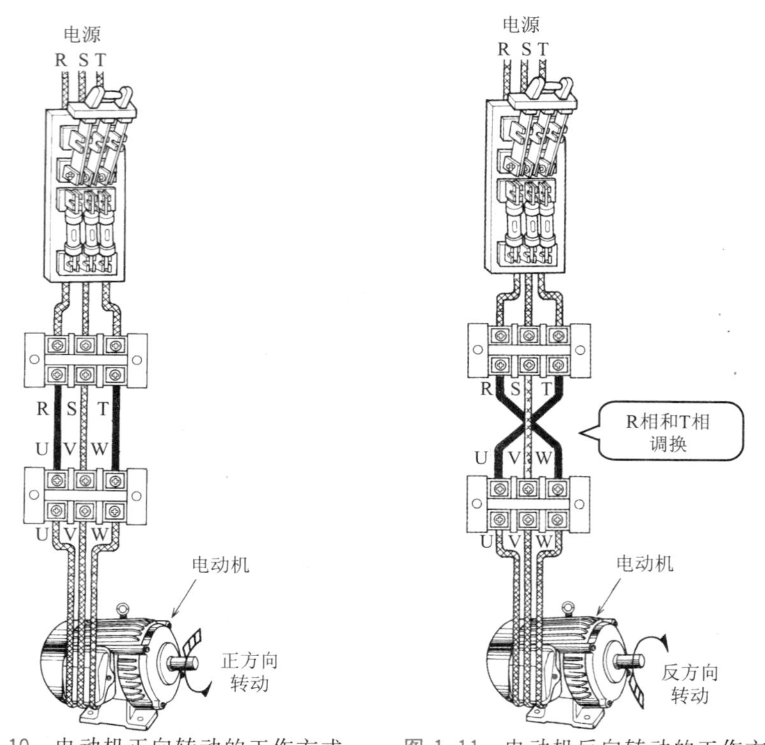

图1.10　电动机正向转动的工作方式　　图1.11　电动机反向转动的工作方式

电动机正反转控制电路的主电路如图1.12所示，有2个分别用于正转和反转的电磁接触器，对电动机进行电源电压相的调换。

此时，如果正转用电磁接触器F-MC动作，如图1.13所示，电源和电动机通过主触点F-MC，使R相和U相、S相和V、T相和W分别对应连接，电动机正向转动。

接下来，如图1.14所示，如果反转用电磁接触器R-MC动作，电源和电动机通过主触点R-MC，使R相和W、S相和V、T相和U分别对应连接，因为R相和T相交换，所以电动机反向转动。

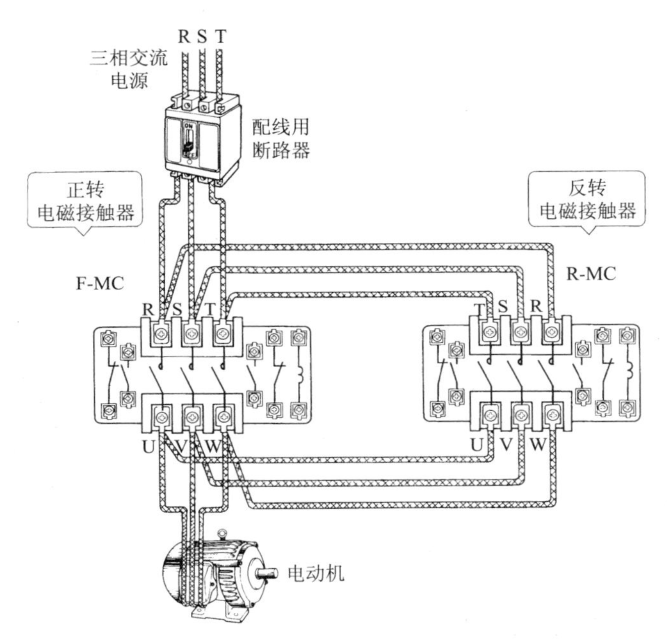

图 1.12 电动机正反转控制电路的主电路

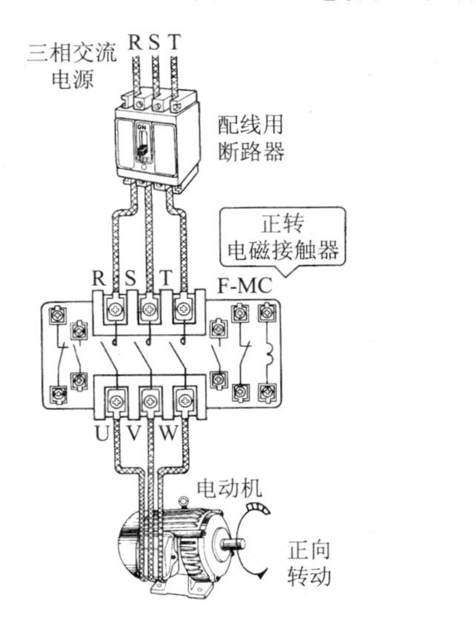

图 1.13 电动机正转主电路

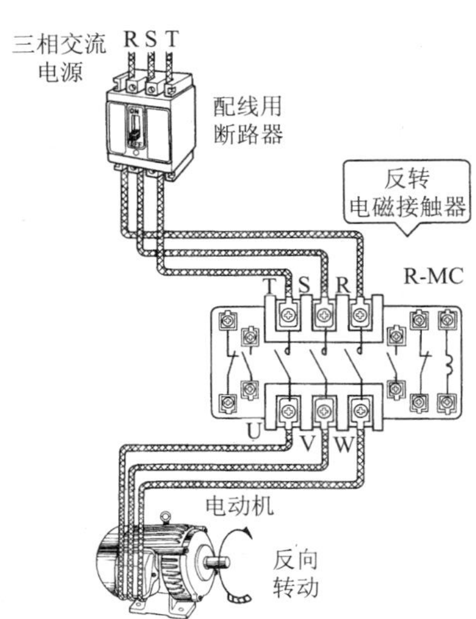

图 1.14 电动机反转主电路

3. 电动机正反转控制的互锁措施

如图 1.15 所示，电动机的正反转控制中，如果错误地使正转用电磁接触器 F-MC 和反转用电磁接触器 R-MC 同时动作，形成一个闭合电路后会怎么样呢？

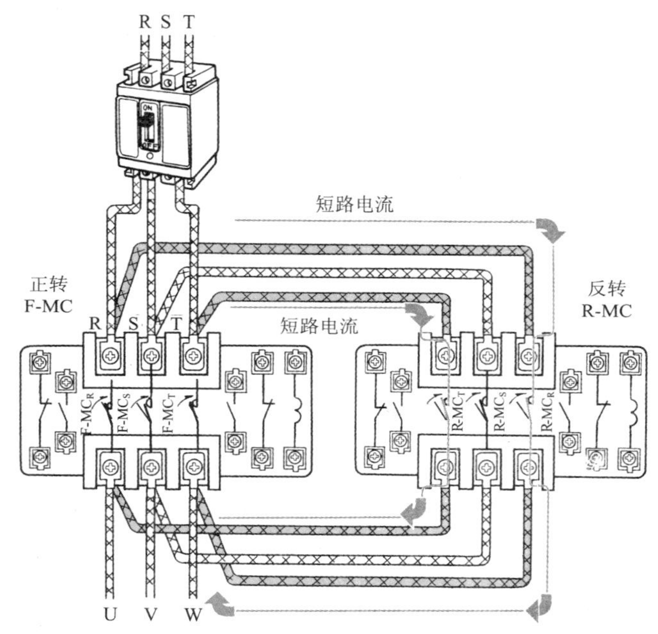

图 1.15　正转用电磁接触器和反转用电磁接触器同时动作的情况

三相电源的 R 相和 T 相的线间电压，通过反转电磁接触器的主触点 $R\text{-}MC_R$ 和 $R\text{-}MC_T$，形成了完全短路的状态，所以会有大的短路电流流过，烧坏电路。所以，为了防止主触点 F-MC 和主触点 R-MC 同时被接通，有必要采取相互制约的互锁措施。

通过在对方电路中添加常闭触点的按钮开关而构成的互锁电路，以及由电磁继电器触点构成的互锁电路，使用这两个互锁电路就能防止正转用电磁接触器 F-MC 和反转用电磁接触器 R-MC 同时发生作用，如图 1.16 所示。

这种相互间交互锁定的电路，在电动机的正反转控制电路中，几乎是公式般地被使用着。

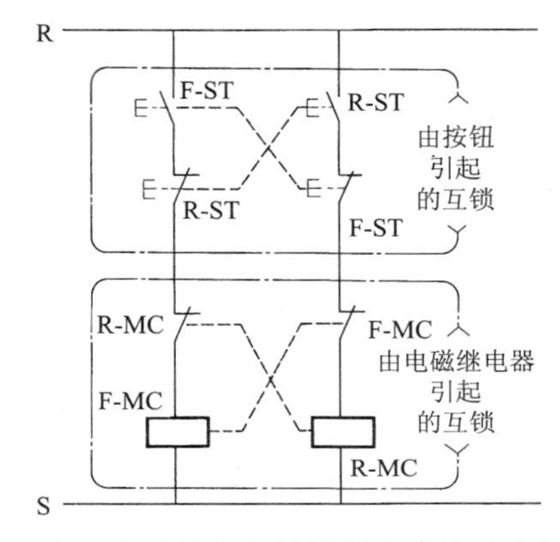

图 1.16 电动机正反转控制电路的互锁电路

1.4 电动机正反转控制电路

1. 电动机正反转控制电路的实际配线图

图 1.17 所示为电动机正反转控制电路的实际配线图。电动机的正转电路和反转电路的切换是用正转用电磁接触器和反转用电磁接触器实现的，使用各自的按钮开关，能够进行正转、反转以及停止操作。

另外，把该实际配线图转换成顺序图，如图 1.18 所示。在该图中，从主电路的 R 相和 S 相中分别引出一条线，作为控制电路的控制电源母线。并且，作为控制电路，由启动用及停止用的按钮开关 F-ST（或 R-ST）、STP 和电磁接触器 F-MC（或 R-MC）构成自保持电路。

另外，把反转按钮开关 R-ST 的常闭触点以及反转用电磁接触器的辅助常闭触点 R-MC 和正转用电磁线圈 F-MC 相串联，接到 NAND 电路中，构成互锁电路。同样，把正转用按钮开关 F-ST 的常闭触点以及正转用电磁接触器的辅助常闭触点 F-MC 和反转电磁线圈 R-MC 相串联，接到 NAND 电路中，构成互锁电路。

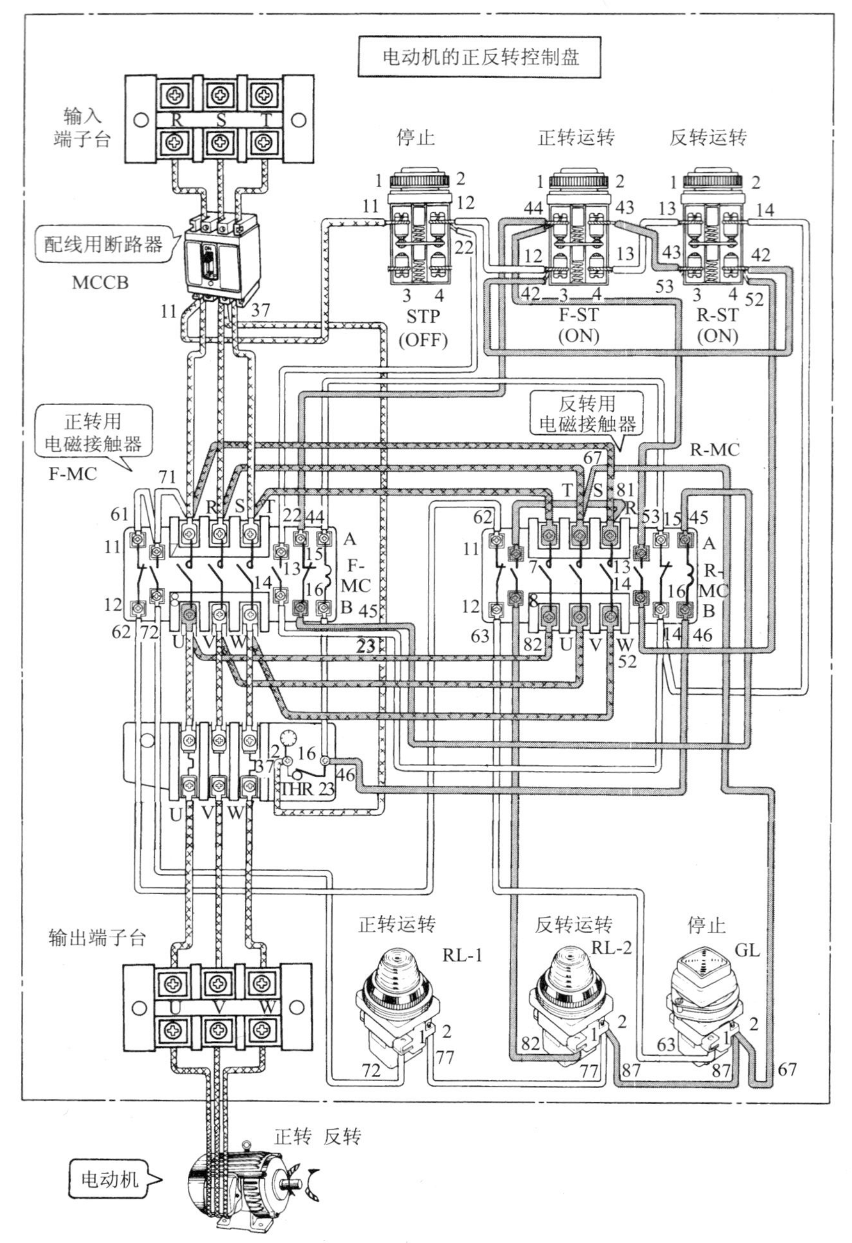

图 1.17　电动机正反转控制电路的实际配线图

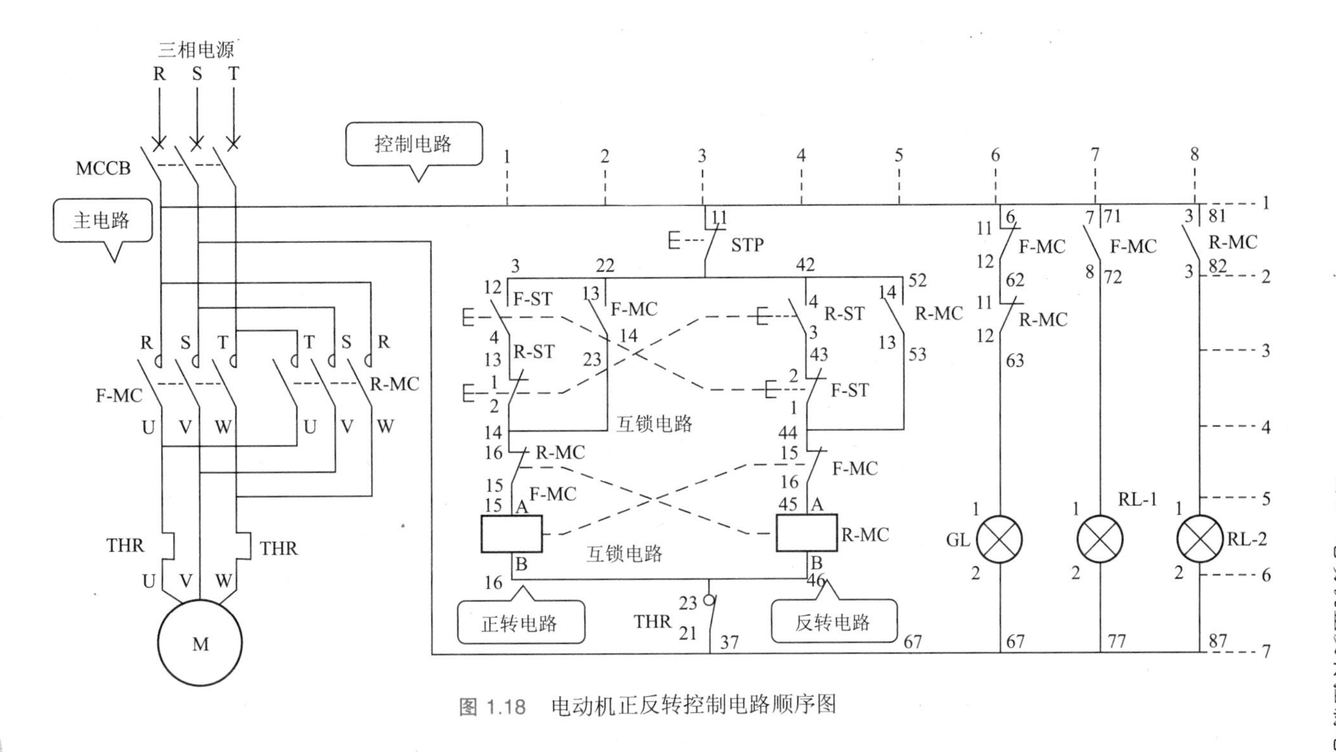

图 1.18 电动机正反转控制电路顺序图

2. 电动机正转启动动作

电动机正转启动动作如图1.19所示，按下正转用启动按钮开关F-ST，正转用电磁接触器F-MC动作，主触点F-MC闭合，电动机M沿正方向旋转、启动。

① 接通主电路的电源开关配线用断路器MCCB。

② 回路[E]中有电流，停止指示灯GL亮(表示电源接通)。

③ 按下正转用启动按钮开关F-ST，回路[A]的常开触点F-ST闭合。

④ 按下F-ST，回路[C]的常闭触点F-ST断开，反转电路处于开路状态，得到由按钮开关控制的互锁。

⑤ 回路[A]的常开触点F-ST闭合，电磁线圈F-MC中有电流流过，正转用电磁接触器F-MC动作。

⑥ 回路[B]的自保持常开触点F-ST闭合，电流通过回路[B]，流入F-MC中，F-MC进行自保持。

⑦ 回路[C]的常闭触点F-MC打开，反转电路处于开路状态，得到由电磁接触器控制的互锁。

⑧ 主电路的主触点F-MC闭合。

⑨ 主电路的电动机M中通有电流，电动机沿正方向转动。

⑩ 回路[E]的辅助常闭触点F-MC断开。

⑪ 停止指示灯GL中没有电流，灯灭。

⑫ 回路[F]的辅助常开触点F-MC闭合。

⑬ 正向运转指示灯RL-1亮，表示电动机正向运转。

⑭ 手从回路[A](以及回路[C])的F-ST上脱离。

注意，正转用电磁接触器F-MC动作时，步骤⑥、⑦、⑧、⑩、⑫的动作同时进行。

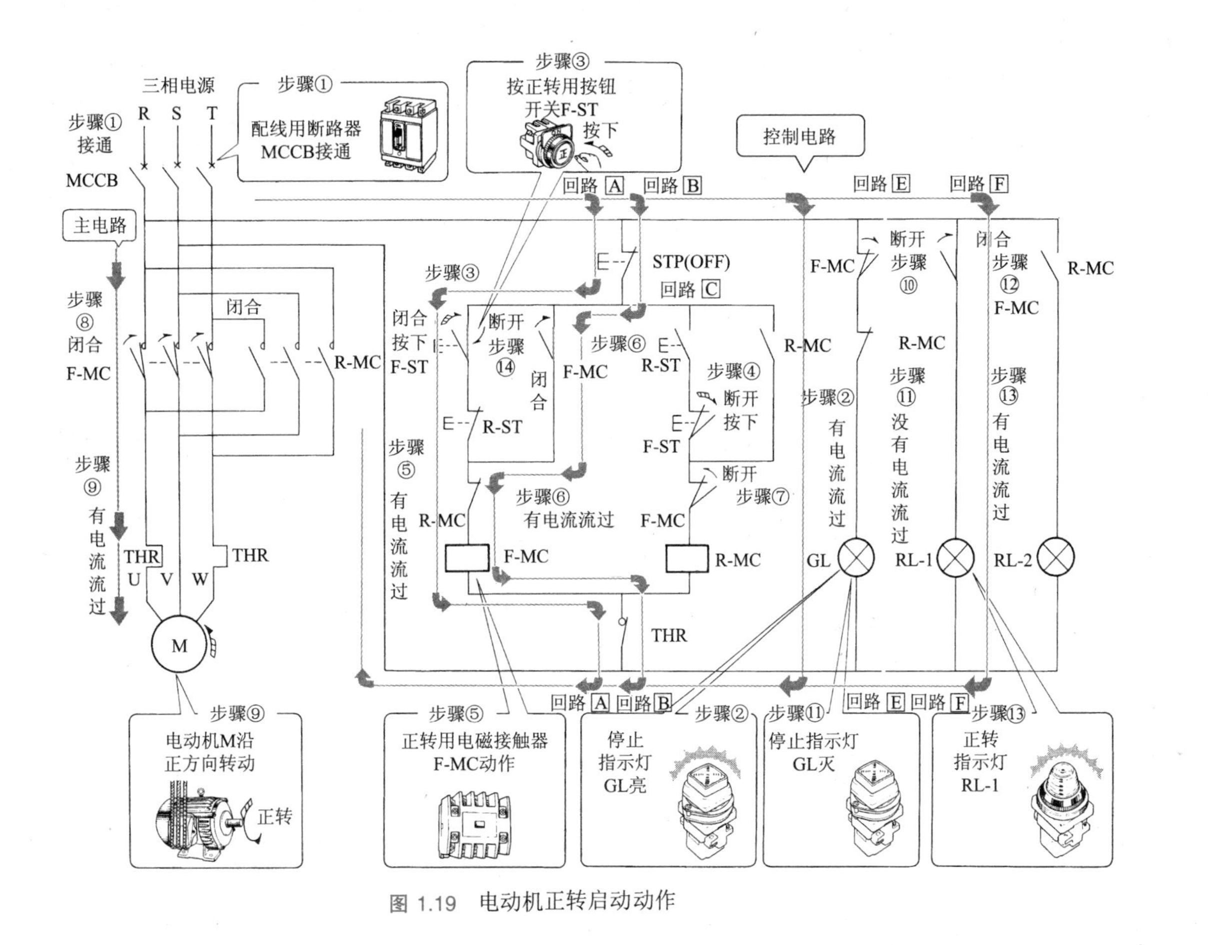

图1.19 电动机正转启动动作

3. 电动机正转停止动作

电动机正转停止动作如图1.20所示，按下停止用按钮开关STP，正转用电磁接触器F-MC复位，主触点F-MC断开，电动机M停止运行。

① 按下回路B的停止按钮开关STP，其常闭触点断开。

② 电磁线圈F-MC中没有电流，正转电磁接触器F-MC复位。

③ 回路B的自保持常开触点F-MC断开。

④ 回路C的常闭触点F-MC闭合，解除反转电路的互锁。

⑤ 主电路的主触点F-MC处于开路状态。

⑥ 主电路的电动机M中没有电流，电动机停止。

⑦ 回路F的辅助常开触点F-MC断开。

⑧ 正向运转指示灯RL-1熄灭。

⑨ 回路E的辅助常闭触点F-MC闭合。

⑩ 停止指示灯GL中通有电流，灯亮，表示电动机M停止运行。

⑪ 按着回路B的STP的手脱离。

注意，正转用电磁接触器F-MC复位时，步骤③、④、⑤、⑦、⑨的动作同时进行。

4. 电动机反转启动动作

电动机反转启动动作如图1.21所示，按下反转启动用按钮开关R-ST，反转电磁接触器R-MC动作，主触点R-MC闭合，电动机M反方向启动。

① 接通主电路的电源开关配线用断路器MCCB。

② 回路E中就有电流，停止指示灯GL亮(表示电源接通)。

③ 按下正转用启动按钮开关R-ST，回路C的常开触点R-ST闭合。

④ 回路A的常闭触点R-MC断开，正转电路处于开路状态，得到由按钮开关控制的互锁。

⑤ 回路C的常开触点R-ST闭合，电磁线圈R-MC中有电流，反转用电磁接触器R-MC动作。

⑥ 回路D的自保持常开触点R-MC闭合，电流通过回路D流入R-MC中，R-MC进行自保持。

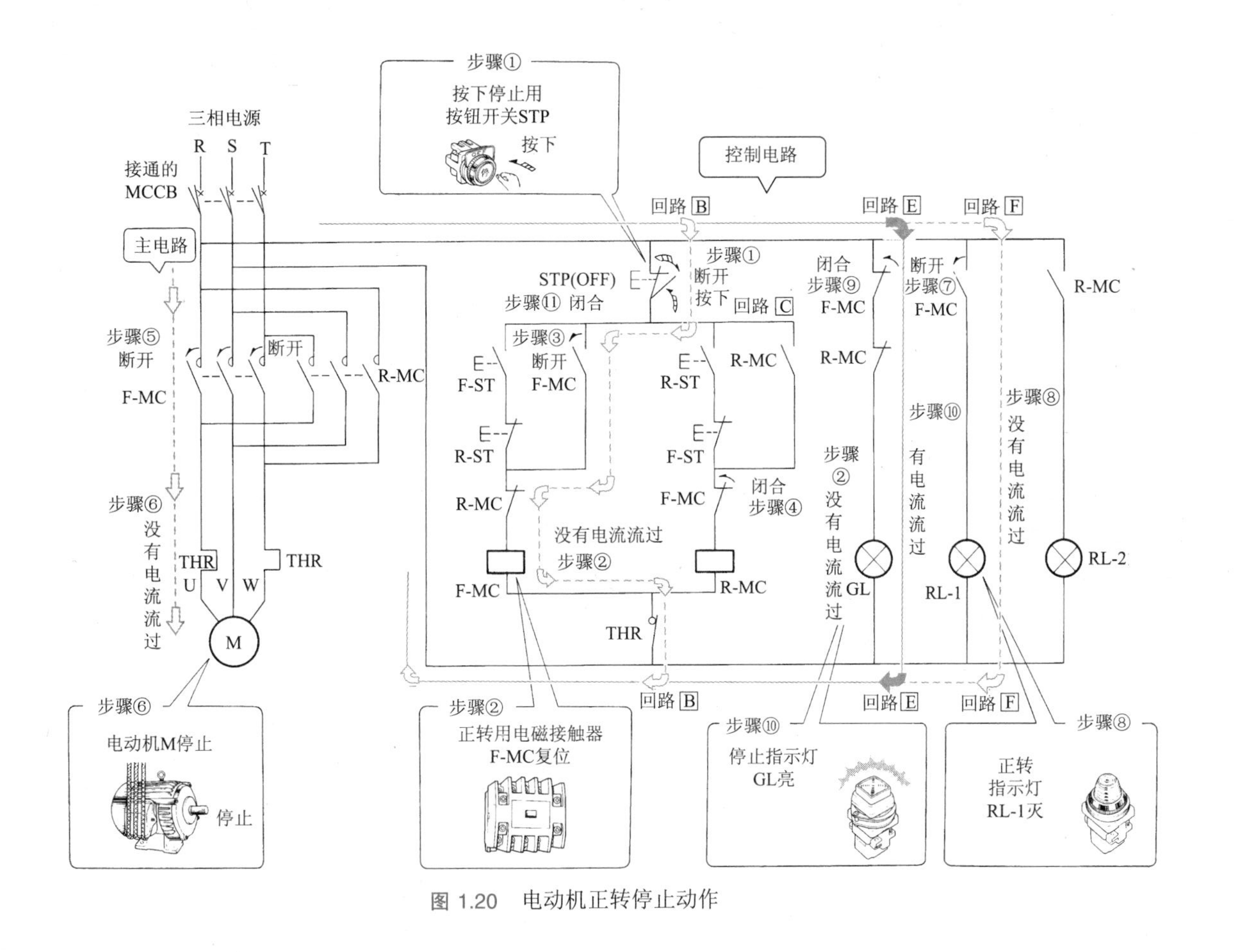

图 1.20 电动机正转停止动作

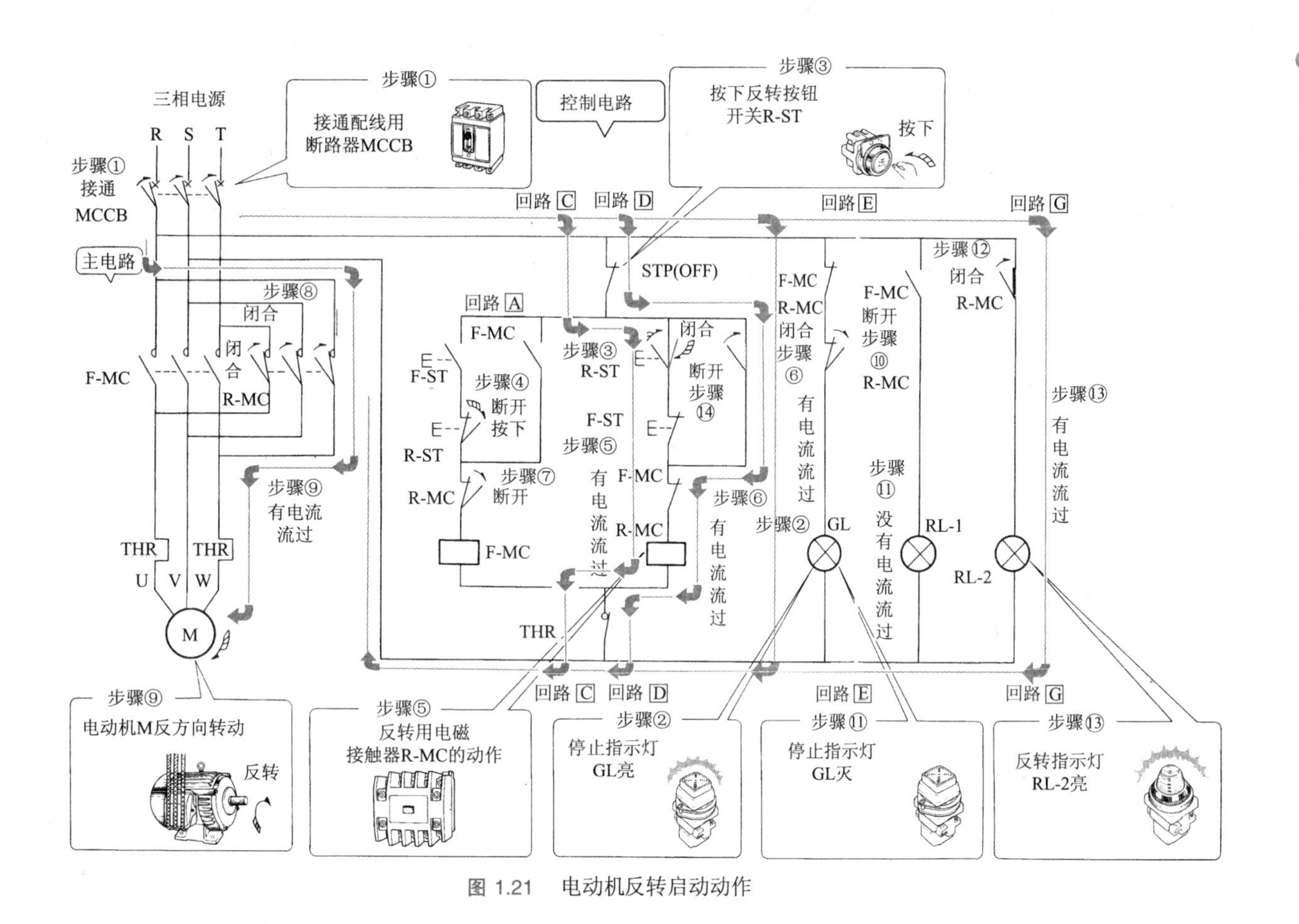

图 1.21　电动机反转启动动作

⑦ 回路[A]的辅助常闭触点 R-MC 断开，正转电路处于开路状态，得到由电磁接触器控制的互锁。

⑧ 主电路的主触点 R-MC 处于闭路状态。

⑨ 主电路的电动机 M 中有电流，电动机沿反方向转动。

⑩ 回路[E]的辅助常闭触点 R-MC 断开。

⑪ 停止指示灯 GL 中没有电流，灯灭。

⑫ 回路[G]的辅助常开触点 R-MC 闭合。

⑬ 反向运转指示灯 RL-2 点亮，表示电动机反向运转。

⑭ 手从回路[C]（以及回路[A]）的 R-ST 上脱离。

注意，反转用电磁接触器 R-MC 动作时，步骤⑥、⑦、⑧、⑩、⑫的动作同时进行。

5. 电动机反转停止动作

按下停止用按钮开关 STP，反转用电磁接触器 R-MC 复位，主触点 R-MC 断开，电动机 M 停止运行。

因为反转停止动作和正转停止动作顺序相同，所以这里不再讲述。

第2章

电工常用电气控制电路

2.1 采用倒顺开关的正反转控制电路

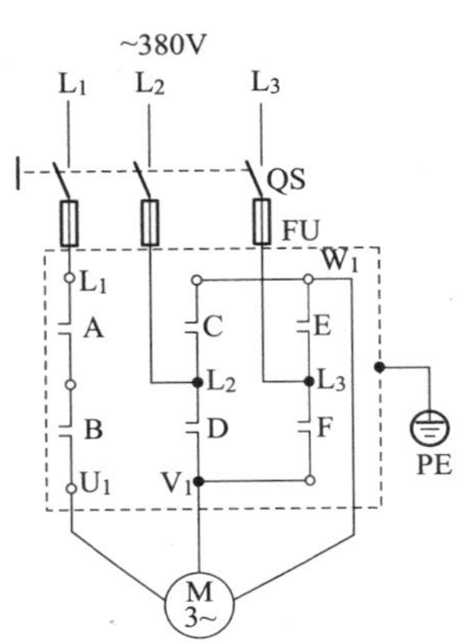

图 2.1　采用倒顺开关的正反转控制电路

采用倒顺开关的正反转控制电路如图 2.1 所示。倒顺开关有六个接线桩：L_1、L_2 和 L_3 接三相电源，U_1、V_1 和 W_1 接电动机。倒顺开关的手柄有三个位置，当手柄处于停止位置时，开关的两组动触片都不与静触片接触，所以电路不通，电动机不转。当手柄拨到正转位置时，A、B、D、E 触片闭合，电动机接通电源正向运转，当电动机需向反方向运转时，把倒顺开关手柄拨到反转位置上，这时 A、B、C、F 触片接通，电动机换相反转。

在使用过程中，电动机从正转变为反转时，必须先把手柄拨至停转位置，使它停转，然后再把手柄拨至反转位置，使它反转。

倒顺开关一般适用于 4.5kW 以下的电动机控制电路，否则触头易被电弧烧坏。

2.2 按钮联锁的正反转控制电路

按钮联锁的正反转控制电路如图 2.2 所示。当电动机正向运转时，按下反转按钮 SB_3，首先是使接在正转控制电路中的 SB_3 的常闭触点断开，正转接触器 KM_1 线圈断电释放，触点全部复原，电动机断电但做惯性运行，紧接着 SB_3 的常开触点闭合，使反转接触器 KM_2 线圈得电动作，电动机立即反转启动。这样既保证了正反转接触器 KM_1 和 KM_2 不会同时通电，又可直接按反转按钮进行反转启动。同样，由反转运行转换为正转运行时，也只需直接按正转按钮 SB_2。

这种电路的优点是操作方便，缺点是如果正转接触器主触点发生熔焊、分断不开时，直接按反转按钮进行换向，会产生短路事故。

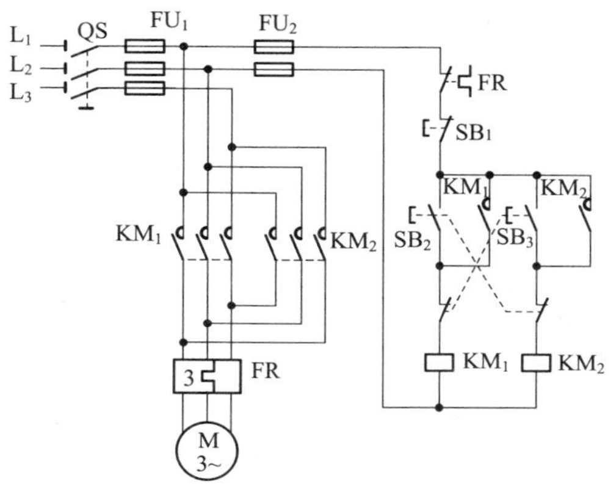

图 2.2 按钮联锁的正反转控制电路

2.3 接触器联锁的正反转控制电路

接触器联锁的正反转控制电路如图 2.3 所示。电路中采用了两个接触器，即正转用接触器 KM_1 和反转用接触器 KM_2，由于接触器主触点接线的相序不同，所以当两个接触器分别工作时电动机的旋转方向相反。

电路要求正、反两个接触器线圈不能同时通电，为此，在正转与反转控制电路中分别串联了 KM_2 和 KM_1 的常闭触点，以保证 KM_1 和 KM_2 线圈不会同时通电。

这种电路虽然可以完成正反转控制，但是操作不方便，在改变电动机转向时，必须先按停止按钮，然后再按下另一方向的启动按钮，来改变电动机的转向。

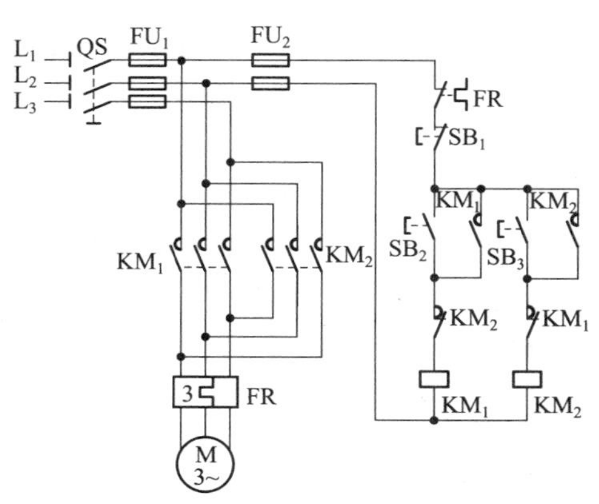

图 2.3 接触器联锁的正反转控制电路

2.4 按钮、接触器复合联锁的正反转控制电路

按钮、接触器复合联锁可正反转控制电路如图 2.4 所示。该控制电路集中了按钮联锁、接触器联锁的优点，即当正转时，不用按停止按钮即可反转，又可避免因接触器主触点发生熔焊分断不开而造成的短路事故，是应用较多的正反转控制电路。

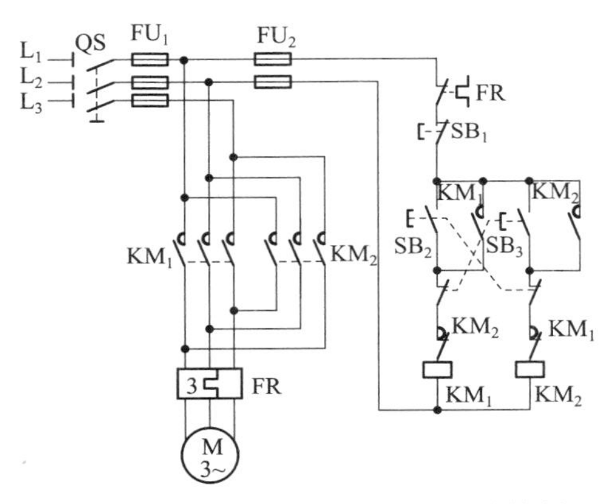

图 2.4　按钮、接触器复合联锁的正反转控制电路

2.5 接触器联锁的点动和长动正反转控制电路

接触器联锁可点动和长动正反转控制电路如图 2.5 所示。复合按钮 SB_3、SB_5 分别为正、反转点动按钮，由于它们的动断触点分别与正、反转接触器 KM_1、KM_2 的自锁触点串联，因此操作点动按钮 SB_3、SB_5 时，接触器 KM_1、KM_2 的自锁回路被切断，自锁触点不起作用，只有点动功能。

按钮 SB_2、SB_4 分别为正、反转启动按钮，SB_1 为停止按钮。

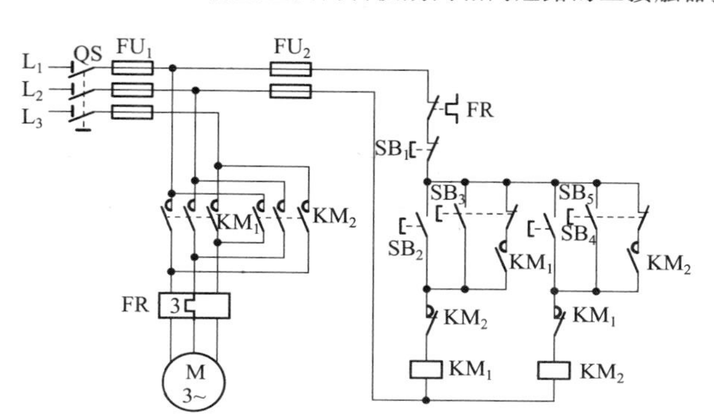

图 2.5　接触器联锁的点动和长动正反转控制电路

防止正反向转换期间相间短路的三接触器控制电路

防止正反向转换期间相间短路的三接触器控制电路如图 2.6 所示。复合按钮 SB_3、SB_2 分别为正转、反转启动按钮，SB_1 为停止按钮。该电路多了一只接触器 KM_3，在正转接触器 KM_1 失电释放后，电源接触器 KM_3 也随着失电释放，这样由两只接触器 KM_3 和 KM_1 组成灭弧电路，即在同相中有两副主触点，灭弧效果大大增强，有效地防止了相间短路。

正转启动时，按下正转按钮 SB_3，正转接触器 KM_1 得电吸合并自锁，

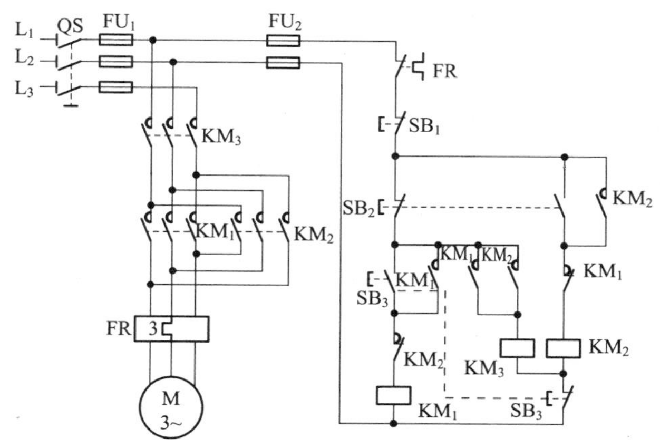

图 2.6　防止正反向转换期间相间短路的三接触器控制电路

辅助常开触点闭合，这时由于 SB_3 常闭触点是断开的，接触器 KM_3 不动作。放松 SB_3 后，接触器 KM_3 得电动作，电动机正向转动。

反转启动时，按下反转按钮 SB_2，首先断开正转接触器 KM_1，电源接触器 KM_3 随之断开，这时两只接触器共同组成灭弧电路实现灭弧，随后接通反转接触器 KM_2 电路，KM_2 得电吸合并自锁。放松 SB_2 后，接触器 KM_3 得电动作，电动机反转运行。

2.7 自动往返控制电路

自动往返控制电路如图 2.7 所示。按下 SB_2，接触器 KM_1 线圈得电动作，电动机启动正转，通过机械传动装置拖动工作台向左运动；当工作台上的挡铁碰撞行程开关 SQ_1（固定在床身上）时，其常闭触点断开，接触器 KM_1 线圈断电释放，电动机停转；与此同时 SQ_1 的常开触点闭合，接触器 KM_2 线圈得电动作并自锁，电动机反转，拖动工作台向右运动，这时行程开关 SQ_1 复原。

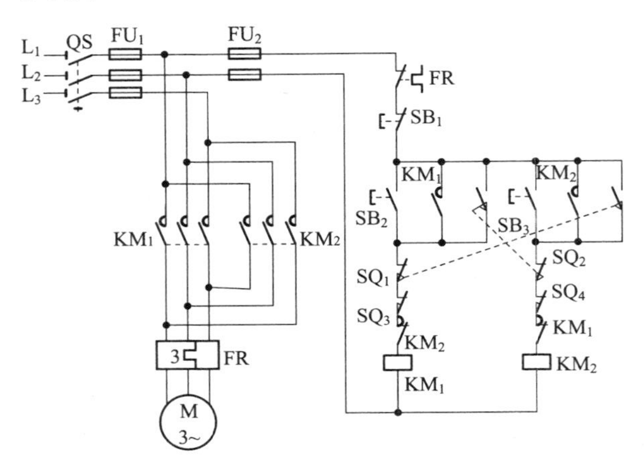

图 2.7　自动往返控制电路

当工作台向右运动至一定位置时，挡铁碰撞行程开关 SQ_2，其常闭触点断开，接触器 KM_2 线圈断电释放，电动机断电停转，同时 SQ_2 常开触点闭合，接通 KM_1 线圈电路，电动机又开始正转。这样往复循环直到工作完毕。按下停止按钮 SB_1，电动机停转，工作台停止运动。

另外，还有两个行程开关 SQ_3、SQ_4 分别安装在工作台往返运动方向的极限位置（SQ_3 安装在 SQ_1 的后面，SQ_1 安装在 SQ_2 的后面），它们处于工作台正常的往返行程之外，起终端保护作用，以防 SQ_1、SQ_2 失效，造成事故。

2.8 电动机过电流保护电路

电动机过电流保护电路如图 2.8 所示。电路中用一只互感器来感应电流，在三相电动机电流超过正常工作电流时，过电流继电器 KI 达到吸合电流而吸合，其常闭触点断开，KM 断电释放，使主回路断电，从而保护电动机。

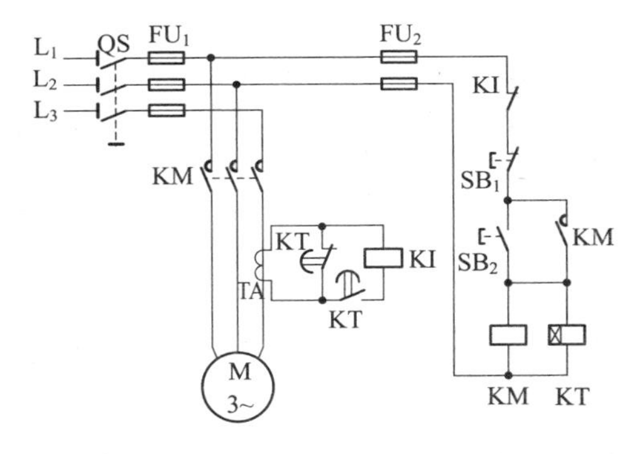

图 2.8 电动机过电流保护电路

在电动机启动时，电流较大，用时间继电器的常闭触点先短接电流互感器 TA，避免电动机启动电流流过 KI 而产生动作。待电动机启动完毕后，电流降为正常值，时间继电器 KT 经延时后动作，其常闭触点断开，常开触点闭合，把 KI 接入电流互感器电路中。

2.9 晶闸管断相保护电路

晶闸管断相保护电路如图 2.9 所示。合上电源开关 QS，按下启动按钮 SB_2，交流接触器 KM 线圈得电吸合，其主触点闭合，电动机启动运行。电流互感器 TA 有感应信号输出，双向晶闸管 SCR 被触发导通，起到接触器辅助触点自锁的作用。松开 SB_2 后，接触器 KM 仍保持吸合，电动

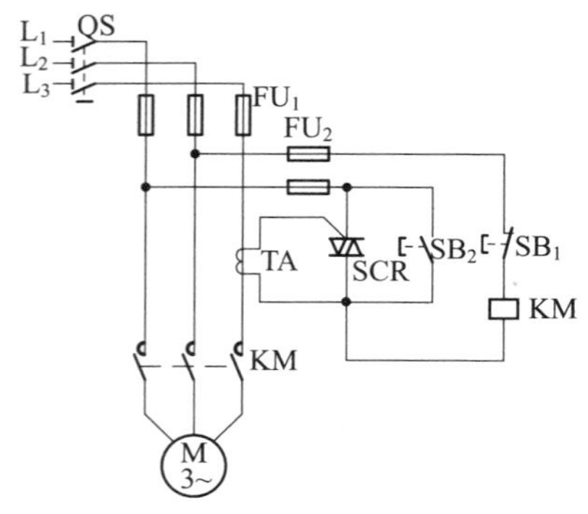

图 2.9 晶闸管断相保护电路

机 M 继续运行。

当三相交流电源中的 L_3 相断路时，晶闸管失去触发信号而关断，KM 断电释放，电动机 M 的工作电源被切断，实现断相保护。如果是 L_1 相或是 L_2 相断路，则接触器 KM 线圈将失去工作条件，使 KM 线圈断电释放，切断电动机电源，完成缺相保护的任务。

2.10 零序电压断相保护电路

零序电压断相保护电路如图 2.10 所示。电容器 $C_1 \sim C_3$ 接成人为中性点“E”。当电动机正常运行且三相电流平衡时，“E”点电位为零，变压器 T_2 无输出，三极管 VT 截止，继电器 KA 不吸合，其常闭触点保持闭合，电动机正常运行。

当三相电源断相或三相不平衡时，“E”点电位高于零电位，通过变压器耦合，经 VD_1 整流，C_5 滤波，再经稳压管 VS、电阻 R_1 、电容 C_6 延时加

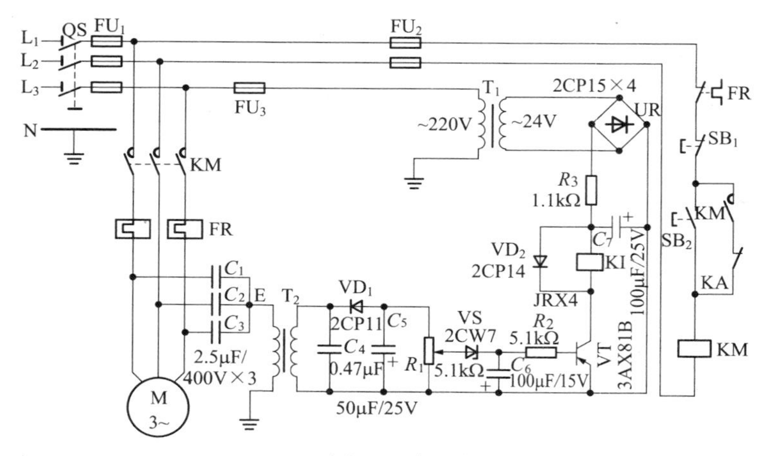

图 2.10 零序电压断相保护电路

至三极管 VT 基极，使其导通，继电器 KA 得电吸合，其常闭触点断开，使 KM 断电释放，电动机 M 失电停转。

穿心式互感器与电流继电器组成的断相保护电路

穿心式互感器与电流继电器组成的断相保护电路如图 2.11 所示。将电动机的三根电源线一起穿入穿心式互感器 TA 中，再将电流互感器 TA 与过电流继电器 KI 连接。KI 的常闭触点与接触器 KM 自锁触点串联。

如果电动机断相，穿心式互感器有输出，KI 动作，其常闭触点断开，KM 断电释放，切断电源，电动机停转。

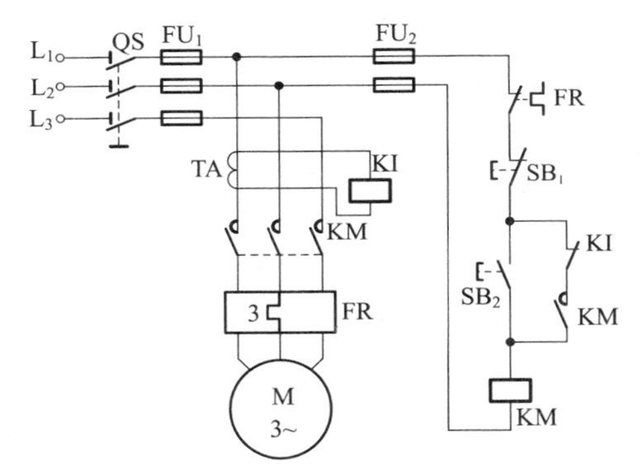

图 2.11　穿心式互感器与电流继电器组成的断相保护电路

双速电动机定子线圈的连接

双速电动机定子线圈的连接如图 2.12 所示，电动机的三相定子线圈接成三角形，三个线圈的三个连接点接出三个出线端 U_1、V_1、W_1，每相线圈的中点各接出一个出线端 U_2、V_2、W_2，共有六个出线端。改变这六个出线端与电源的连接方法就可得到两种不同的转速。

要使电动机低速工作时，只需将三相电源接至电动机定子线圈三角形连接顶点的出线端 U_1、V_1、W_1 上，其余三个出线端 U_2、V_2、W_2 空着不接，此时电动机定子线圈接成△形，如图 2.12(a)所示，极数为 4 极，同步转速为 1500r/min。

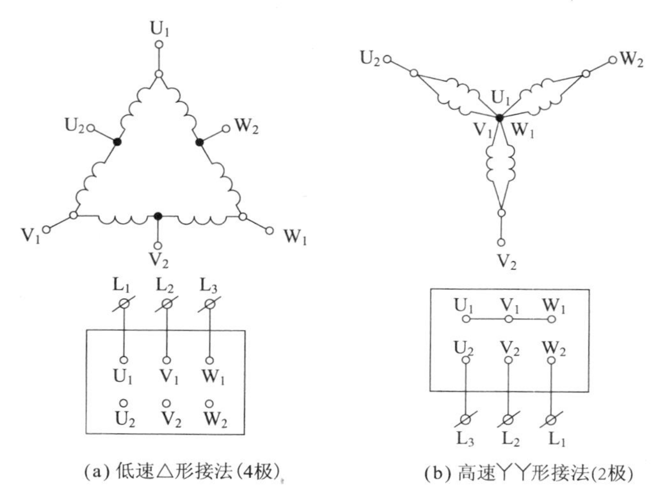

(a) 低速△形接法(4极)　　(b) 高速YY形接法(2极)

图 2.12　双速电动机定子线圈的连接

若要电动机高速工作，把电动机定子线圈的三个出线端 U_1、V_1、W_1 连接在一起，电源接到 U_2、V_2、W_2 三个出线端上，这时电动机定子线圈接成YY形连接，如图 2.12(b)所示。此时极数为 2 极，同步转速为 3000r/min。必须注意，从一种接法改为另一种接法时，为了保证旋转方向不变，应把电源相序反过来。

2.13 接触器控制的双速电动机调速电路

接触器控制的双速电动机调速电路如图 2.13 所示。

低速控制时，先合上电源开关 QS，然后按下启动按钮 SB_2，接触器 KM_1 得电吸合，其主触点闭合，电动机 M 接成△形低速启动运转。

高速控制时，按下高速启动按钮 SB_3，接触器 KM_1 断电释放，接触器 KM_3 和 KM_2 同时得电吸合，KM_3 主触点闭合，将电动机 M 的定子线圈 U_1、V_1、W_1 并接，KM_2 主触点闭合，将反相序的三相电源通入电动机定

子线圈的 U_2、V_2、W_2 端，电动机接成YY形高速运转。

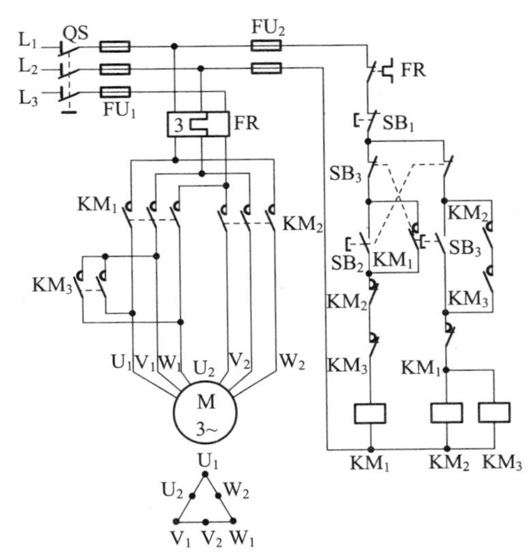

图 2.13　接触器控制的双速电动机调速电路

2.14 时间继电器控制的双速电动机自动加速电路

时间继电器控制的双速电动机自动加速电路如图 2.14 所示。合上电源开关 QS，按下启动按钮 SB_2，断电时间继电器 KT 得电吸合，其瞬时动作延时断开触点闭合，接触器KM_1得电吸合，其主触点闭合，电动机定

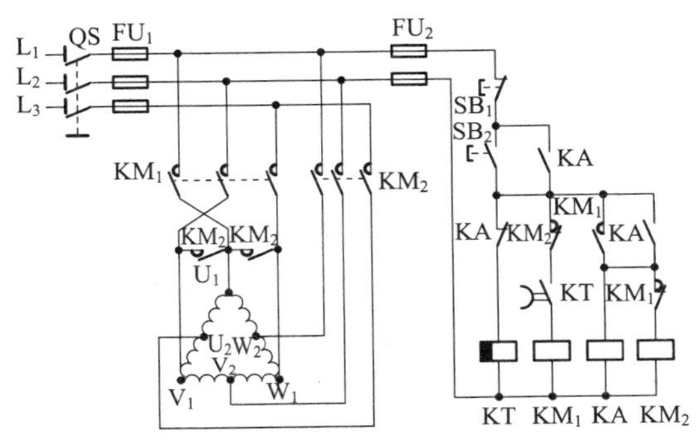

图 2.14　时间继电器控制的双速电动机自动加速电路

子线圈接成△形启动。KM_1 常开触点闭合，中间继电器 KA 得电吸合并自锁。KA 常闭触点断开，时间继电器 KT 断电。经延时，时间继电器 KT 延时断开触点断开，接触器 KM_1 断电释放，其主触点断开，解除△形连接。同时由于 KM_1 常闭触点闭合，接触器 KM_2 得电吸合，其主触点闭合，电动机自动从△形改变成YY形运行，完成自动加速过程。

2.15 三速电动机定子线圈的连接

三速电动机定子线圈的连接如图 2.15 所示。要使电动机低速工作，只需将三相电源接至 U_1、V_1、W_1，并将 W_1 和 U_3 出线端并在一起，其余六个出线端空着不接，电动机定子线圈接成△形低速运转，如图 2.15(b)所示。

若要电动机中速工作，只需将三相电源接至 U_4、V_4、W_4 的出线端，而将其余七个出线端空着不接，电动机定子线圈接成Y以中速运转，如图 2.15(c)所示。

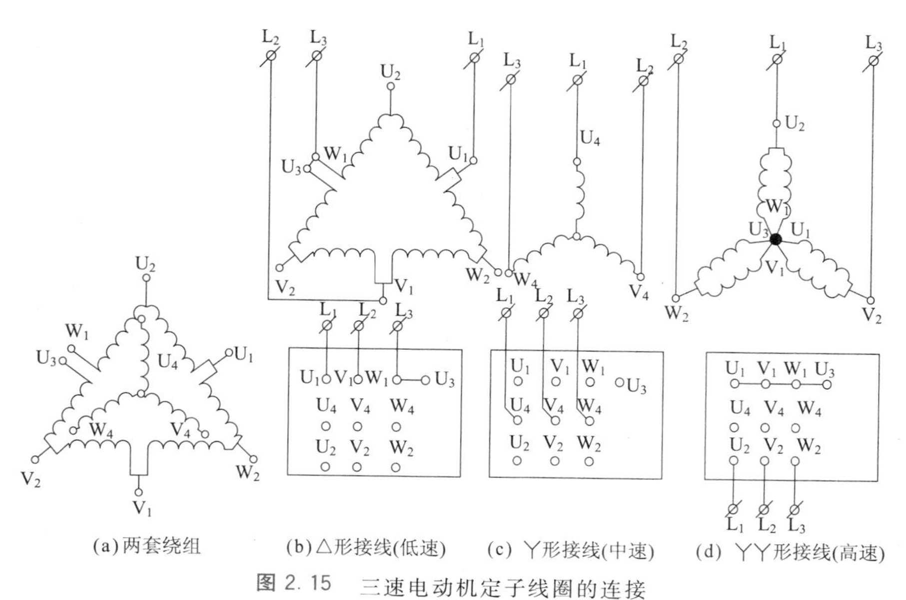

图 2.15　三速电动机定子线圈的连接

若将三相电源接至 U_2、V_2、W_2 出线端，而将 U_1、V_1、W_1 和 U_3 并在一起，其余三个出线端空着不接，则电动机定子线圈接成YY形高速运转，如图 2.15(d)所示。

图 2.15 中 W_1 和 U_3 出线端分开的目的是当电动机定子线圈接成Y形中速工作时，不会在△形接法的定子线圈中产生感应电流。

2.16 接触器控制的三速电动机调速电路

接触器控制的三速电动机调整电路如图 2.16 所示。按下任何一个速度的启动控制按钮（SB_2 为低速、SB_3 为中速、SB_4 为高速），对应的接触器线圈得电，其自锁和互锁触点动作，完成对本线圈的自锁和对其他接触器线圈的互锁。主回路对应的主触点闭合，实现对电动机定子线圈对应的接法，使电动机工作在选定的转速下。在该电路中，要从任何一种速度转换到另一种速度，必须先按下停止按钮，否则由于互锁，按钮将不起作用。

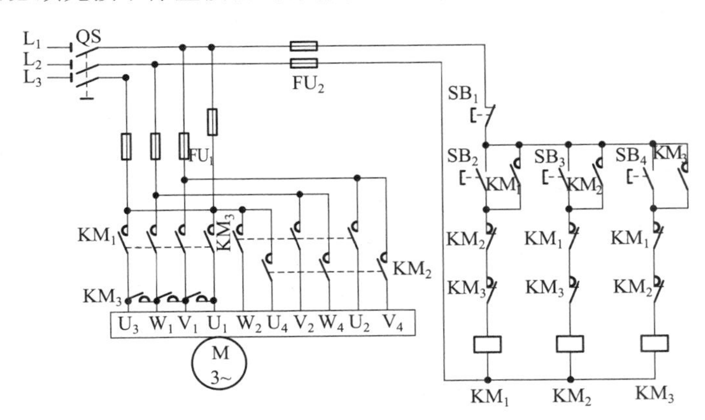

图 2.16　接触器控制的三速电动机调速电路

2.17 时间继电器控制的三速电动机自动加速电路

时间继电器控制的三速电动机自动加速电路如图 2.17 所示。按下启动按钮 SB_2，中间继电器 KA 得电吸合并自锁。KA 串联在时间继电器 KT_1 线圈和接触器 KM_1 线圈电路的常开触点闭合，使 KM_1 和 KT_1 同时得电。接触器 KM_1 得电后，其互锁触点断开，实现对接触器 KM_2、KM_3、时间继电器 KT_2 的互锁。同时主回路中 KM_1 主触点闭合，电动机定子线圈按△形连接，电动机运转在低速状态。

达到 KT_1 的整定时间后，KT_1 延时断开触点断开，使接触器 KM_1 断电释放，在解除互锁的同时，主回路中的 KM_1 主触点也断开，电动机定子线圈暂时脱离电源。KT_1 延时闭合触点闭合，使接触器 KM_2 得电吸合，其互锁触点动作，实现对 KM_1 和 KM_3 的互锁。主回路中 KM_2 主触点闭合，电动机定子线圈按Y形连接，电动机运转在中速状态。

达到 KT_2 的整定时间后，KT_2 延时断开触点断开，使接触器 KM_2 断电释放，其互锁触点复位，解除对 KM_3 的互锁；主回路中的 KM_2 主触点断开，电动机定子绕组暂时脱离电源。KT_2 延时闭合触点闭合，使接触器 KM_3 得电吸合，其互锁触点动作，实现对 KM_1、KM_2、KA 的互锁。主回路中 KM_3 的主触点闭合，电动机定子线圈按YY形连接，电动机运转在高速状态。

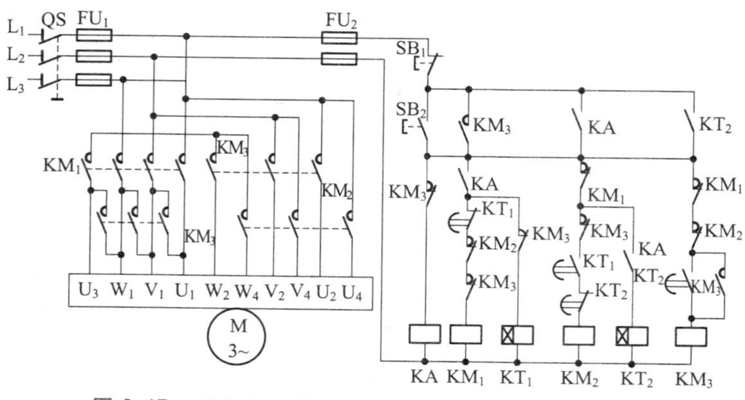

图 2.17　时间继电器控制的三速电动机自动加速电路

2.18 并励直流电动机单向运转启动电路

并励直流电动机单向运转启动电路如图 2.18 所示。图 2.18 中 KI_1 为过电流继电器,对电动机进行过载和短路保护;KI_2 为欠电流继电器,作励磁绕组失磁保护,以免励磁绕组因断线或接触不良引起“飞车”而发生事故;电阻 R_2 为电动机停转时,励磁绕组的放电电阻;VD 为截流二极管,使励磁绕组正常工作时,电阻 R_2 上没有电流流入。

启动时合上电源开关 QS,励磁绕组得电励磁,失电时间继电器 KT 得电,欠电流继电器 KI_2 得电,KI_2 常开触点闭合,然后按下启动按钮 SB_2,接触器 KM_1 得电吸合并自锁,其主触点闭合,电动机 M 串电阻 R_1 启动。KM_1 常闭触点断开,失电时间继电器 KT 断电释放,经过一段时间,KT 延时闭合触点闭合,接触器 KM_2 得电吸合,KM_2 常开触点闭合将电阻 R_1 短接,电动机正常运行。

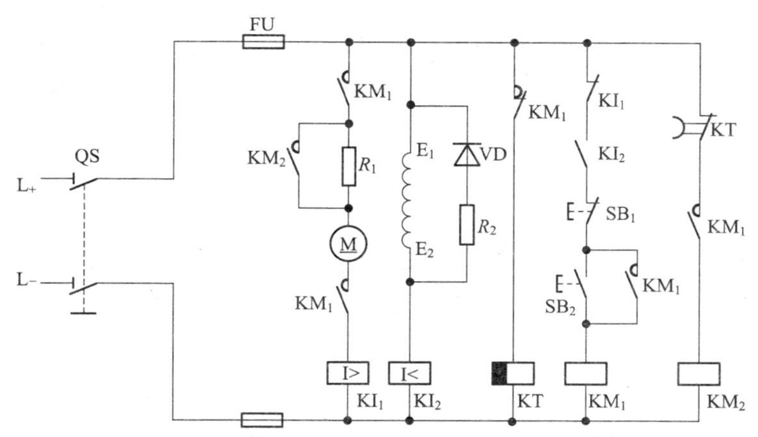

图 2.18 并励直流电动机单向运转启动电路

2.19 并励直流电动机正反转控制电路

并励直流电动机正反转控制电路如图 2.19 所示。合上开关 QS,通入直流电源,励磁绕组得电,欠电流继电器 KI 得电吸合。启动时按下启动按钮 SB_2,接触器 KM_1 得电吸合并自锁,电动机正转。

若要反转,则需先按下停止按钮 SB_1,使 KM_1 断电,这时再按下反转按钮 SB_3,接触器 KM_2 得电吸合并自锁,使电枢电流反向,电动机反转。

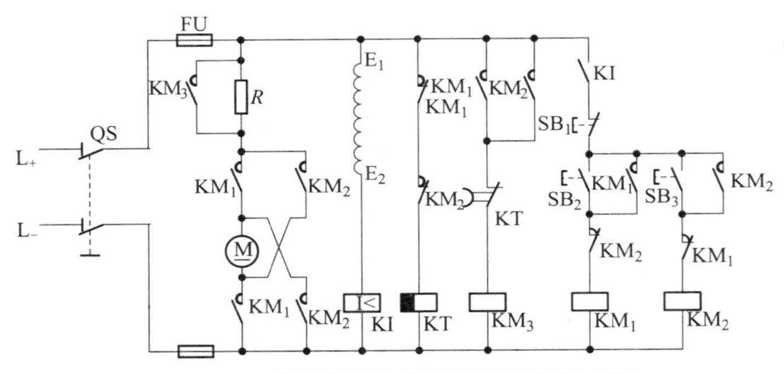

图 2.19　并励直流电动机正反转控制电路

2.20 串励直流电动机正反转控制电路

串励直流电动机正反转控制电路如图 2.20 所示。启动时合上电源开关 QS,按下启动按钮 SB_2,接触器 KM_1 得电吸合并自锁,其主触点闭合,励磁绕组电流从 D_1 端流向 D_2 端,电动机启动正转。

若要反转,则先按下停止按钮 SB_1,使接触器 KM_1 断电释放后,再按下反转按钮 SB_3,接触器 KM_2 得电吸合并自锁,其主触点闭合,励磁绕组电流从 D_2 端流向 D_1 端,电动机反转。

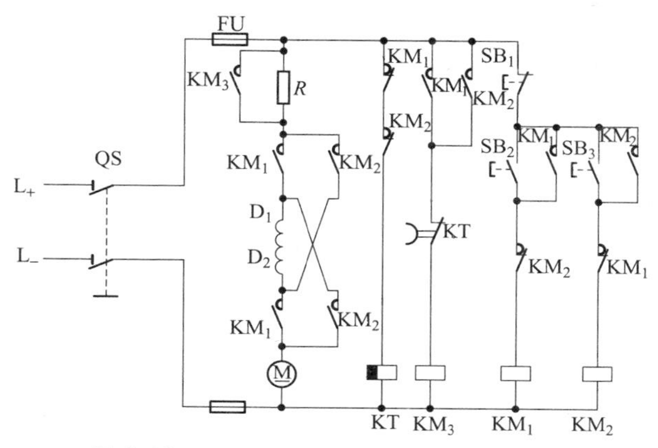

图 2.20 串励直流电动机正反转控制电路

2.21 并励直流电动机单向运转能耗制动电路

并励直流电动机单向运转能耗制动电路如图 2.21 所示。启动时合上电源开关 QS,励磁绕组得电励磁,欠电流继电器 KI 得电吸合,其常开触点闭合;同时失电时间继电器 KT_1 和 KT_2 得电吸合,KT_1 和 KT_2 常闭触点瞬时断开,保证启动电阻 R_1 和 R_2 串入电枢回路中启动。

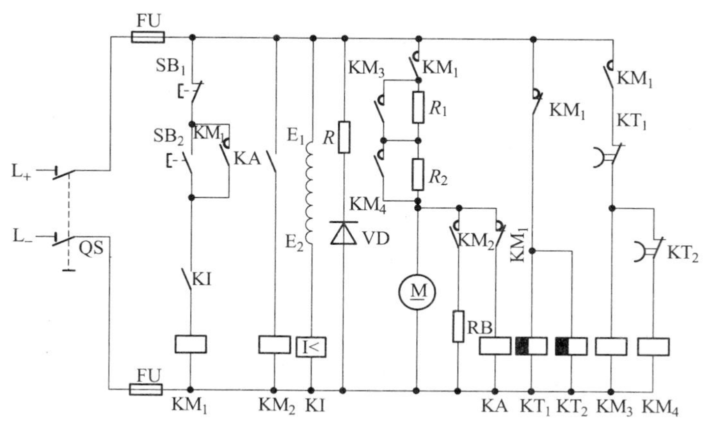

图 2.21 并励直流电动机单向运转能耗制动电路

按下启动按钮 SB_2，接触器 KM_1 得电吸合并自锁，其常开触点闭合，电动机 M 串 R_1 和 R_2 电阻启动。KM_1 两副常闭触点分别断开 KT_1、KT_2 和中间继电器 KA 线圈回路；经过一定的整定时间，KT_1 和 KT_2 常闭触点先后延时闭合，接触器 KM_3 和 KM_4 先后得电吸合，启动电阻 R_1 和 R_2 被短接，电动机正常运行。

能耗制动时，按下停止按钮 SB_1，接触器 KM_1 断电释放，KM_1 常开触点断开，使电枢回路断电。由于惯性运转的电枢切割磁力线（励磁绕组仍接在电源上），在电枢绕组中产生感应电动势，使并联在电枢两端的中间继电器 KA 得电吸合，KA 常开触点闭合，接触器 KM_2 得电吸合，KM_2 常开触点闭合，接通制动电阻 RB 回路；这时电枢的感应电流方向与原来方向相反，电枢产生的电磁转矩与原来反向而成为制动转矩，使电枢迅速停转。

当电动机转速降低到一定值时，电枢绕组的感应电动势也降低，中间继电器 KA 释放，接触器 KM_2 线圈和制动回路先后断开，能耗制动结束。

第3章

电工常用电气控制配接电路

3.1 暖风器顺序启动控制电路

1. 暖风器顺序启动控制电路原理

暖风器顺序启动控制电路原理图如图3.1所示。把暖风器的送风机用电磁接触器 MC_F 连接到控制电源上，并且把加热器用电磁接触器 MC_H 连接到送风机的后面。把每个电磁接触器的启动及停止用按钮开关连接起来，可以达到自保状态。

从按压暖风器的送风机启动按钮开关开始，到按压加热器启动按钮开关。暖风器启动时的正确操作步骤如下（图3.2）：

① 按压送风机的启动按钮开关 $BS_{启动F}$，常开触点闭合。

② 送风机的电磁接触器线圈 MC_F 中有电流流过，进入运行状态。

③ 按压加热器的启动按钮开关 $BS_{启动H}$，常开触点闭合。

④ 加热用电磁接触器线圈 MC_H 中有电流流过，进入运行状态。

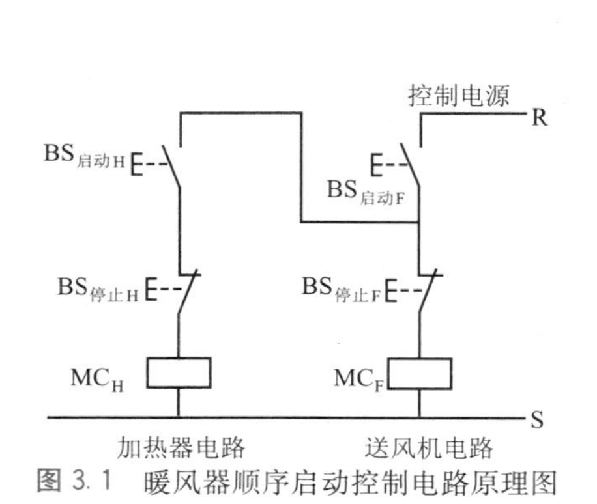

图3.1　暖风器顺序启动控制电路原理图

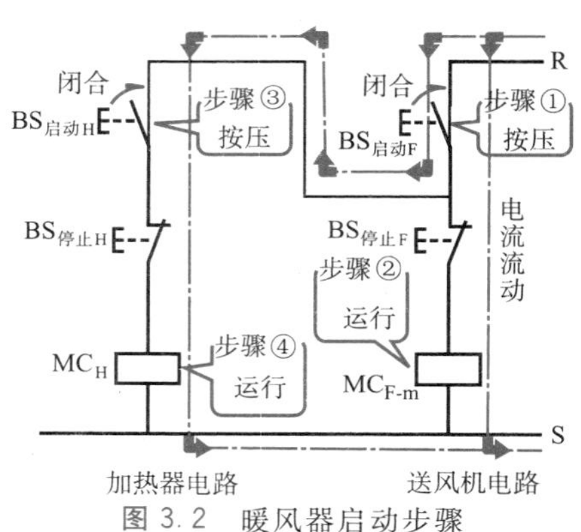

图3.2　暖风器启动步骤

2. 暖风器顺序启动控制电路实物连接线图

暖风器顺序启动控制电路实物连接图如图3.3所示。暖风器的顺序启动控制电路采用了作为电源开关的配线断路器MCCB。送风机主电路的开闭采用电磁接触器 MC_F。加热器主电路的开闭采用电磁接触器 MC_H。

此外，电磁接触器 MC_F 和 MC_H 的操作，可以通过按压各自的启动和停止按钮开关 $BS_{启动F}$，$BS_{停止F}$ 和 $BS_{启动H}$，$BS_{停止H}$ 来进行。

送风机和加热器的过电流保护分别由热敏继电器 THR_F 和 THR_H 来完成。

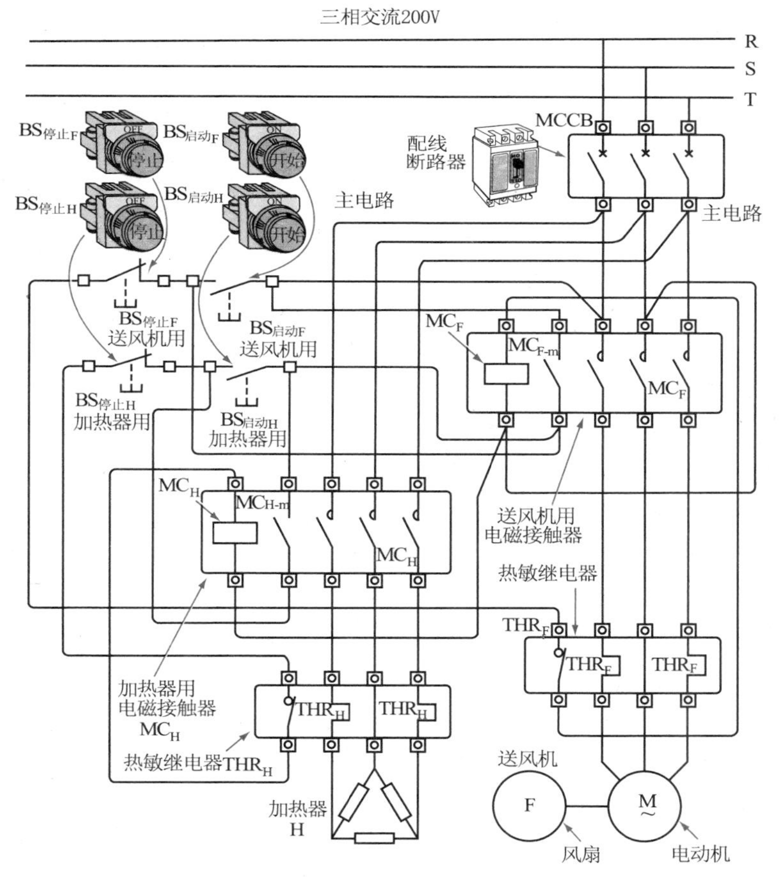

图 3.3 暖风器顺序启动控制电路实物连接图

3. 暖风器顺序启动运行

暖风器顺序启动运行如图 3.4 所示，按压送风机启动按钮开关 $BS_{启动F}$，电磁接触器 MC_F 运行，送风机电动机 M 启动，风扇旋转送风；按压加热器启动按钮开关 $BS_{启动H}$，电磁接触器 MC_H 运行，加热器加热。

① 投入主电路电源开关的配线断路器 MCCB。

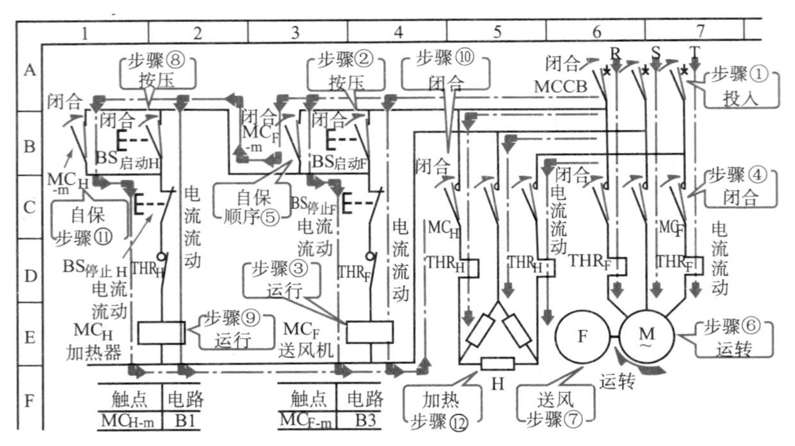

图 3.4　暖风器顺序启动运行

② 按压送风机启动按钮开关 $BS_{启动F}$，其常开触点闭合。

③ 送风机电磁接触器 MC_F 运行。

④ 主电路主触点 MC_F 闭合。

⑤ 电磁接触器 MC_F 运行，常开触点 $MC_{F\text{-}m}$ 闭合，进入自保状态。

⑥ 主触点 MC_F 闭合，电动机内有电流流过，电动机启动并运转。

⑦ 风扇旋转，开始送风。

⑧ 按压加热器启动按钮开关 $BS_{启动H}$，其常开触点闭合。

⑨ 加热器电磁接触器 MC_H 运行。

⑩ 主电路主触点 MC_H 闭合。

⑪ 电磁接触器 MC_H 闭合，常开触点 $MC_{H\text{-}m}$ 闭合，进入自保状态。

⑫ 主触点 MC_H 闭合，加热器 H 中流过电流，开始加热形成暖风。

4. 暖风器顺序停止运行

暖风器顺序停止运行如图 3.5 所示，按压加热器用停止按钮开关 $BS_{停止H}$ 时，电磁接触器 MC_H 恢复，加热器 H 停止加热；按压送风机停止按钮开关 $BS_{停止F}$ 时，电磁接触器 MC_F 恢复，送风机电动机 M 停止运行，风扇停止送风。即使因误操作而先按压了送风机停止按钮开关 $BS_{停止F}$，因为送风机 MF 和加热器 H 会同时停止，故也是安全的。

① 按压加热器的停止按钮开关 $BS_{停止H}$，其常闭触点打开。

② 加热器电磁接触器 MC_H 恢复。

③ 主电路主触点 MC_H 打开。

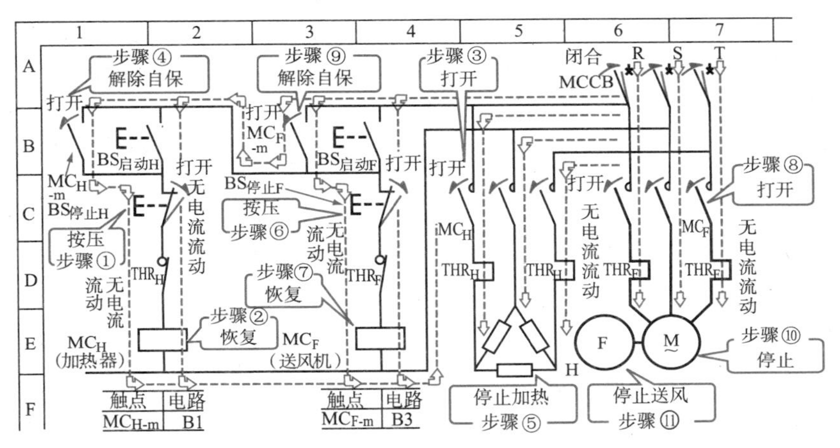

图 3.5 暖风器顺序停止电路

④ 电磁接触器 MC_H 恢复，常开触点 $MC_{H\text{-}m}$ 打开，解除自保状态。

⑤ 主触点 MC_H 打开，加热器中电流停止流动，停止加热。

⑥ 按压送风机停止按钮开关 $BS_{停止F}$，其常闭触点打开。

⑦ 送风机用电磁接触器 MC_F 恢复。

⑧ 主电路主触点 MC_F 打开。

⑨ 电磁接触器 MC_F 恢复，常开触点 $MC_{F\text{-}m}$ 打开，解除自保状态。

⑩ 主触点 MC_F 打开，无电流流过电动机 M，电动机停止转动。

⑪ 风扇停止运行，停止送风。

3.2 电动泵交互运转控制电路

1. 电动泵交互运转控制电路原理

对两台电动泵进行交互运转控制的电路如图 3.6 所示。

2. No.1 电动泵启动运行

No.1 电动泵启动运行电路如图 3.7 所示，当按压输入信号的按钮开关 $BS_{启动}$ 形成 ON 时，No.1 电动泵 MP_1 启动，No.2 电动泵 MP_2 停止运转。即使在按压按钮开关的手离开而形成 OFF 时，这种状态也将继续下去。

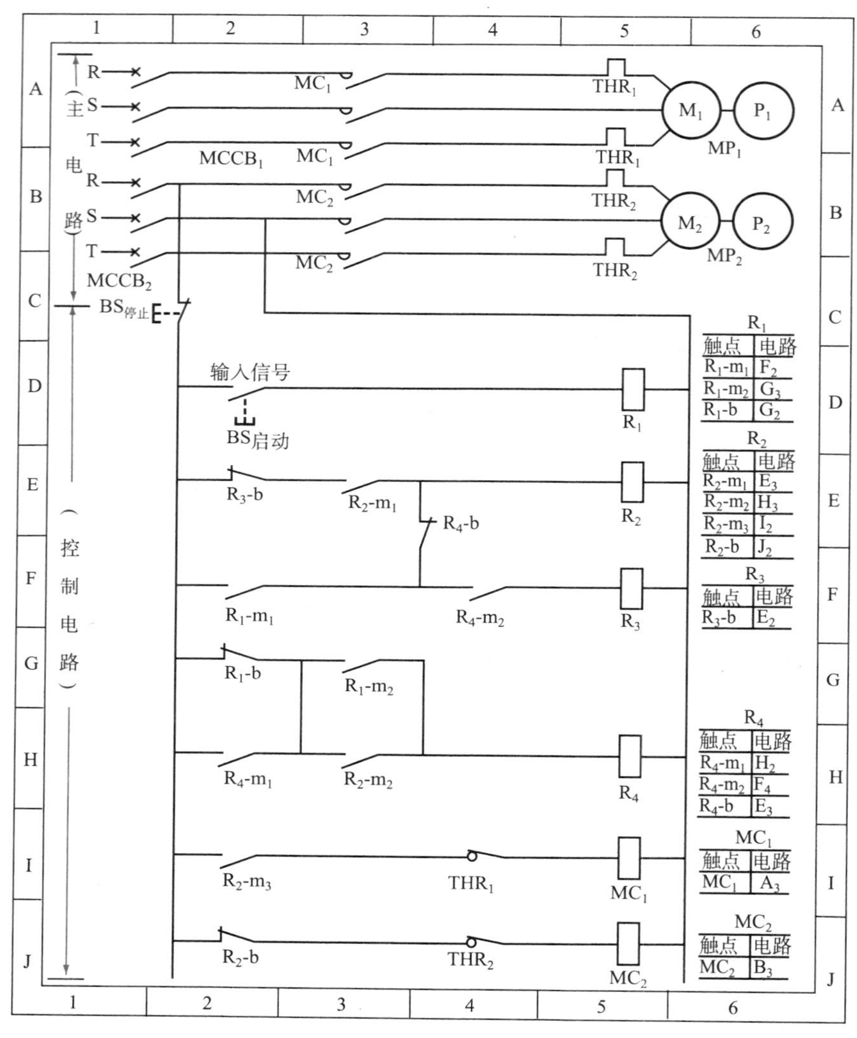

图3.6　电动泵交互运转控制电路

· 输入信号ON的运行步骤如下：

① 投入No.1电动泵电源开关的配线断路器$MCCB_1$。

② 投入No.2电动泵电源开关的配线断路器$MCCB_2$。

③ 按压输入信号的按钮开关$BS_{启动}$，常开触点闭合(ON)。

④ 电磁继电器R_1线圈内有电流，开始运行。

⑤ 常开触点 R_1-m_1 闭合。

⑥ 常开触点 R_1-m_2 闭合。

⑦ 常闭触点 R_1-b 打开。

⑧ 电磁继电器 R_2 线圈中有电流,开始运行。

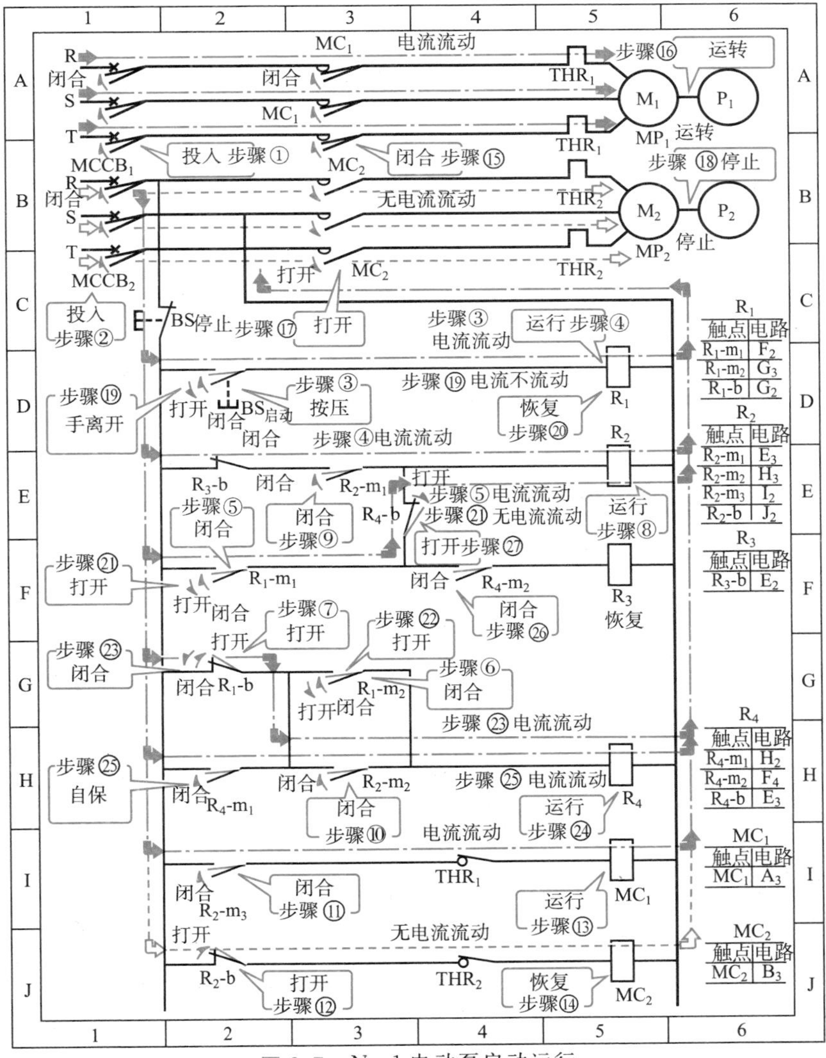

R1	
触点	电路
R1-m1	F2
R1-m2	G3
R1-b	G2

R2	
触点	电路
R2-m1	E3
R2-m2	H3
R2-m3	I2
R2-b	J2

R3	
触点	电路
R3-b	E2

R4	
触点	电路
R4-m1	H2
R4-m2	F4
R4-b	E3

MC1	
触点	电路
MC1	A3

MC2	
触点	电路
MC2	B3

图 3.7 No.1 电动泵启动运行

⑨ 常开触点 R_2-m_1 闭合形成自保状态。

⑩ 常开触点 R_2-m_2 闭合。

⑪ 常开触点 R_2-m_3 闭合。

⑫ 常闭触点 R_2-b 打开。

⑬ 电磁接触器 MC_1 运行。

⑭ 电磁接触器 MC_2 恢复。

⑮ 当电磁接触器 MC_1 运行时，主触点 MC_1 闭合。

⑯ No. 1 电动泵运转。

⑰ 当电磁接触器 MC_2 恢复时，主触点 MC_2 打开。

⑱ No. 2 电动泵停止运转。

· 输入信号 OFF 的运行步骤如下：

⑲ 当按压按钮开关 $BS_{启动}$ 的手离开时，常开触点打开（OFF）。

⑳ 电磁继电器 R_1 线圈中无电流，恢复。

㉑ 常开触点 R_1-m_1 打开。

㉒ 常开触点 R_1-m_2 打开。

㉓ 常闭触点 R_1-b 闭合。

㉔ 电磁继电器 R_4 线圈内有电流，开始运行。

㉕ 常开触点 R_4-m_1 闭合形成自保状态。

㉖ 常开触点 R_4-m_2 闭合。

㉗ 常闭触点 R_4-b 打开。

3. No. 2 电动泵启动运行

No. 2 电动泵启动运行电路如图 3. 8 所示，在 No. 1 电动泵 MP_1 运转状态（运行图中的虚线的状态）下，再次按压输入信号按钮开关 $BS_{启动}$ 构成 ON 状态时，No. 1 电动泵 MP_1 停止运转，No. 2 电动泵 MP_2 开始运转。即使按压按钮开关的手离开而构成 OFF 时，这种状态也会继续进行下去。

· 输入信号 ON 的运行步骤如下：

① 按压输入信号的按钮开关 $BS_{启动}$，常开触点闭合（ON）。

② 电磁继电器 R_1 线圈内有电流，开始运行。

③ 常开触点 R_1-m_1 闭合。

④ 常开触点 R_1-m_2 闭合。

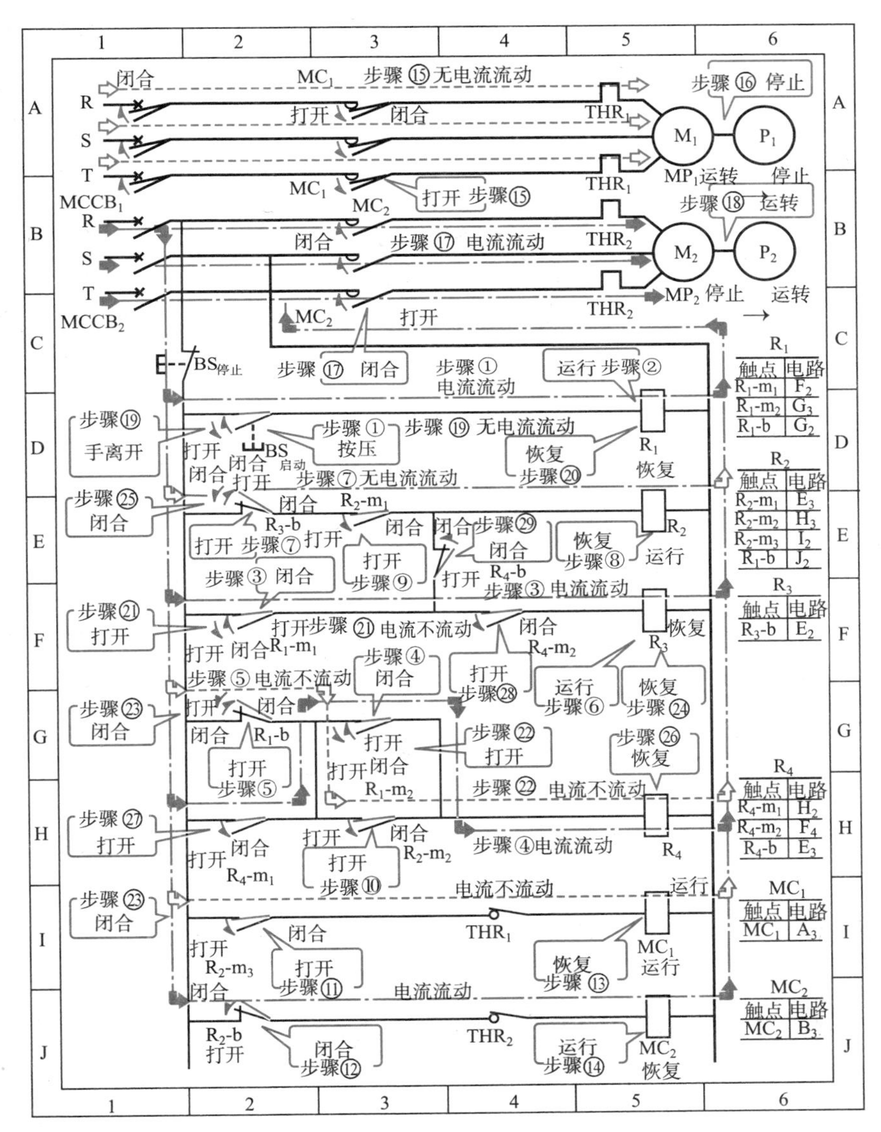

图 3.8 No.2 电动泵启动运行

⑤ 常闭触点 R_1-b 打开。

⑥ 电磁继电器 R_3 线圈内有电流，运行。

⑦ 常开触点 R_3-b 打开。

⑧ 电磁继电器 R_2 恢复。

⑨ 常开触点 R_2-m_1 打开，解除自保状态。

⑩ 常开触点 R_2-m_2 打开。

⑪ 常开触点 R_2-m_3 打开。

⑫ 常闭触点 R_2-b 闭合。

⑬ 当常开触点 R_2-m_3 打开时，电磁接触器 MC_1 恢复。

⑭ 当常闭触点 R_2-b 闭合时，电磁接触器 MC_2 运行。

⑮ 当电磁接触器 MC_1 恢复时，主触点 MC_1 打开。

⑯ No. 1 电动泵 MP_1 停止运行。

⑰ 当电磁接触器 MC_2 运行时，主触点 MC_2 闭合。

⑱ No. 2 电动泵 MP_2 运转。

· 输入信号 OFF 的运行步骤如下：

⑲ 按压按钮开关 $BS_{启动}$ 的手离开，常开触点打开(OFF)。

⑳ 电磁继电器 R_1 线圈内无电流，恢复。

㉑ 常开触点 R_1-m_1 打开。

㉒ 常开触点 R_1-m_2 打开。

㉓ 常闭触点 R_1-b 闭合。

㉔ 当常开触点 R_1-m_1 打开时，电磁继电器 R_3 恢复。

㉕ 常闭触点 R_3-b 恢复。

㉖ 当常开触点 R_1-m_2 打开时，电磁继电器 R_4 恢复。

㉗ 常开触点 R_4-m_1 打开，解除自保。

㉘、㉙ 返回到 No. 1 电动泵启动运行前的状态。

3.3 换气风扇反复运转控制电路

1. 换气风扇反复运转控制电路原理图和时序图

换气风扇反复运转控制电路由基于定时器的延时电路和非常停止电路构成，如图 3.9 所示。

图 3.10 所示是换气风扇反复运转控制电路时序图。

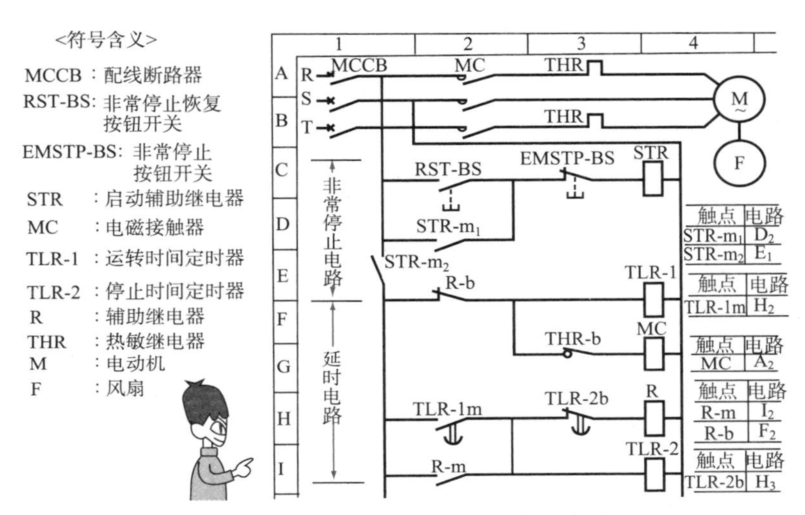

图 3.9 换气风扇反复运转控制电路图

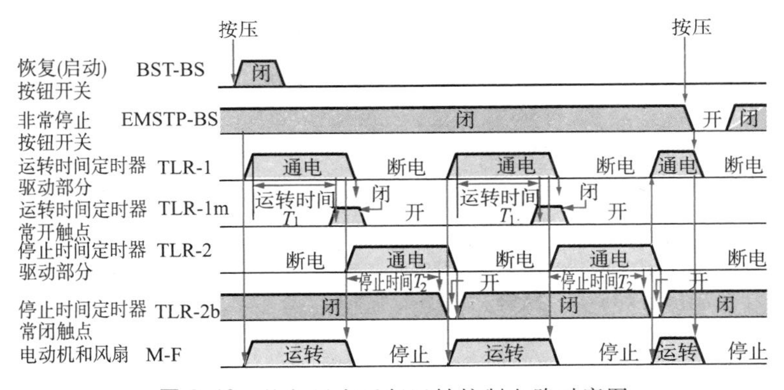

图 3.10 换气风扇反复运转控制电路时序图

2. 基于定时器的换气风扇手动运转和自动停止

基于定时器的换气风扇手动运转和自动停止如图 3.11 所示。当按压非常停止恢复按钮开关 RST-BS 时，启动辅助继电器 STR 运行，电磁接触器 MC 启动，从而启动电动机 M，风扇开始运转。与此同时，运转时间定时器 TLR-1 通电。

· 基于手动操作的运转步骤如下：

① 电源开关配线断路器 MCCB 投入运行。

② 按压非常停止恢复按钮开关 RST-BS，其常开触点闭合。

③ 启动辅助继电器 STR 运行。

④ 常开触点 STR-m_1 闭合，进入自保状态。

⑤ 常开触点 STR-m_2 闭合。

⑥ 运转时间定时器 TLR-1 通电。

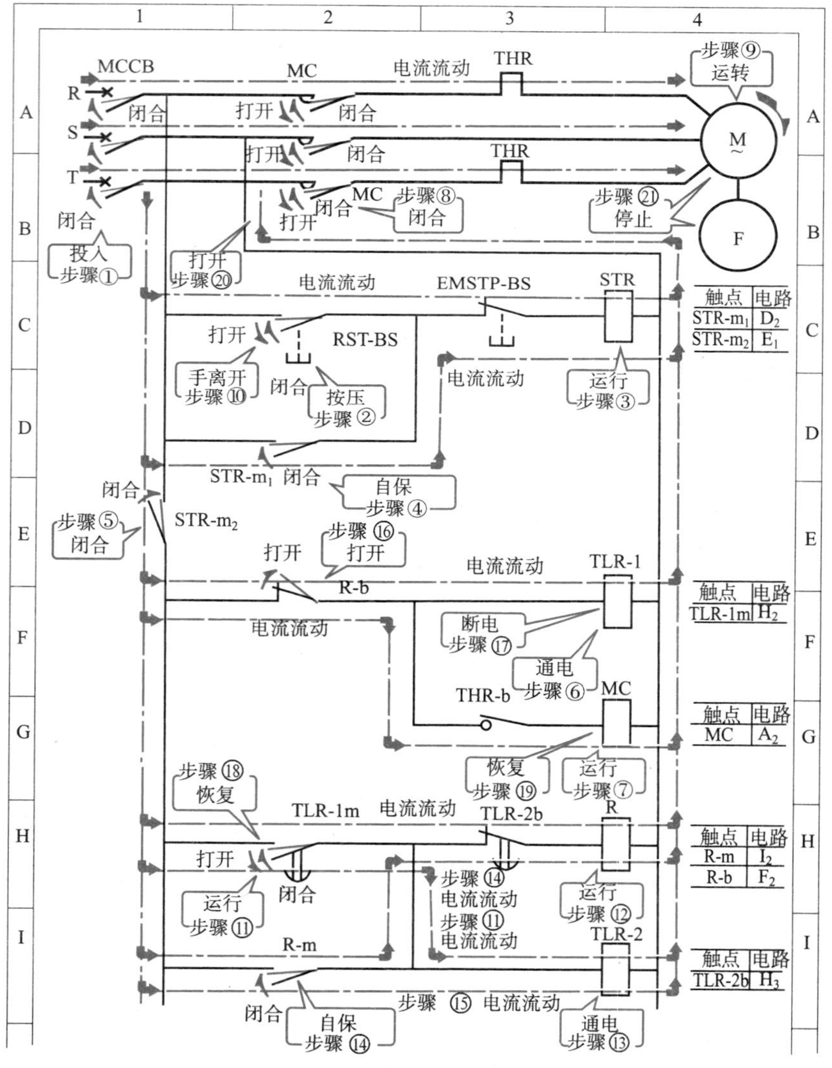

图 3.11　基于定时器的换气风扇手动运转和自动停止

⑦ 电磁接触器 MC 运行。

⑧ 主触点 MC 闭合。

⑨ 电动机 M 启动，风扇运转。

⑩ 按压非常停止恢复按钮开关 RST-BS 的手离开。

经过运转时间 T_1 后，运转时间定时器 TLR-1 运行，停止时间定时器 TLR-2 通电。同时，辅助继电器 R 运行，由于常闭触点 R-b 打开，所以电磁接触器 MC 恢复，电动机 M 停止运转，风扇也停止运行。

· 基于定时器 TLR-1 的自动停止步骤如下：

⑪ 经过运转时间定时器 TLR-1 的设定时间 T_1（运转时间）后，运转时间定时器运行，延时运行常开触点 TLR-1m 闭合。

⑫ 辅助继电器 R 运行。

⑬ 停止时间定时器 TLR-2 通电。

⑭ 当辅助继电器 R 运行时，常开触点 R-m 闭合，进入自保状态。

⑮ 停止时间定时器 TLR-2 中有电流流过。

⑯ 当电磁继电器 R 运行时，常闭触点 R-b 打开。

⑰ 运转时间定时器 TLR-1 断电。

⑱ 进入恢复状态，延时运行常开触点 TLR-1m 打开。

⑲ 当常闭触点 R-b 打开时，电磁接触器 MC 恢复。

⑳ 主触点 MC 打开。

㉑ 电动机 M 停止运转，风扇也随之停止运行。

3. 基于定时器的换气风扇自动运转和手动停止

基于定时器的换气风扇自动运转和手动停止如图 3.12 所示。经过停止时间 T_2，停止时间定时器 TLR-2 运行，常闭触点 TLR-2b 打开。辅助继电器 R 恢复，常闭触点 R-b 闭合，电磁接触器 MC 运行，电动机 M 启动，风扇运转。

· 基于定时器 TLR-2 的自动运转操作步骤如下：

① 经过停止时间 T_2 后开始运行，常闭触点 TLR-2b 打开。

② 辅助继电器 R 恢复。

③ 常开触点 R-m 打开，自保被解除。

④ 停止时间定时器 TLR-2 断电。

⑤ 常闭触点 TLR-2b 闭合。

⑥ 当辅助继电器 R 恢复时，常闭触点 R-b 闭合。

⑦ 运转时间定时器 TLR-1 加电。

⑧ 电磁接触器 MC 运行。

⑨ 主触点 MC 闭合。

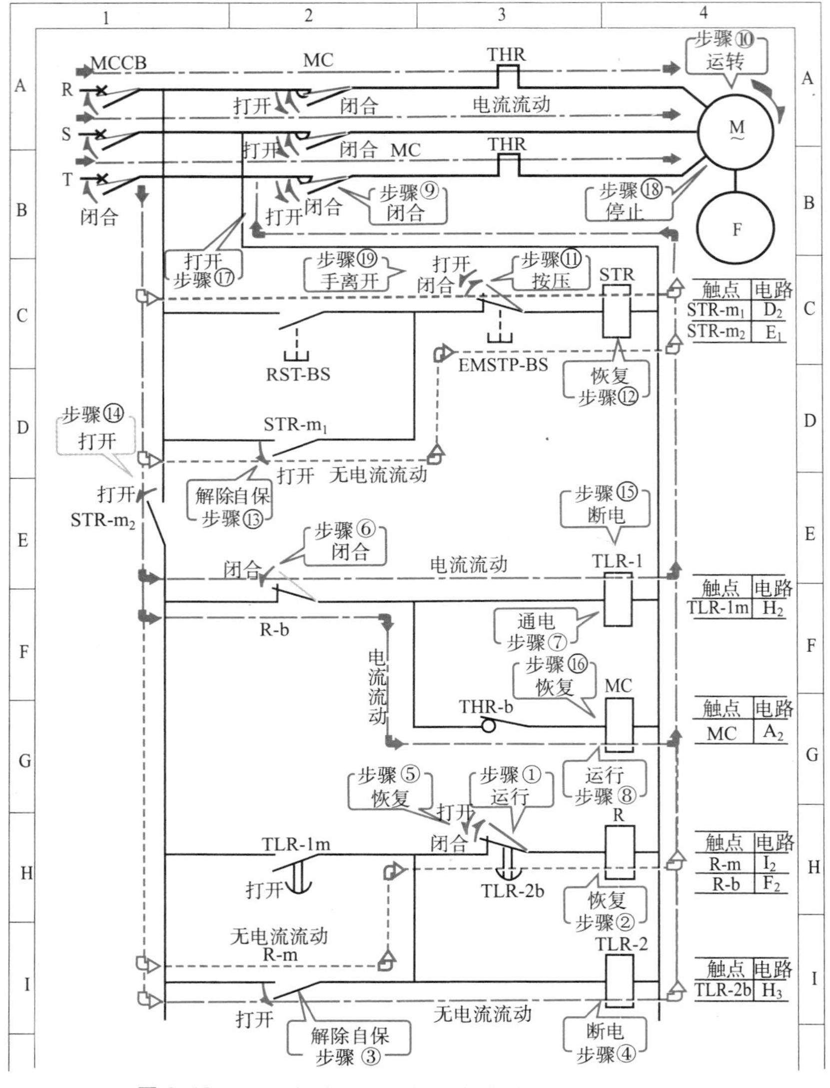

触点	电路
STR-m1	D2
STR-m2	E1

触点	电路
TLR-1m	H2

触点	电路
MC	A2

触点	电路
R-m	I2
R-b	F2

触点	电路
TLR-2b	H3

图 3.12　基于定时器的换气风扇自动运转和手动停止

⑩ 电动机 M 启动，风扇运转。

在换气风扇的运转过程中，按压非常停止按钮 EMSTP-BS 时，启动辅助继电器 STR 恢复，控制电源母线的常开触点 STR-m_2 打开，电磁接触器 MC 恢复，电动机停止运转，风扇停止运行。

· 基于非常停止按钮的非常停止运行步骤如下：

⑪ 按压非常停止按钮开关 EMSTP-BS，其常闭触点打开。

⑫ 启动辅助继电器 STR 恢复。

⑬ 常开触点 STR-m_1 打开，解除自保。

⑭ 辅助继电器 STR 恢复时，常开触点 STR-m_2 打开。

⑮ 运转时间定时器 TLR-1 断电。

⑯ 电磁接触器 MC 恢复。

⑰ 主触点 MC 打开。

⑱ 电动机 M 停止运转，风扇停止运行。

⑲ 按压非常停止按钮 EMSTP-BS 的手离开。

3.4 传送带流水线运转控制电路

1. 传送带流水线运转控制电路原理图和时序图

作为传送带流水线运转控制电路的例子，图 3.13 表示了采用限位开关和定时器的电路图。

图 3.14 是传送带流水线运转控制电路时序图。

2. 传送带手动启动和自动停止

传送带手动启动和自动停止如图 3.15 所示。将配线断路器 MCCB 投入运行，按压启动按钮开关 ST-BS 时，电磁接触器 MC 运行，电动机 M 启动，传送带开始运转。

· 基于手动操作的启动信号步骤如下：

① 投入电源开关的配线断路器 MCCB。

② 按压启动按钮开关 ST-BS，其常开触点闭合。

③ 电磁接触器 MC 运行。

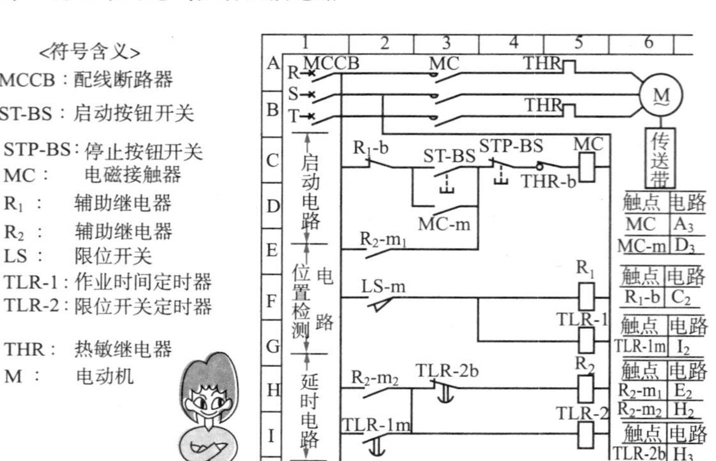

图 3.13　传送带流水线运转控制电路图

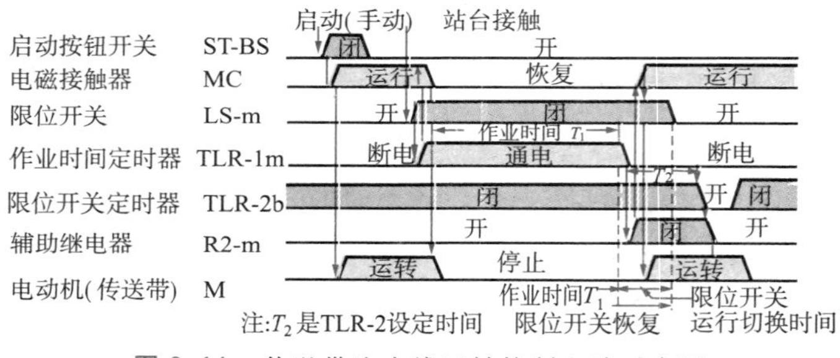

图 3.14　传送带流水线运转控制电路时序图

④ 辅助常开触点 MC-m 闭合，自保。

⑤ 当电磁接触器运行时，主触点 MC 闭合。

⑥ 电动机 M 流过电流，电动机启动，传送带开始运转。

当安装在传送带侧方边缘上的站台与限位开关 LS 接触时电路接通，辅助继电器 R_1 开始运行，作业时间定时器 TLR-1 通电。当辅助继电器 R_1 运行时，其常闭触点 R_1-b 打开，电磁接触器 MC 恢复，电动机 M 停止运转，传送带停止传动。

· 基于限位开关的自动停止运行步骤如下：

⑦ 当限位开关 LS 与站台接触时，其常开触点 LS-m 闭合。

⑧ 辅助继电器 R_1 运行。

⑨ 作业时间定时器的驱动部分 TLR-1 内有电流。

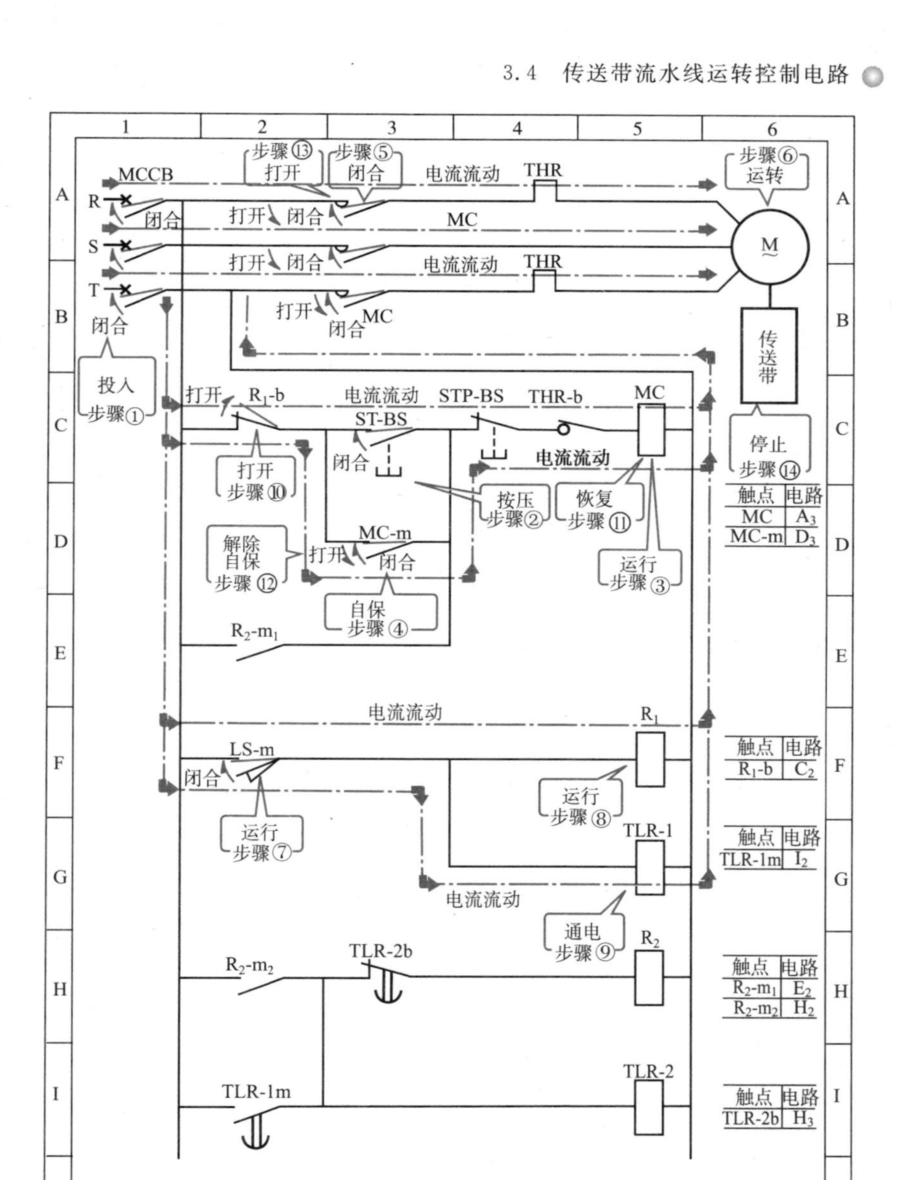

图 3.15 传送带手动启动和自动停止

⑩ 辅助继电器 R_1 运行，常闭触点 R_1-b 打开。

⑪ 电磁接触器恢复。

⑫ 辅助常开触点 MC-m 打开，解除自保。

⑬ 主触点 MC 打开。

⑭ 电动机 M 中无电流，电动机停止运转，传送带停止运行。

3. 传送带自动运转

传送带自动运转如图3.16所示，经过作业时间 T_1 后，作业时间定时

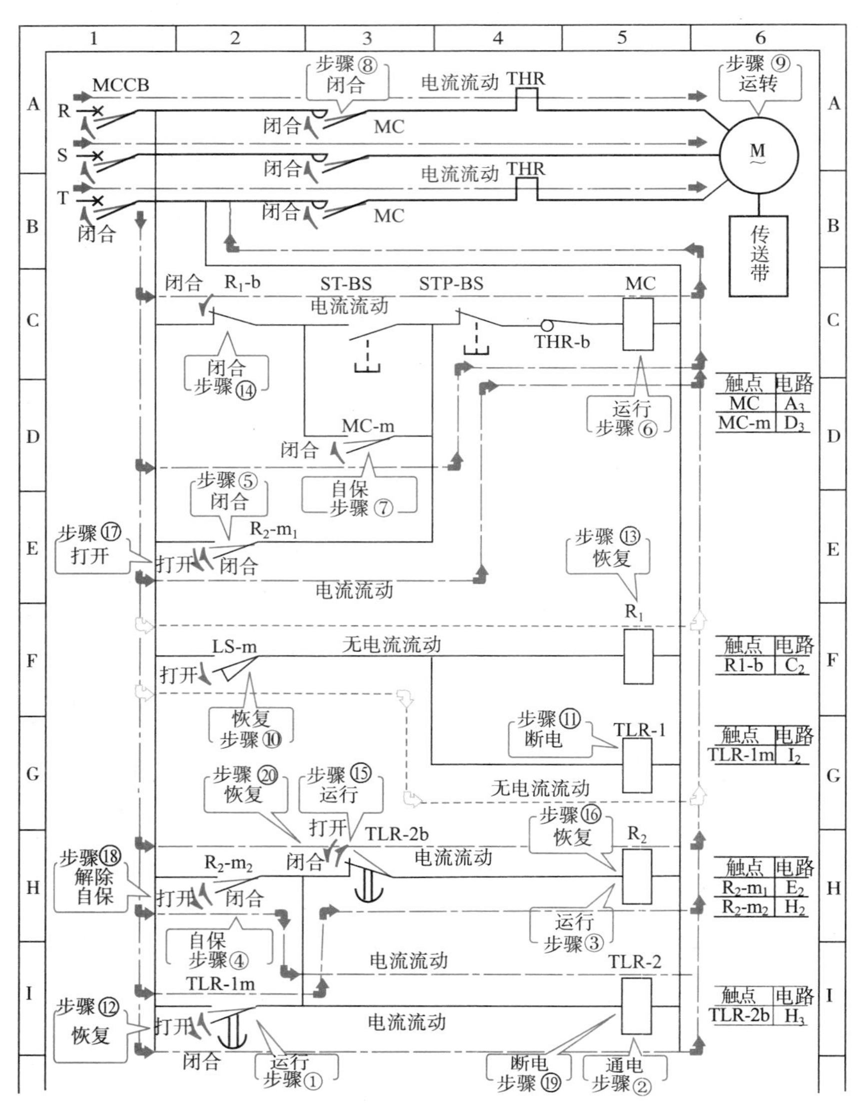

触点	电路
MC	A_3
MC-m	D_3

触点	电路
R1-b	C_2

触点	电路
TLR-1m	I_2

触点	电路
R_2-m_1	E_2
R_2-m_2	H_2

触点	电路
TLR-2b	H_3

图 3.16　传送带自动运转

器 TLR-1 运行，限位开关定时器 TLR-2 通电，辅助继电器 R_2 运行，电磁接触器 MC 运行，电动机 M 启动，传送带运转。限位开关用定时器 TLR-2 设定时间 T_2，使限位开关 LS 移动至站台上，运行解除以后设定的时间便结束。

① 经过了作业时间定时器 TLR-1 的设定时间 T_1，作业时间定时器运行，延时运行常开触点 TLR-1m 闭合。

② 限位开关用定时器的驱动部分 TLR-2 中有电流流过，开始通电。

③ 辅助继电器 R_2 运行。

④ 常开触点 R_2-m_2 闭合，进入自保状态。

⑤ 常开触点 R_2-m_1 闭合。

⑥ 电磁接触器 MC 运行。

⑦ 辅助常开触点 MC-m 闭合，进入自保状态。

⑧ 主触点 MC 闭合。

⑨ 电动机 M 中有电流流过，电动机启动，传送带运转。

⑩ 限位开关 LS 脱离站台，常开触点 LS-m 打开。

⑪ 作业时间定时器 TLR-1 断电。

⑫ 常开触点 TLR-1m 打开。

⑬ 辅助继电器 R_1 恢复。

⑭ 常闭触点 R_1-b 打开，电磁接触器 MC 中有电流流过。

⑮ 经过限位开关定时器 TLR-2 的设定时间 T_2，限位开关用定时器运行，延时运行常闭触点 TLR-2b 打开。

⑯ 辅助继电器 R_2 恢复。

⑰ 常开触点 R_2-m_1 打开。

⑱ 常开触点 R_2-m_2 打开，解除自保。

⑲ 限位开关用定时器 TLR-2 断电。

3.5 电动送风机延时和定时运转控制电路

1. 电动送风机延时和定时运转控制电路原理图和时序图

电动送风机的延时和定时运转控制电路，是由基于定时器的“一定时间后运行的电路"、"定时运行电路"和"指示灯电路"共同组成的，如图 3.17 所示。

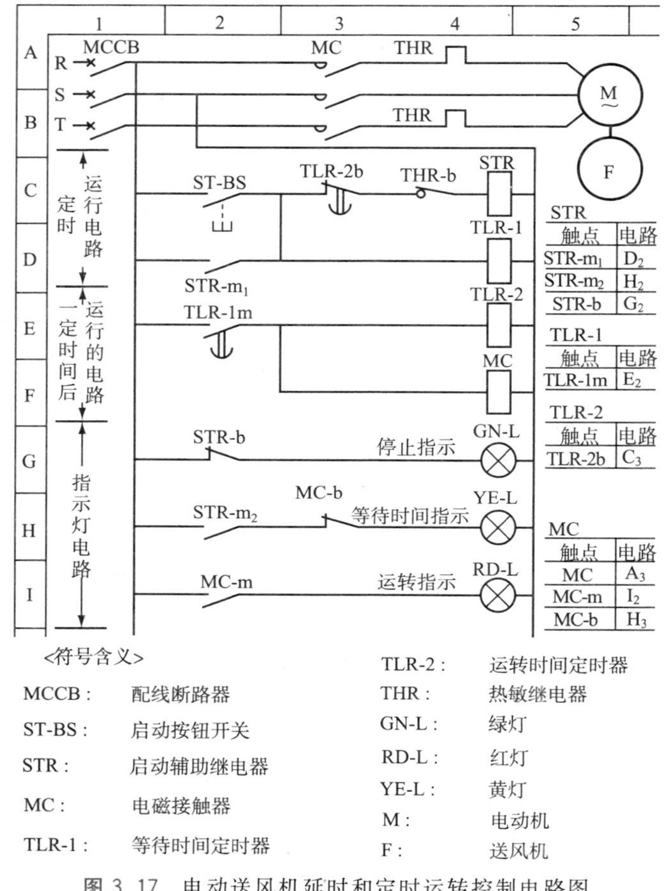

图 3.17 电动送风机延时和定时运转控制电路图

图 3.18 是电动送风机延时和定时运转控制电路时序图。

2. 电动送风机延时接入和自动运转

电动送风机延时接入和自动运转如图 3.19 所示。接入电源开关配线断路器 MCCB，当按压启动按钮开关 ST-BS 时，启动辅助继电器 STR 运行，等待时间定时器 TLR-1 通电，黄灯 YE-L 点亮表示正处于等待状态。

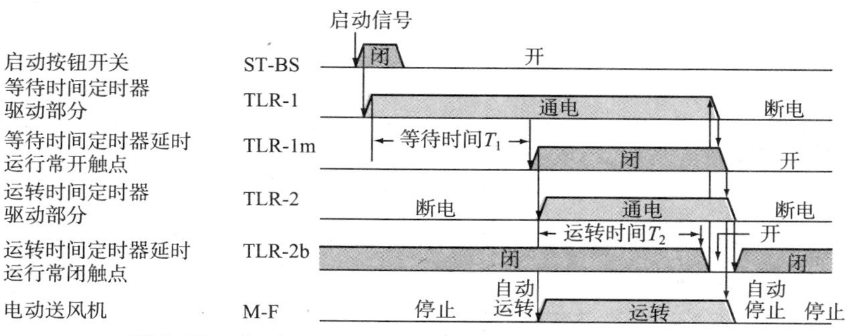

图 3.18　电动送风机延时和定时运转控制电路时序图

· 基于手动操作的启动运行步骤如下：

① 接入电源开关配线断路器 MCCB。

② 绿灯 GN-L(表示停止)点亮。

③ 按压启动按钮开关 ST-BS,其常开触点闭合。

④ 启动辅助继电器 STR 运行。

⑤ 等待时间定时器 TLR-1 通电。

⑥ 当启动辅助继电器 STR 运行时,常开触点 STR-m_1 闭合,进入自保状态,电流流过等待时间定时器驱动部分 TLR-1。

⑦ 当启动辅助继电器 STR 运行时,常闭触点 STR-b 打开。

⑧ 绿灯 GN-L(表示停止)熄灭。

⑨ 常开触点 STR-m_2 闭合。

⑩ 黄灯 YE-L(表示等待时间)点亮。

⑪ 按压启动按钮开关 ST-BS 的手离开。

经过等待时间 T_1 后,等待时间定时器 TLR-1 运行,电磁接触器 MC 运行,电动送风机运转。

· 电动送风机的自动运转运行步骤如下：

⑫ 经过等待时间定时器 TLR-1 的设定时间 T_1(等待时间)后,等待时间定时器运行,延时运行常开触点 TLR-1m 闭合。

⑬ 运转时间定时器的驱动部分 TLR-2 通电,有电流流过。

⑭ 当延时运行常开触点 TLR-1m 闭合时,电磁接触器 MC 运行。

⑮ 主触点 MC 闭合。

⑯ 电动机 M 中有电流流过,电动机 M 启动,送风机 F 运转。

⑰ 辅助常闭触点 MC-b 打开。

⑱ 黄灯 YE-L(表示等待时间)熄灭。

⑲ 辅助常开触点 MC-m 闭合。

⑳ 红灯 RD-L(表示运转)点亮。

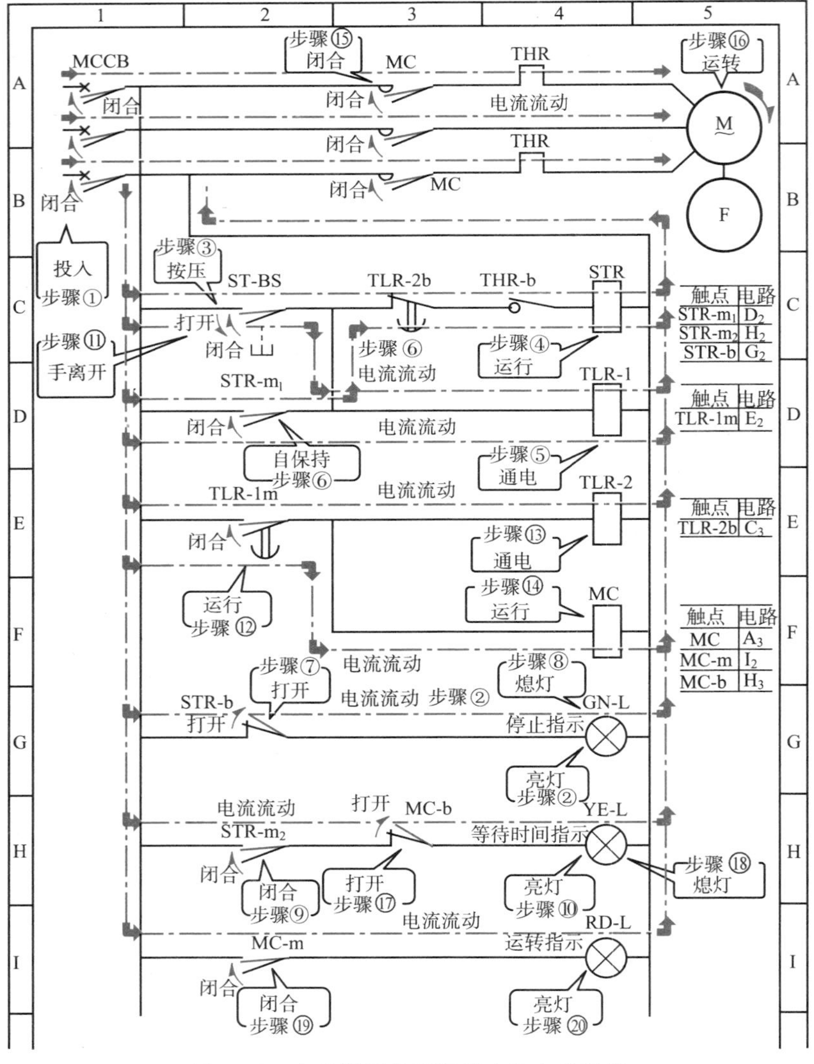

图 3.19 电动送风机延时接入和自动运转

3. 电动送风机自动停止

电动送风机自动停止如图 3.20 所示。经过运转时间 T_2 后，运转时间定时器 TLR-2 运行，延时运行常闭触点 TLR-2b 打开，电磁接触器 MC 恢复，电动送风机停止，绿灯 GN-L(表示停止)点亮。

① 经过运转时间定时器 TLR-2 的设定时间 T_2(运转时间)后，运转时间定时器运行，延时运行常闭触点 TLR-2b 打开。

② 启动辅助继电器 STR 恢复。

③ 常开触点 STR-m_1 打开，解除自保。

④ 常开触点 STR-m_2 打开。

⑤ 常闭触点 STR-b 闭合。

⑥ 绿灯 GN-L 点亮(表示停止)。

⑦ 当常开触点 STR-m_1 打开时，等待时间定时器的驱动部分 TLR-1 中无电流流过，处于断电状态。

⑧ 延时运行常开触点 TLR-1m 打开。

⑨ 运转时间定时器的驱动部分 TLR-2 中无电流流过，处于断电状态。

⑩ 延时运行常闭触点 TLR-2b 闭合。

⑪ 延时运行常开触点 TLR-1m 打开，电磁接触器 MC 恢复。

⑫ 主触点 MC 打开。

⑬ 电动机 M 中无电流流过，电动机 M 停止运转，送风机 F 停止运行。

⑭ 当电磁接触器恢复时，常闭触点 MC-b 闭合。

⑮ 当电磁接触器恢复时，常开触点 MC-m 打开。

⑯ 红灯 RD-L(表示运转)熄灭。

此时，电动送风机恢复到按下启动按钮开关 ST-BS 之前的状态。

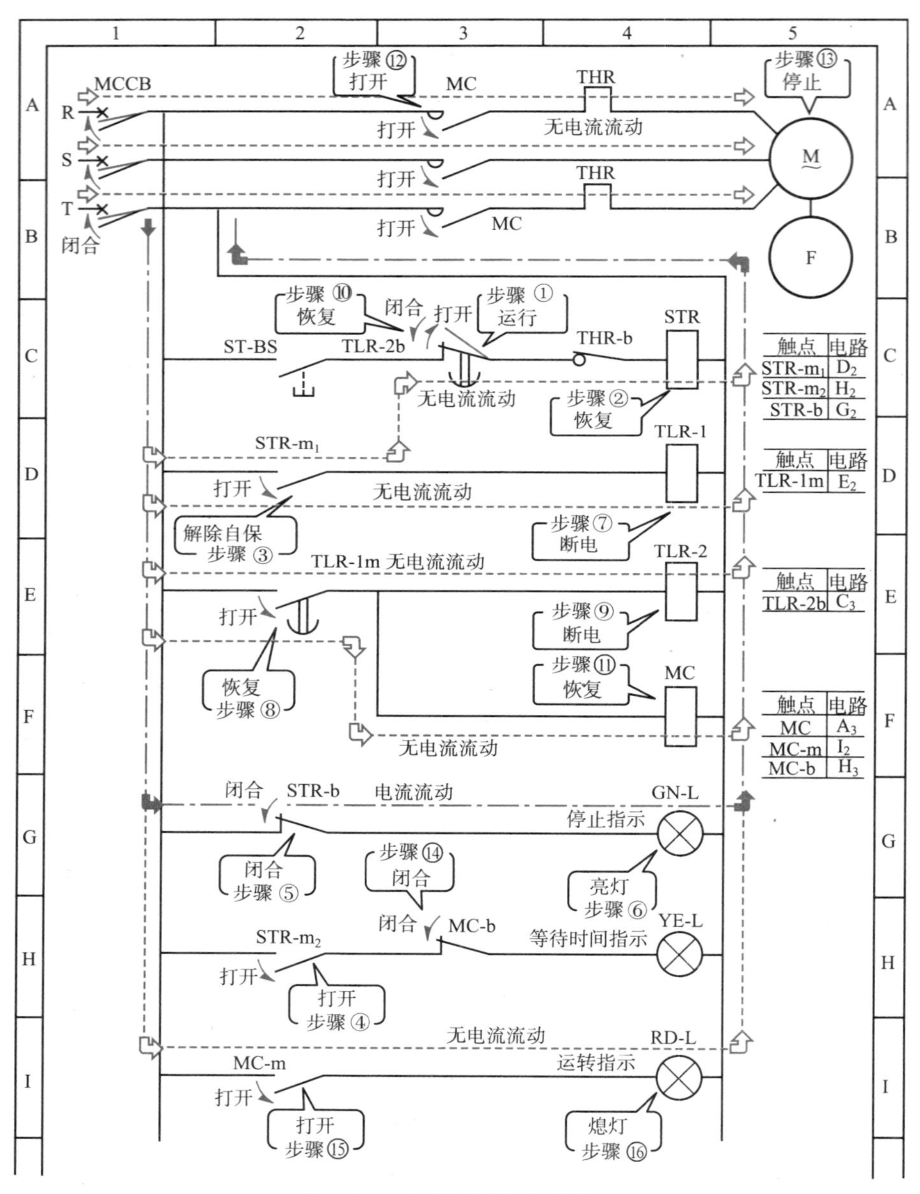

图 3.20　电动送风机自动停止

3.6 卷帘门自动开关控制电路

1. 卷帘门自动开关控制电路实物连接图

卷帘门自动开关控制电路实物连接图如图3.21所示，采用了作为电源开关的配线断路器，并且利用正转用和反转用电磁接触器各自的启动按钮开关，使作为卷帘门驱动动力的电容启动电动机运行，据此进行正转（卷帘门打开：上升）和反转（卷帘门关闭：下降）的切换，利用停止按钮开关使卷帘门停止运行。

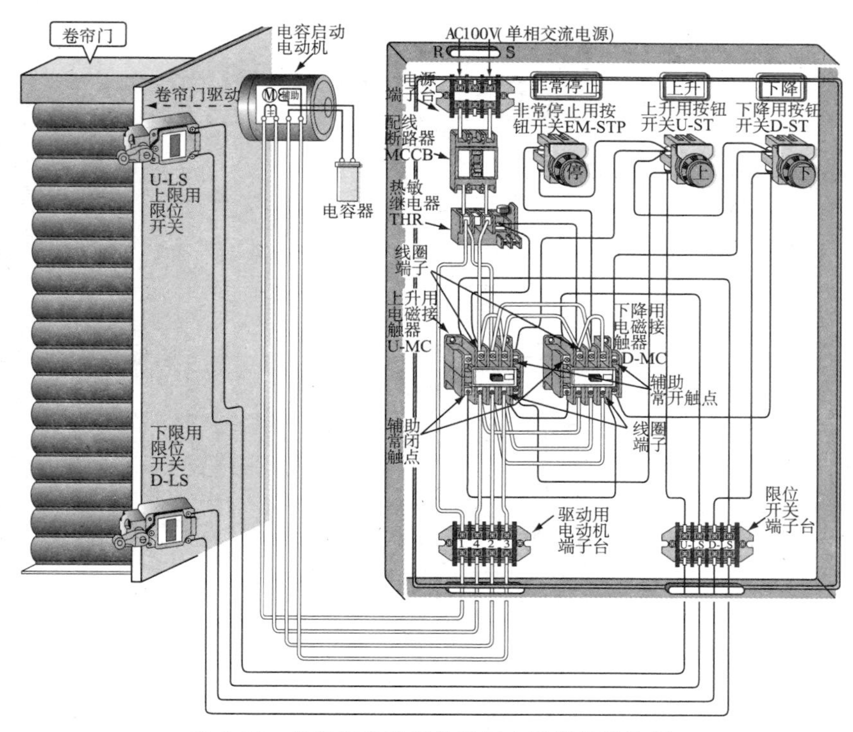

图3.21 卷帘门自动开关控制电路实物连接图

2. 卷帘门的上升(打开)

卷帘门的上升(打开)如图3.22所示。投入电源开关配线断路器MCCB,当按压上升(打开)用启动按钮开关U-ST时,卷帘门上升至上限而后自动停止。

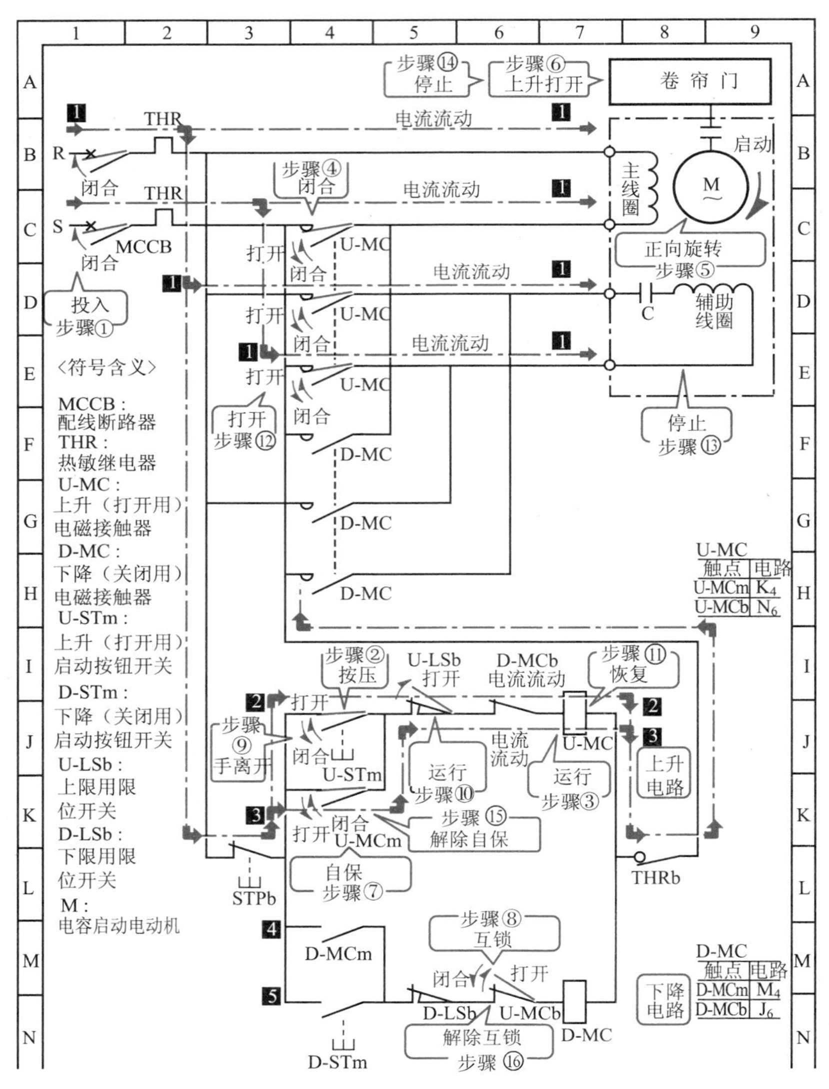

图3.22 卷帘门的上升(打开)

· 上升(打开)启动运行步骤如下:

① 投入回路❶电源开关配线断路器 MCCB。

② 按压回路❷启动按钮开关 U-STm,其常开触点闭合。

③ 回路❷上升(打开)用电磁接触器线圈 U-MC 中有电流流过,开始运行。

此时,步骤④、⑦、⑧也同时运行。

④ 上升(打开)用 U-MC 运行,主回路❶的主触点 U-MC 闭合。

⑤ 回路❶的驱动用电容启动电动机 M 的主线圈和辅助线圈中有电流,电动机启动并且向正方向旋转。

⑥ 卷帘门上升后打开。

⑦ 当上升(打开)用 U-MC 运行时,回路❸的自保常开触点 U-MCm 闭合,进入自保状态。

⑧ 当上升(打开)用 U-MC 运行时,下降(关闭)回路❺的常闭触点 U-MCb 打开,构成互锁。

⑨ 按压回路❷的上升(打开)启动按钮开关 U-ST_m 的手离开。

· 上升停止运行顺序如下:

⑩ 当卷帘门上升(打开)到上限时,回路❷的上限用限位开关 U-LS_b 运行,其常闭触点 U-LSb 打开。

⑪ 回路❷的上升(打开)用电磁接触器线圈 U-MC 中无电流流过,处于恢复状态。

此时,步骤⑫、⑮、⑯同时运行。

⑫ 当上升(打开)用 U-MC 恢复时,主回路❶的主触点 U-MC 打开。

⑬ 驱动用电容启动电动机 M 的主线圈和辅助线圈中无电流流动,处于停止状态。

⑭ 卷帘门也停止在上限位置。

⑮ 当上升(打开)用 U-MC 恢复时,回路❸的自保常开触点 U-MCm 打开,解除自保状态。

⑯ 当上升(打开)用 U-MC 恢复时,下降回路❺的常闭触点 U-MCb 闭合,解除互锁状态。

3. 卷帘门的下降(关闭)

卷帘门的下降(关闭)如图 3.23 所示。卷帘门的上限位置是其打开的状态，当按压下降（关闭）用启动按钮开关D-ST时，卷帘门下降直到降到下限，卷帘门自动停下来。

· 下降（关闭）启动运行步骤如下：

① 按压回路5的下降（关闭）用启动按钮开关D-STm，其常开触点闭合。

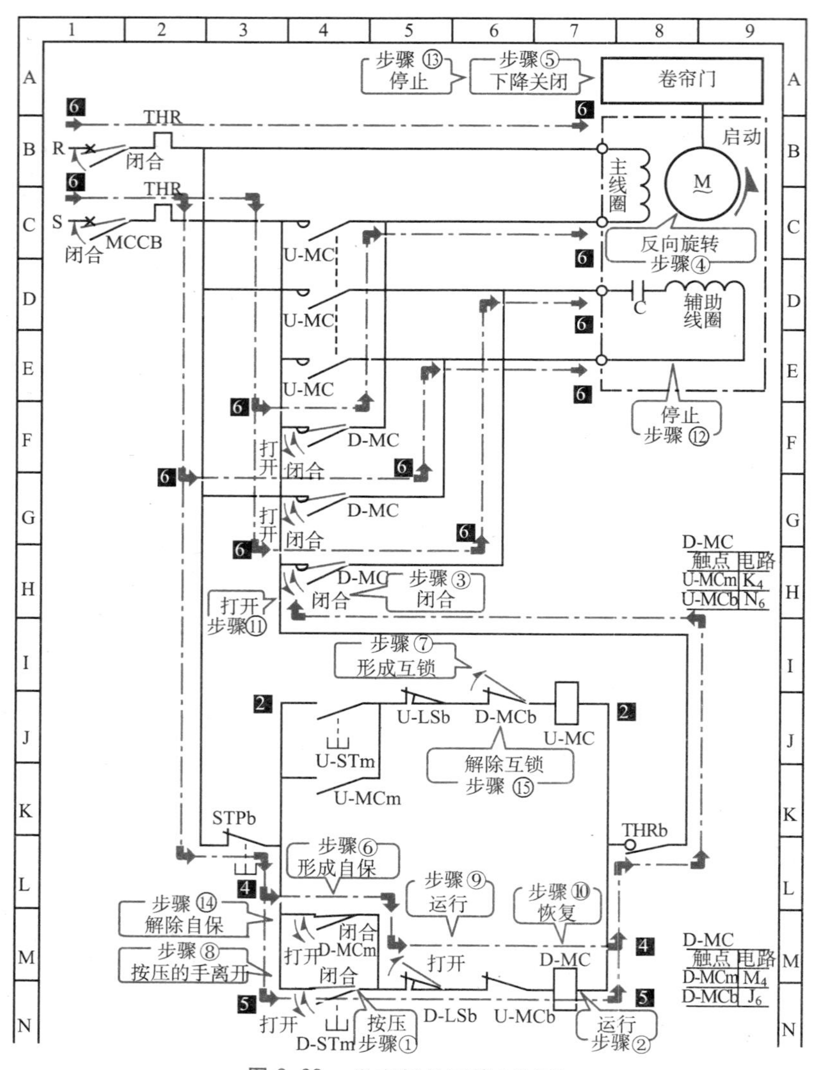

图3.23 卷帘门的下降（关闭）

② 回路5的下降(关闭)用电磁接触器的线圈 D-MC 中有电流流过,开始运行。

当下降(关闭)用电磁接触器 D-MC 运行时,步骤③、⑥、⑦同时运行。

③ 下降(关闭)用 D-MC 运行,主回路6的主触点 D-MC 闭合。

④ 回路6的驱动用电容启动电动机 M 的主线圈和辅助线圈中有电流,电动机启动并向反方向旋转。

⑤ 卷帘门下降并关闭。

⑥ 下降(关闭)用 D-MC 运行,回路4的自保常开触点 D-MCm 闭合而进入自保状态。

⑦ 下降(关闭)用 D-MC 运行,上升(打开)回路2的常闭触点D-MCb打开而构成互锁状态。

⑧ 按压回路5下降(关闭)用启动按钮开关 D-MCm 的手离开。

· 下降(关闭)停止运行步骤如下:

⑨ 当卷帘门下降(关闭)到下限时,下限用限位开关 D-LSb 运行,其常闭触点 D-LSb 打开。

⑩ 回路5的下降(关闭)电磁接触器线圈 D-MC 内无电流,进入恢复状态。

当下降(关闭)用电磁接触器 D-MC 恢复时,步骤⑪、⑭、⑮同时运行。

⑪ 下降(关闭)用 D-MC 恢复,主回路6的主触点 D-MC 打开。

⑫ 驱动用电容启动电动机 M 的主线圈和辅助线圈中无电流流动,电动机 M 停止运行。

⑬ 卷帘门也停在下限位置。

⑭ 下降(关闭)用 D-MC 恢复,回路4的自保常开触点 D-MCm 打开,解除自保状态。

⑮ 下降(关闭)用 D-MC 恢复,上升(打开)回路2的常闭触点 D-MCb 闭合,解除互锁状态。

3.7 电炉温度控制电路

1. 电炉温度控制电路图和实物连接图

电炉温度控制电路如图 3.24 所示,实物连接图如图 3.25 所示。

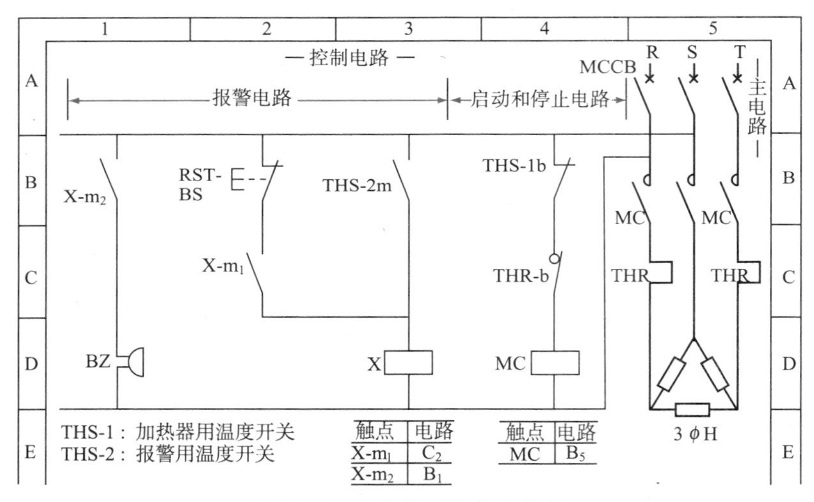

图 3.24　电炉温度控制电路图

电炉的温度控制电路由启动和停止电路,以及报警电路共同组成。

2. 电炉加热启动

电炉加热启动如图 3.26 所示,当投入电炉的电源开关 MCCB 时,电炉启动,开始加热。

① 电源开关配线断路器 MCCB 投入运行。

② 电磁接触器 MC 的线圈中有电流流过,开始运行。

· 因为电炉内的温度在加热器用温度开关 THS-1 的设定温度以下,所以不运行,其常闭触点 THR-1b 闭合。

· 因为电炉中的电流不是过电流,所以热继电器 THR 不运行,其常闭触点 THR-b 闭合。

③ 当电磁接触器 MC 运行时,主电路的主触点 MC 闭合。

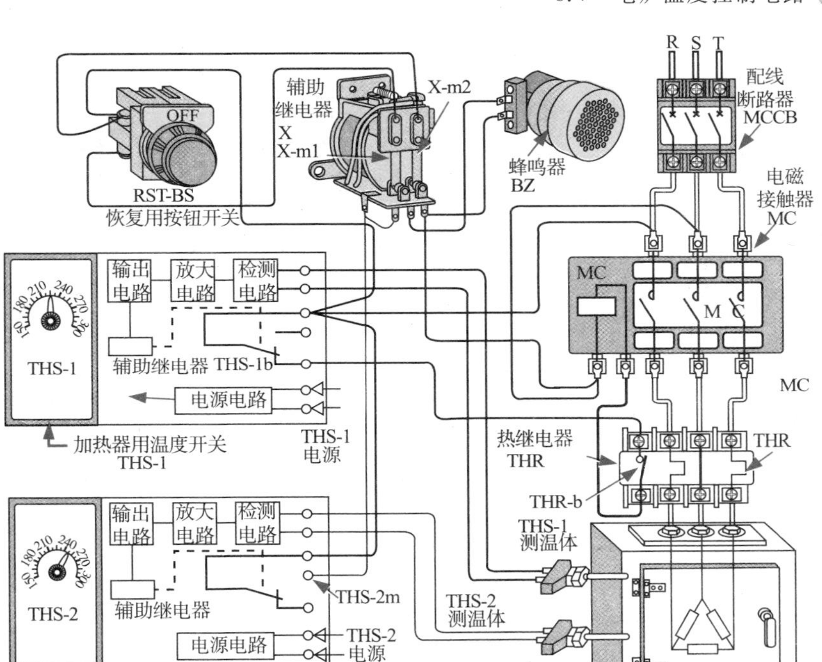

图 3.25 电炉温度控制电路实物连接图

④ 三相加热器 3ΦH 中有电流流动，进行加热。

3. 电炉加热停止

电炉加热停止如图 3.27 所示。由于三相加热器的加热，电炉内温度上升。当温度达到加热炉温度开关 THS-1 的设定温度以上时，温度开关 THS-1 运行，停止加热操作。

① 电炉的炉内温度上升，当上升到加热器温度开关 THS -1 的设定温度以上时，加热器用温度开关运行，常闭触点 THS -1b 打开。

② 电磁接触器 MC 的线圈中无电流流动，进入恢复状态。

③ 主电路的主触点 MC 打开。

④ 三相加热器 3ΦH 中无电流流动，停止加热。

三相加热器的加热停止时，电炉的炉内温度下降，当下降到加热器用温度开关的设定温度以下时进入恢复状态，其常闭触点 THS -1b 闭合。电磁接触器 MC 运行，其主触点 MC 闭合，三相加热器被加热。反复进行三相加热器的启动和停止操作就可以控制炉内的温度。

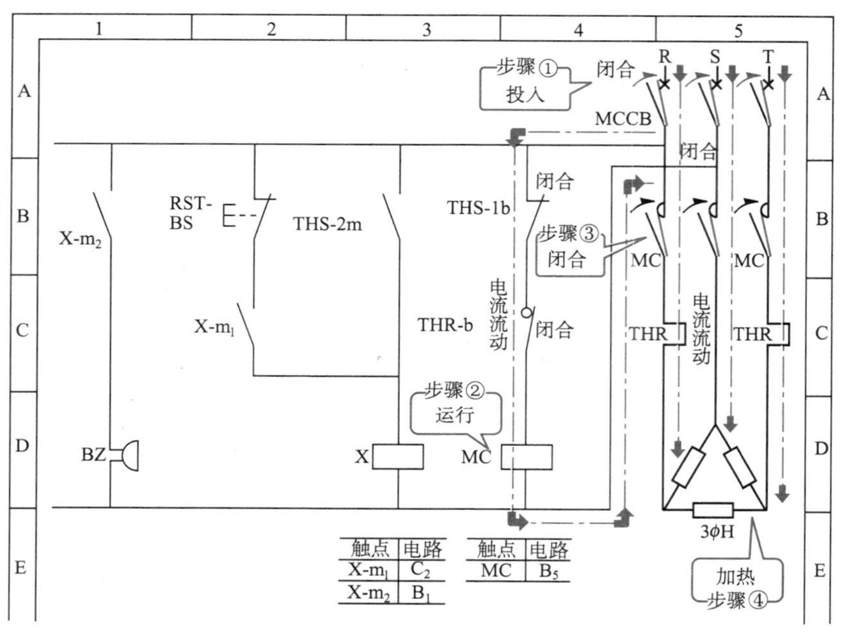

图 3.26　电炉加热启动

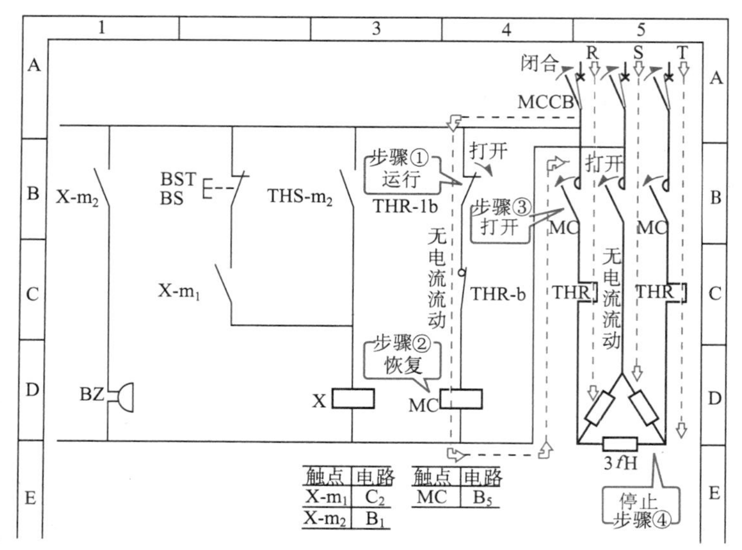

图 3.27　电炉加热停止

4. 电炉报警

电炉报警如图 3.28 所示。由于电炉的异常，三相加热器会产生过热现象。当超过设定温度而达到报警温度时，报警温度开关 THS-2 运行，蜂鸣器 BZ 呼叫，发出警报。

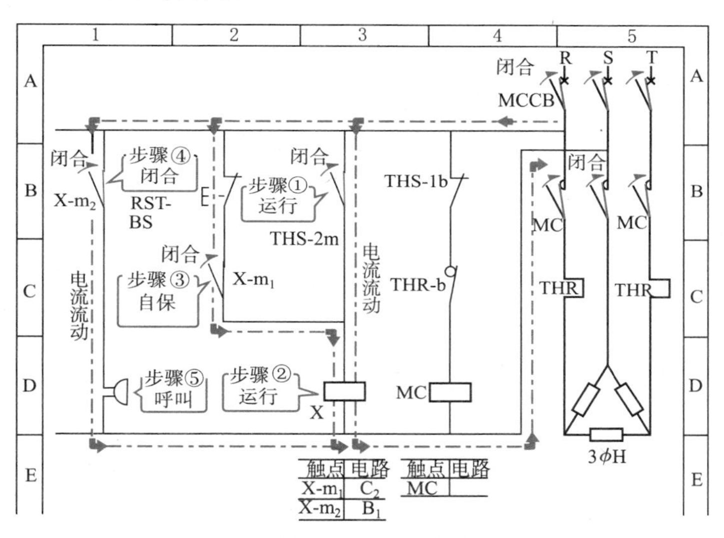

图 3.28 电炉报警

① 当由于电炉异常而使炉内温度上升到报警温度时，报警用温度开关运行，其常开触点 THS-2m 闭合。

② 辅助继电器 X 的线圈中有电流流动，运行。

当辅助继电器 X 运行时，步骤③和步骤④同时运行。

③ 常开触点 $X\text{-}m_1$ 闭合，进入自保状态。

④ 常开触点 $X\text{-}m_2$ 闭合。

⑤ 蜂鸣器 BZ 中有电流流过，BZ 发出呼叫。

当炉内温度下降到报警温度以下时，报警用温度开关 THS-2 恢复，常开触点 THS-2m 打开，因为辅助继电器 X 处于自保状态，所以蜂鸣器继续呼叫。

5. 电炉报警恢复

电炉报警恢复如图 3.29 所示。电炉的炉内温度虽然比报警温度低，但是因为蜂鸣器继续呼叫，所以要按压恢复按钮开关 RST-BS 才能使其恢复。

① 按压恢复按钮开关 RST-BS，其常闭触点打开。

② 辅助继电器 X 的线圈中无电流流过，处于恢复状态。

当辅助继电器 X 恢复时，步骤③，④同时运行。

③ 常开触点 $X\text{-}m_1$ 打开，解除自保。

④ 常开触点 $X\text{-}m_2$ 打开。

⑤ 蜂鸣器 BZ 中无电流流过，呼叫停止。

⑥ 按压恢复按钮开关 RST-BS 的手离开，其常闭触点闭合。

虽然常闭触点 RST-BS 闭合，但是因为常开触点 $X\text{-}m_1$ 打开，所以辅助继电器 X 不运行。

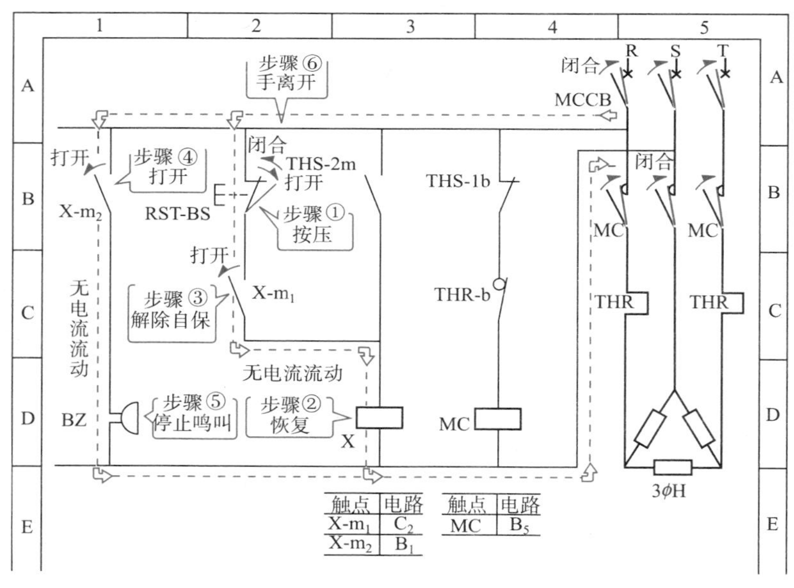

图 3.29　电炉报警恢复

3.8 组装式空调机控制电路

1. 组装式空调机

所谓组装式空调机，是把压缩机、冷凝器、蒸发器、电加热器、送风机、空气过滤器、加湿器等组装在一个壳体内构成的空气调节装置,如图 3.30 所示。

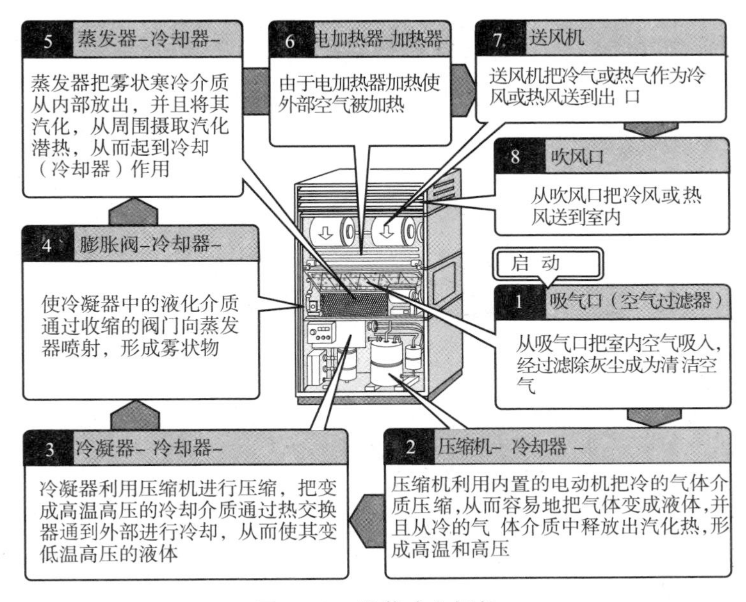

图 3.30　组装式空调机

2. 组装式空调机控制电路

组装式空调机控制电路是由送风机(送风)电路、压缩机(冷却)电路、加热器(加热)电路、加湿器(加湿)电路、曲柄箱加热器电路和指示灯(指示)电路等组合而成的,如图 3.31 所示。

3. 组装式空调机送风和冷却

组装式空调机送风和冷却如图 3.32 所示。利用旋转开关 RS“送风”时,送风机用电磁接触器 52F 运行,送风机 MF 运转,进行室内送风,具体步骤如下:

① 电源开关配线断路器 MCCB 投入运行。

② 回路**5**的曲柄箱加热器 H3 中有电流流过,曲柄箱下部的润滑油被加热;将润滑油的温度调节到适当的温度,以防止冷介质溶解到润滑油中。

③ 把旋转开关转动到与“送风”一致的位置时,端子 1 和端子 2 与端子 3 和端子 4 之间进行连接。

MCCB：配线断路器
M1：压缩机用电动机
M2：送风机用电动机
52C：压缩机用电磁接触器
52F：送风机用电磁接触器
THR-1：热敏继电器
THR-2：热敏继电器
RS：旋转开关
H3：曲柄箱加热器
23HS：温度调节器
49C：压缩机用热动温度开关
49F：室内送风机用温度开关
23WA：自动启动与停止温度调节器
63D：高低压压力开关
GN-L：送风机运转指示灯
RD-L：故障指示灯
F1：熔丝
F2：温度熔丝
63PW：冷却水压力开关
H1：暖气加热器
H2：加湿器用加热器
88H1：加热器用电磁接触器
88H2：加湿器用电磁接触器
21W：加热器用电磁阀
21H：加湿用电磁阀
26H1：防过热温度开关
26H2：防过热温度开关

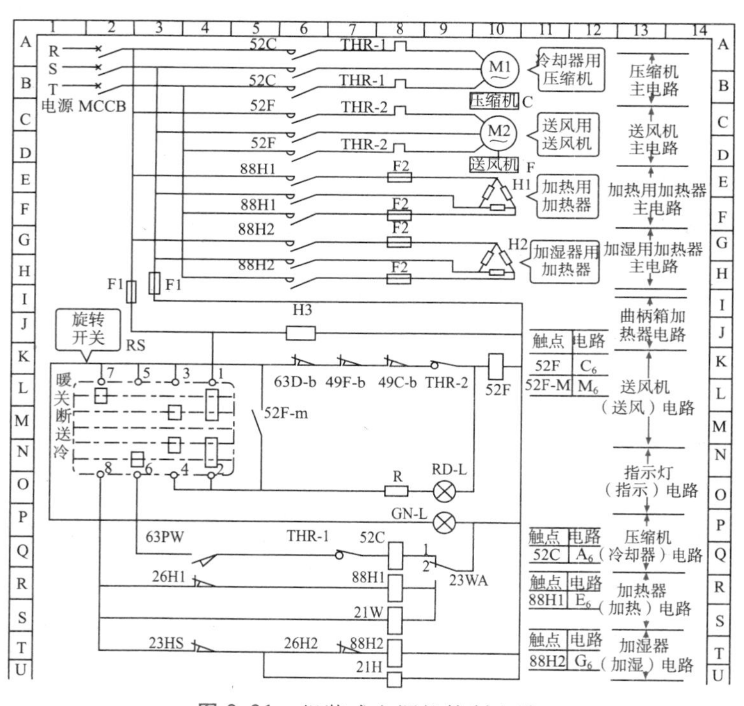

图 3.31　组装式空调机控制电路

④ 回路6的送风机用电磁接触器 52F 中有电流流过，处于运行状态。

⑤ 回路1的主触点 52F 闭合。

⑥ 送风机 MF 中有电流流过，处于运转状态，在室内送风。

⑦ 回路7的常开触点 52F-m 闭合，进入自保状态。

⑧ 回路8的绿灯 GN-L 被点亮，表示送风机已运转。

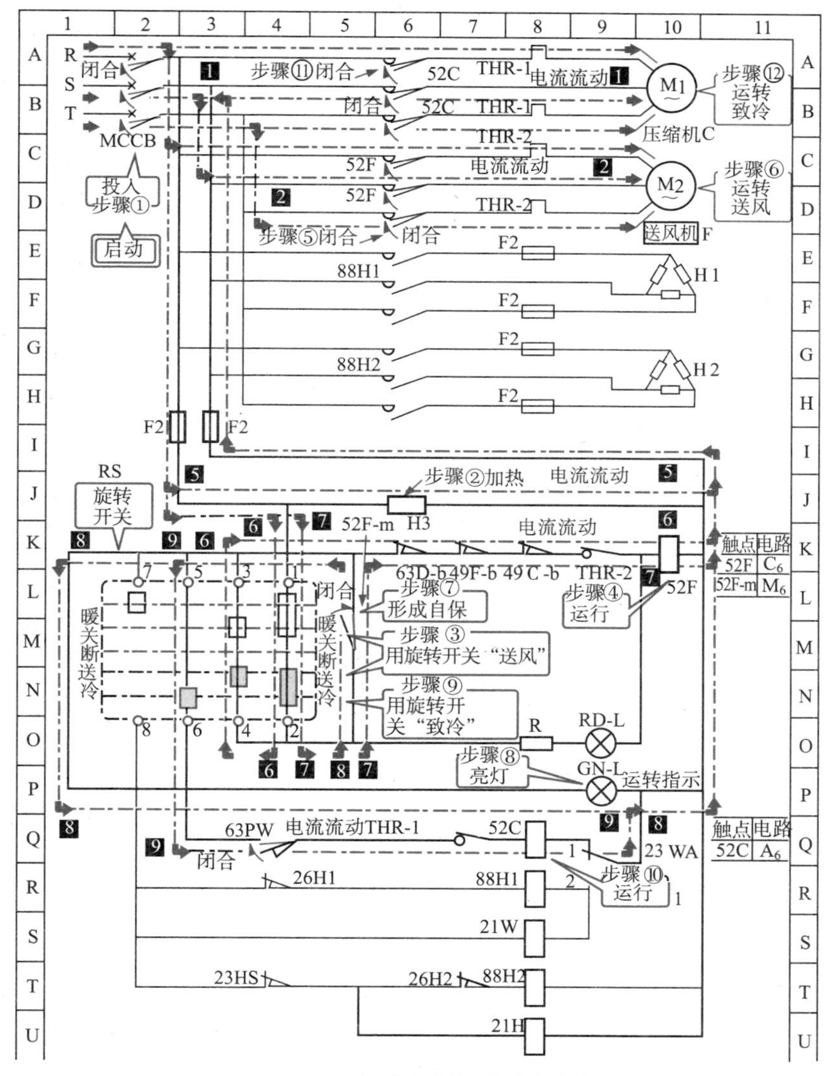

图 3.32 组装式空调机送风和冷却

把旋转开关 RS 从“送风”转换到“冷却”，送风机 MF 继续运转，同时压缩机用电磁接触器 52C 运行，压缩机用电动机 M1 启动，压缩机运转，冷气体介质受压缩而冷却，送风机 MF 向室内输送冷风，具体步骤如下：

⑨ 当把旋转开关 RS 从“送风”转换到“冷却”时，端子 1 和端子 2 与

端子5和端子6之间连接;回路❻、❷、❽中有电流,送风机继续运转,绿灯GN-L继续点亮。

⑩ 回路❾的压缩机用电磁接触器52C中有电流流过,处于运行状态。

⑪ 回路❶的主触点52C闭合。

⑫ 压缩机用电动机M1中有电流流过,电动机启动,压缩机运转,冷气体介质被压缩,制冷。

4. 组装式空调机送风及加热

组装式空调机送风及加热如图3.33所示。旋转开关RS从“冷却”转换到“加热”,送风机继续运转,同时加热用电磁接触器88H1运行,加热用电加热器H1进行加热,然后利用送风机将这些热量以热风的形式送到室内进行加热。把旋转开关RS从“冷却”转换到“加热”时,加湿器用电磁接触器88H2运行,加湿器用电加热器H2加热,利用水槽内储存的水对室内加湿,具体步骤如下:

① 把旋转开关RS从“冷却”转换到“加热”,端子1和端子2与端子7和端子8之间进行连接。回路❼中有电流流动,送风机用电磁接触器52F继续运行,绿灯GN-L继续被点亮,回路❷的主触点52F闭合,送风机MF继续运转。

② 把回路❾的温度调节器23WA转换到2一侧。

③ 因为旋转开关RS的端子7和端子8相连接,所以回路❿中有电流流过,加热器用电磁阀21W运行打开,送出热水或蒸汽,室内被加热。

④ 因为旋转开关RS的端子7和端子8相连,所以回路❾中有电流流过,加热器用电磁接触器88H1运行。

⑤ 回路❸的主触点88H1闭合。

⑥ 加热用的电加热器H1中有电流流动,热量由送风机MF变成暖风进行加热。

⑦ 旋转开关RS的端子7和端子8连接时,回路⓬中有电流流过,加湿用电磁阀21H运行并被打开,送出热水或蒸汽,对室内进行加湿。

⑧ 回路⓫中有电流流过,加湿用电磁接触器88H2运行。

⑨ 回路❹的主触点88H2闭合。

⑩ 加湿用电加热器H2加热,水槽中的水变成蒸汽对室内进行加湿。

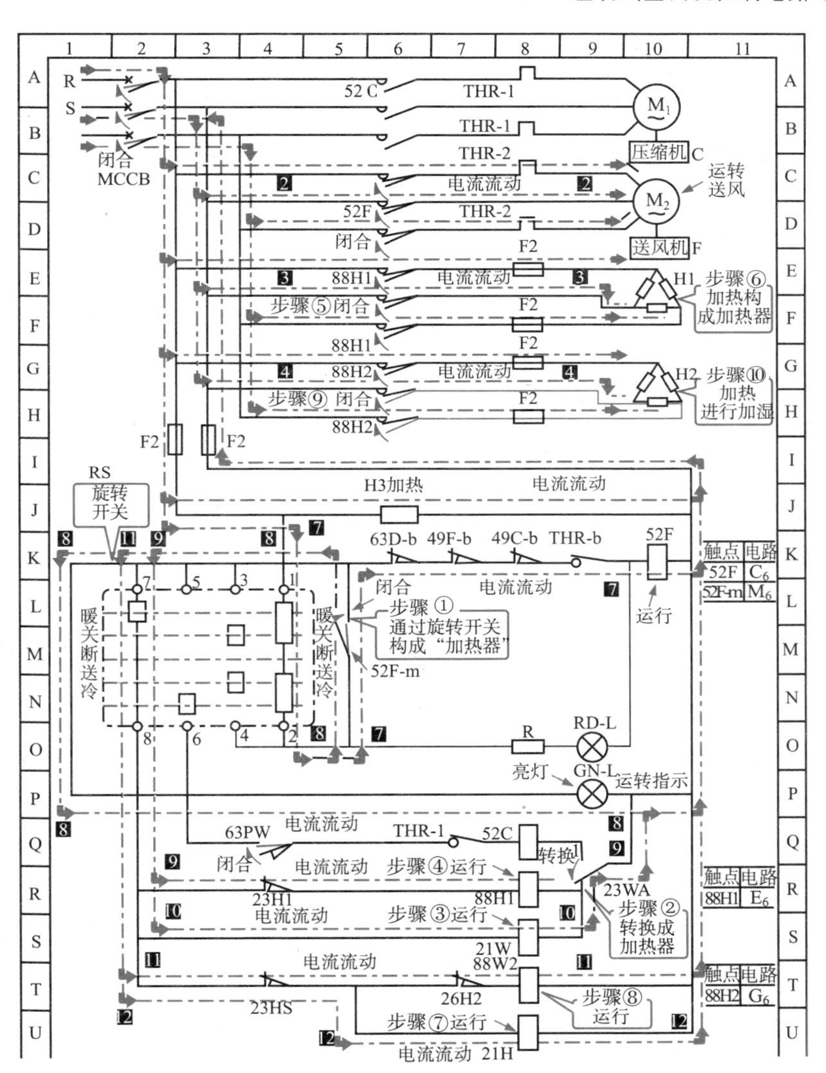

图 3.33 组装式空调机送风及加热

3.9 供水设备控制电路

1．供水设备控制电路图

图 3.34 所示是采用浮子式液位开关的供水设备控制电路图(欧姆龙：61F-G 型中继单元)。

2．供水设备电动泵运转

供水设备电动泵运转如图 3.35 所示。高置水箱的水位下降到下限水位时，因电极 E_2 与 E_3 之间的水位而丧失导电性能。电磁继电器 X 恢复，常闭触点 X-b 闭合。电磁接触器 MC 运行，电动泵 M-P 运转，水从蓄水箱向上抽到高置水箱中，具体步骤如下：

① 主回路**1**的电源开关配线断路器 MCCB 投入运行。

② 变压器 T 的初级线圈**3**中有电流流过，变压器 T 的次级线圈中感应出 24V 和 8V 电压。

③ 高置水箱的水位下降到 E_2 以下，达到下限水位时，由于电极 E_2 与 E_3 之间无水存在，所以不导电而变成 OFF，变压器 T 次级 8V 的线圈**4**中电流 I_2 消失。

④ 变压器 T 初级线圈**3**中有电流流过，在变压器次级 24V 线圈**5**中，通过串联的电阻 R_2 和 R_3 有电流 I_1 流过。

⑤ 在电阻 R_3 上产生电压降 R_3I_1，晶体管 Tr_1 的基极 B_1 点上产生电位。

⑥ 晶体管 Tr_1 的基极回路**6**中有基极电流 I_{B1} 流过，晶体管 Tr_1 运行，进入 ON 状态。在预先的设计中，应使电压降 R_3I_1 在晶体管 Tr_1 运行(ON)所需电压以上。

⑦ 晶体管处于 ON 状态，集电极回路**7**中有集电极电流 I_{C1} 流动，于是在电阻 R_6 上产生电压降 $R_6(I_{B1}+I_{C1})$，在晶体管 Tr_1 的集电极 C_1 点产生电位。在预先的设计中应使电压降 $R_6(I_{B1}+I_{C1})$在晶体管 Tr_2 运行所需电压以下。

⑧ C_1 点变成 L 时，晶体管 Tr_2 的基极回路**8**中无基极电流 I_{B2} 流动，晶体管 Tr_2 处于 OFF 状态。

MCCB：配线断路器　　T：变压器　　C_1～C_3：电容器

MC：电磁接触器　　RF_1～RF_2：整流器　　Tr_1～Tr_2：晶体管

X：电磁继电器　　R_1～R_6：电阻器　　E_1～E_3：电极棒

THR：热敏继电器　　M-P：电动泵　　F：熔丝

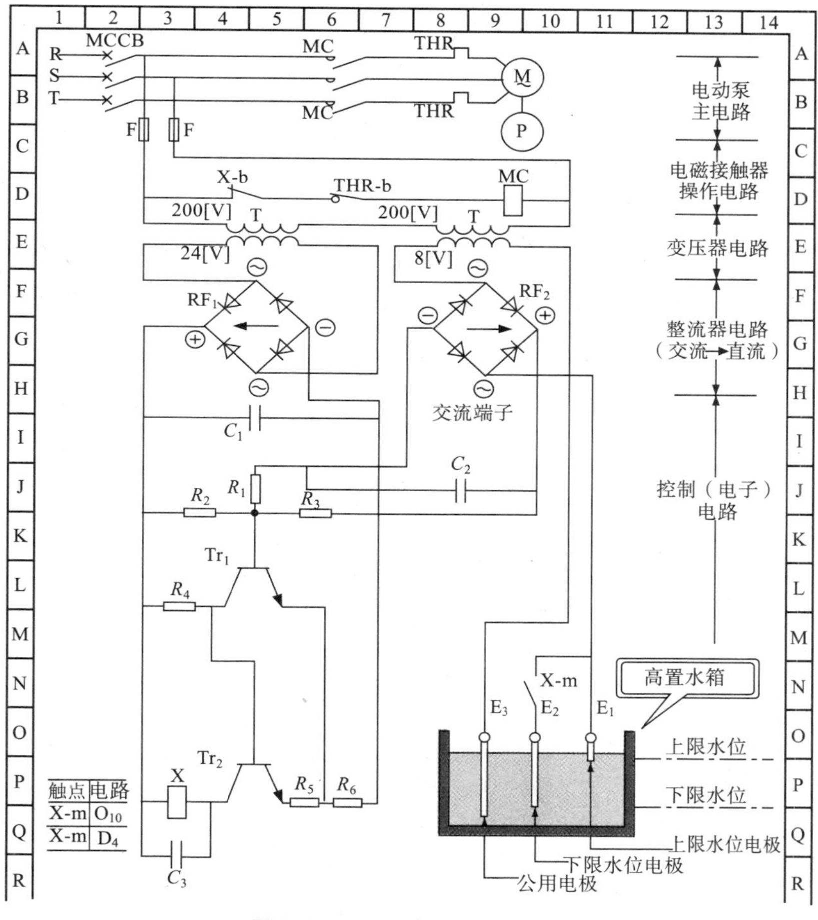

图 3.34　供水设备控制电路图

⑨ 集电极回路**9**中无集电极电流 I_{C2} 流动，电磁继电器 X 的线圈中无电流流动，进入恢复状态。

⑩ 回路**4**的常开触点 X-m 打开。

⑪ 回路**2**的常闭触点 X-b 闭合。

⑫ 电磁接触器 MC 线圈中有电流流过，电磁接触器 MC 运行。

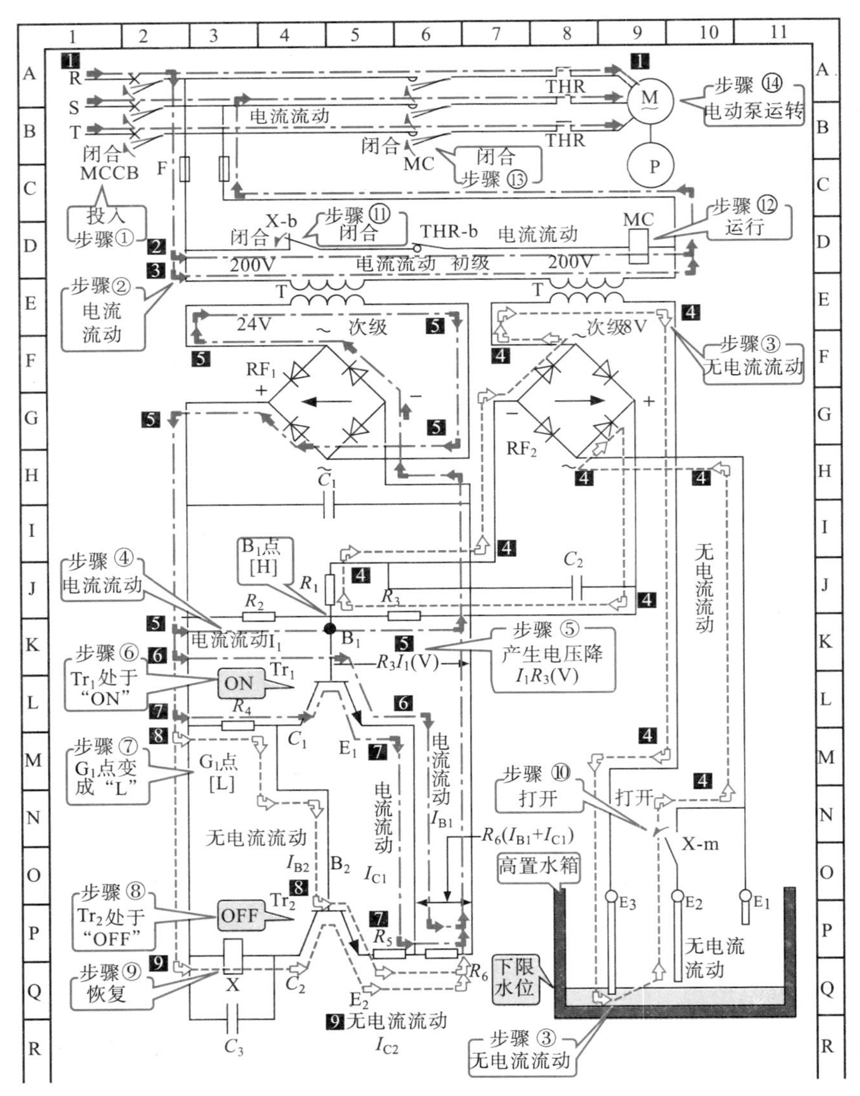

图 3.35　供水设备电动泵运转

⑬ 主回路1的主触点 MC 闭合。

⑭ 电动泵 M-P 启动并开始运转，把水抽到高置水箱内（达到上限水位以前运转会继续）。

3. 供水设备电动泵停止

供水设备电动泵停止如图 3.36 所示。当高置水箱的水位上升到上限水位时，由于电极E_1与E_2之间的水而形成通路，因此有电流流动。电

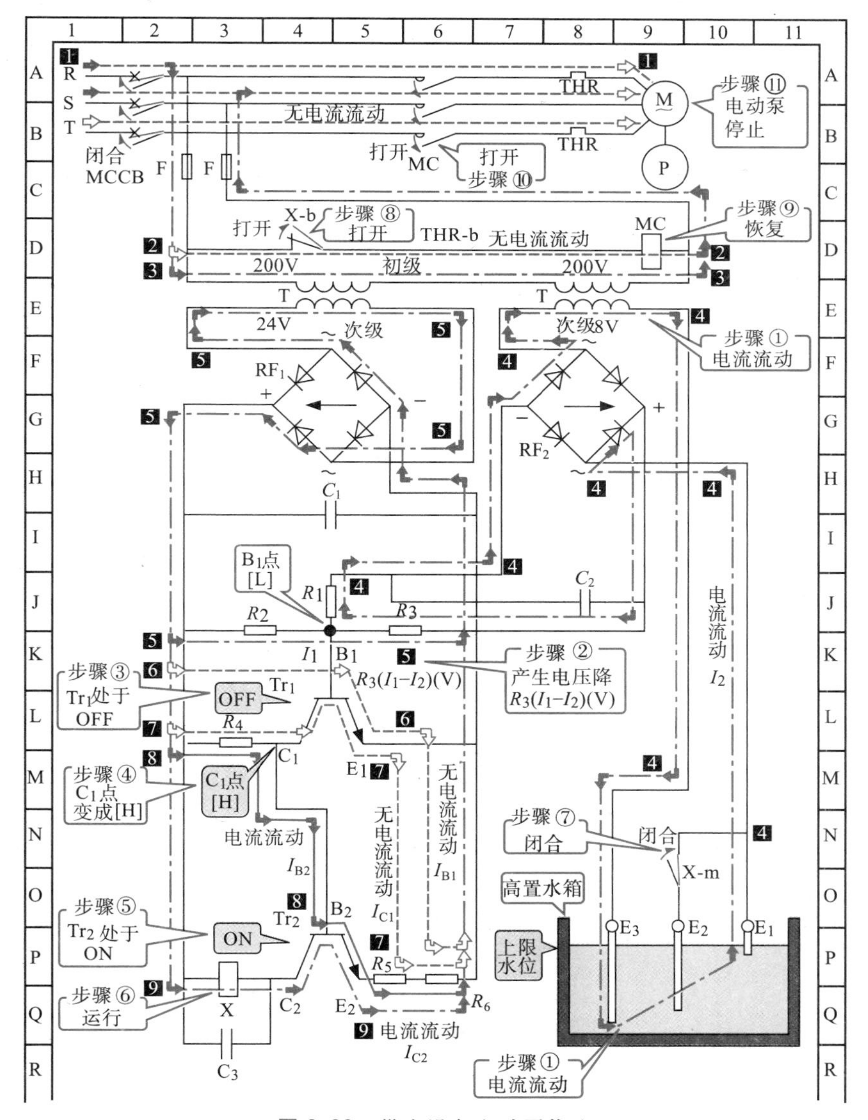

图 3.36 供水设备电动泵停止

磁继电器 X 运行，其常闭触点 X-b 打开，电磁接触器 MC 恢复，电动泵 M-P 停止，不再从蓄水箱（供水源）往上向高置水箱中送水，具体步骤如下：

① 电动泵 M-P 运转，高置水箱的水位上升。达到上限水位时，因电极 E_1 与 E_3 之间充满了水，故导通而变为 ON 状态。变压器 T 次级线圈 8V 回路❹中有电流 I_2 流过。

② 回路❺的电阻 R_3 中有电流 I_1 流过。因回路❹有反向的电流 I_2 流过，故在 R_3 上产生电压降 $R_3(I_1-I_2)$，晶体管 Tr_1 的基极 B_1 点的电位变低。在预先进行设计时，应使电压降 $R_3(I_1-I_2)$ 在晶体管 Tr_1 的运行所需电压以下。

③ B_1 点电位达到 L 时，晶体管 Tr_1 基极回路❻中基极电流 I_{B1} 停止流动，晶体管 Tr_1 不能继续运行进入 OFF 状态。

④ 集电极 C_1 与发射极 E_1 之间停止导通。回路❼的集电极电流 I_{C1} 停止流动，集电极 C_1 点的电位变成 H。晶体管 Tr_1 变成 ON 时，集电极 C_1 的电位超过晶体管 Tr_2 运行时所需的电压，设计时应予以考虑。

⑤ 当 C_1 点变为 H 时，因为在晶体管的基极 B_2 上加上了运行中必要的电压，所以在基极回路❽中有基极电流 I_{B2} 流动，晶体管 Tr_2 运行，进入 ON 状态。

⑥ 集电极回路❾中有集电极电流 I_{C2} 流动，电磁继电器 X 线圈中有电流流动，处于运行状态。

⑦ 与回路❹的电极 E_2 连接的常开触点 X-m 闭合。

⑧ 当电磁继电器 X 运行时，回路❷的常闭触点 X-b 打开。

⑨ 电磁接触器的线圈 MC 中无电流流动，进入恢复状态。

⑩ 主回路❶的主触点 MC 打开。

⑪ 电动泵 M-P 停止运行，高置水箱不再有水被抽进去。当高置水箱的水位达到下限时返回最初状态，电动泵 M-P 运转把水向上抽送。

3.10 家用高压受变电设备断路器控制电路

1. 断路器控制电路图

电动弹簧操作真空断路器由弹簧储能用电动机电路、投入电路、反复投入防止电路、撤出电路和报警电路组成，如图 3.37 所示。

2. 断路器投入运行

断路器投入运行如图 3.38 所示。首先用电动机 M 把投入弹簧卷起，然后利用 CS_{1m} 给出投入指令，投入线圈 52C 被励磁，而当投入插销被打开时，利用已储能的投入弹簧的能量使主触点闭合，具体步骤如下：

① 把直流电源外加到控制电源母线上，回路❸的电动机控制用继电器线圈 52X 中有电流流过，开始运行。

② 回路❷的常开触点 52Xm 闭合。

③ 回路❹的常闭触点 52Xb 打开构成互锁。

④ 回路❷的投入弹簧储能用电动机 M 启动。

⑤ 当投入弹簧完全卷起而储能时，回路❸中的电动机用限位开关运行，常闭触点 LS_{1b} 打开。

⑥ 回路❸的电动机控制用继电器 52X 恢复。

⑦ 回路❷的常开触点 52Xm 打开。

⑧ 回路❹的常闭触点 52Xb 闭合，互锁被解除。

⑨ 回路❷的投入弹簧储能用电动机 M 停止运行。

⑩ 当投入弹簧被完全储能时，回路❹的弹簧储能检测用限位开关运行，常开触点 LS_{2m} 闭合形成投入电路。

⑪ 回路❹的投入指令开关 CS_{1m} 闭合。

⑫ 回路❹的投入线圈 52C 中有电流流过而进行励磁。

⑬ 机械部分的投入插销被打开，回路❶的断路器主触点 52 投入运行。

⑭ 回路❸的限位开关 LS_{1b} 恢复，常闭触点闭合。

⑮ 回路❹的限位开关 LS_{2m} 恢复，常开触点打开。

⑯ 回路❹的投入线圈 52C 中无电流流动，从而实现消磁。

52：断路器主触点

52m：断路器辅助常开触点

52b：断路器辅助常闭触点

52X：电动机控制用继电器

52Y：反复投入防止继电器

52C：投入线圈

52T：撤出用线圈

LS_{0b}：定位位置检测用限位开关

LS_{1b}：电动机启动用限位开关

LS_{2m}：驱动弹簧储能检测用限位开关

M：投入弹簧储能用电动机

CS_{1m}：投入指令开关

CS_{2m}：撤出指令开关

51m：过电流继电器

30m：故障指示继电器

BZ：故障指示蜂鸣器

Sb：蜂鸣器停止开关

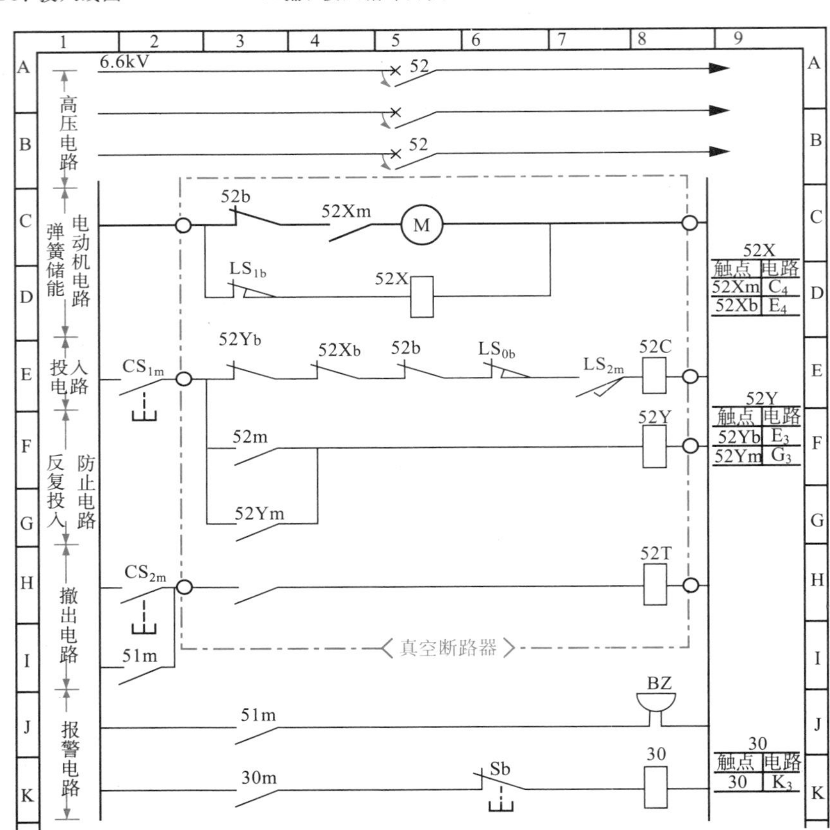

图 3.37　断路器控制电路图

⑰ 回路❹的常闭触点 52b 运行，触点打开。

⑱ 回路❺的常开触点 52m 运行，触点闭合。

⑲ 回路❼的常开触点 52m 闭合，形成撤出电路。

⑳ 回路❷的常闭触点 52b 运行，触点打开。

㉑ 回路❺的常开触点 52m 闭合，反复投入防止 52Y 运行。

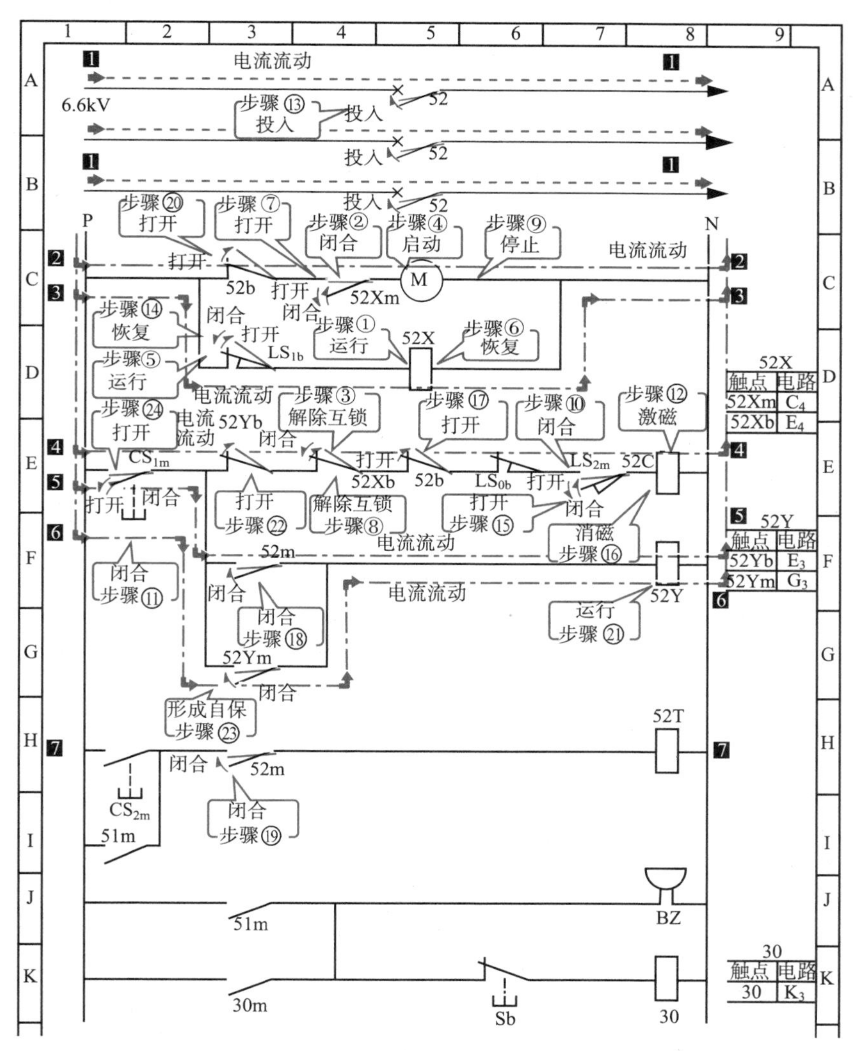

图 3.38 断路器投入运行

㉒ 回路4的常闭触点 52Yb 打开。

㉓ 回路6的常开触点 52Ym 闭合，形成自保。

㉔ 打开回路4的投入指令开关 CS_1。

3. 断路器撤出及报警

断路器撤出及报警如图 3.39 所示。电动弹簧操作真空断路器的撤出运行，是通过对撤出指令开关 CS_{2m} 进行操作使其闭合，或者利用基于过电流的过流继电器 51，使撤出线圈 52T 被励磁，然后转动撤出操纵杆，利用释放开路弹簧的储能来进行的，具体步骤如下：

① 操作回路**7**的撤出指令开关 CS_{2m} 使其闭合，或者回路**8**的过流继

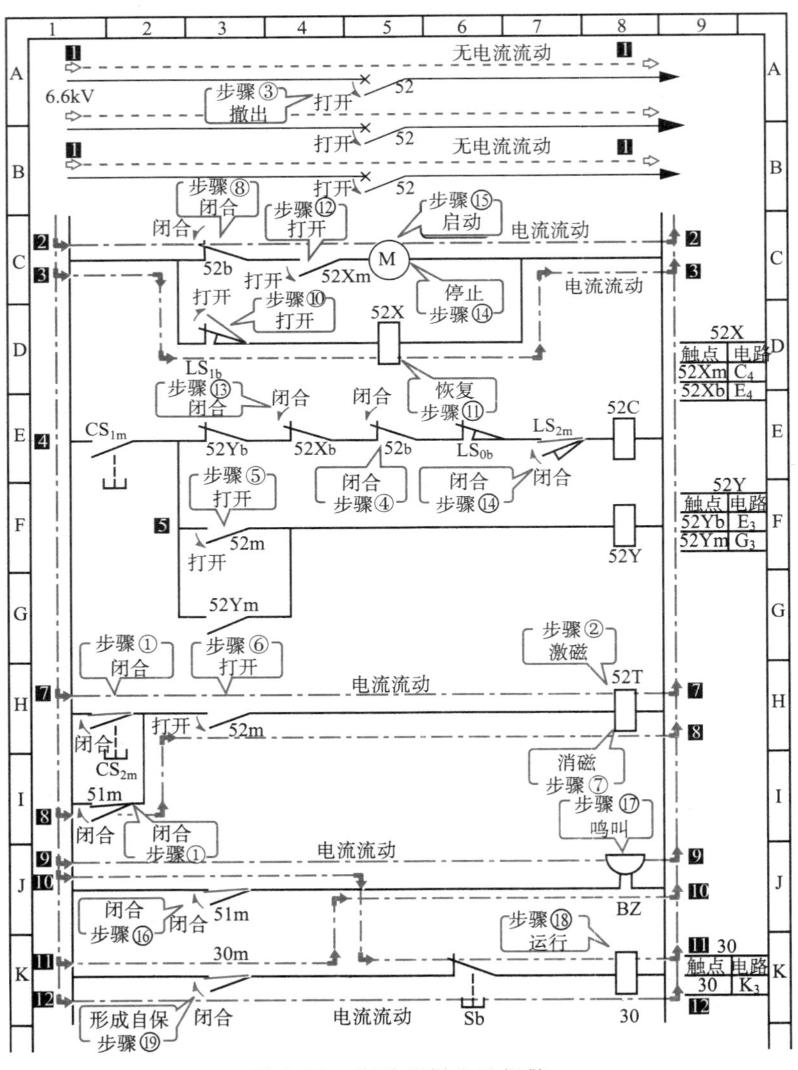

图 3.39　断路器撤出及报警

电器运行，使常开触点 51m 闭合。

② 当回路**7**的常开触点 CS_{2m}（或者回路**8**的常开触点 51m）闭合时，撤出线圈 51T 中有电流流动而进行励磁。

③ 转动撤出操纵杆，由于开路弹簧中储存能量的释放，回路**1**的断路器主触点 52 被撤出，触点打开，断路器被切断。

④ 回路**4**中的常闭触点 52b 恢复，触点闭合。

⑤ 回路**5**的常开触点 52m 恢复并打开。

⑥ 回路**7**的常开触点 52m 恢复并打开。

⑦ 回路**7**的常开触点 52m 打开，撤出线圈中无电流时，线圈消磁。

⑧ 回路**2**的常闭触点 52b 恢复，触点闭合。

⑨ 回路**2**的常闭触点 52b 闭合，投入弹簧储能用电动机 M 启动。

⑩ 当投入弹簧被完全储能时，回路**3**的电动机启动用限位开关运行，常闭触点 LS_{1b} 被打开。

⑪ 回路**3**的常闭触点 LS_{1b} 打开，电动机控制用继电器 52X 恢复。

⑫ 回路**2**的常开触点 52Xm 打开。

⑬ 回路**4**的常闭触点 52Xb 闭合。

⑭ 回路**2**的常开触点 52Xm 打开，投入弹簧储能用电动机 M 停止。

⑮ 投入弹簧被完全储能时，回路**4**的弹簧储能检测用限位开关运行，常开触点 LS_{2m} 闭合而形成投入电路，准备下一个投入指令。

当出现过电流故障时，过电流继电器运行，其常开触点 51m 闭合，指示故障的蜂鸣器 BZ 鸣叫。同时故障指示继电器 30 运行，进入自保状态，这时即使过流继电器恢复，故障指示蜂鸣器也会继续鸣叫，具体步骤如下：

⑯ 过继电器运行，回路**9**的常开触点 51m 闭合。

⑰ 故障指示蜂鸣器 BZ 鸣叫。

⑱ 常开触点 51m 闭合时，回路**10**的故障指示继电器 30 运行。

⑲ 回路**12**的常开触点 30m 闭合，形成自保。

第4章

电工常用实操控制电路

4.1 现场/远程操作电动机启动控制电路

1. 电动机的现场/远程操作

为了实现现场或者远程都可以控制电动机的启动，将现场/远程的两个 a 触点的启动按钮开关并联连接，成为 OR 电路。OR 电路是指两个输入信号 X、Y 中的任何一个或者两个同时为“1”时，输出信号为“1”的电路，如图 4.1(a)所示。

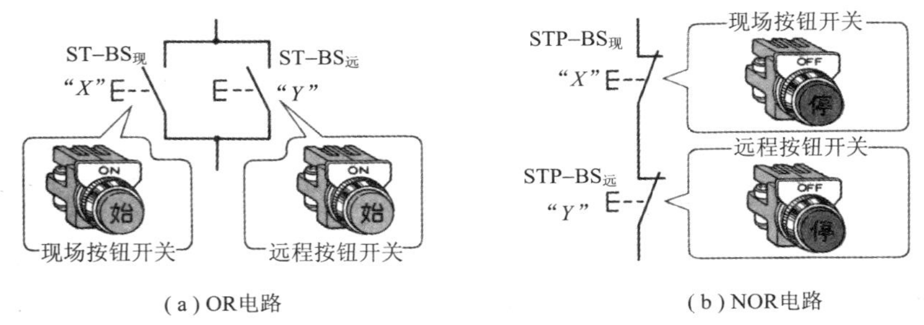

(a) OR电路　　(b) NOR电路

图 4.1　OR 电路和 NOR 电路

为了实现现场或者远程中任何一方给出停止信号则电动机停止，将现场/远程的两个 b 触点停止按钮开关串联，称为 NOR 电路。NOR 电路指的是，两路输入信号 X、Y 的任何一个或者两个同时为“1”时，输出信号为“0”，如图 4.1(b)所示。

2. 从现场/远程发出的启动/停止动作

当现场控制板上安装有启动/停止按钮开关 $\text{ST-BS}_{现}$ 和 $\text{STP-BS}_{现}$，远程控制板上安装有远程启动按钮开关 $\text{ST-BS}_{远}$、停止按钮开关 $\text{STP-BS}_{远}$ 时，启动/停止动作如下所述：

① 现场启动/远程停止动作。按下现场 $\text{ST-BS}_{现}$(a 触点)后，电路②闭合，A、B 间有电流通过；按下远程 $\text{STP-BS}_{远}$(b 触点)，电路断开，A、B 间电流中断，如图 4.2 所示。

② 远程启动/现场停止动作。按下远程 $\text{ST-BS}_{远}$(a 触点)，电路①闭合，A、B 间有电流通过；按下现场 $\text{STP-BS}_{现}$(b 触点)后，电路断开，A、B

间电流中断,如图 4.3 所示。

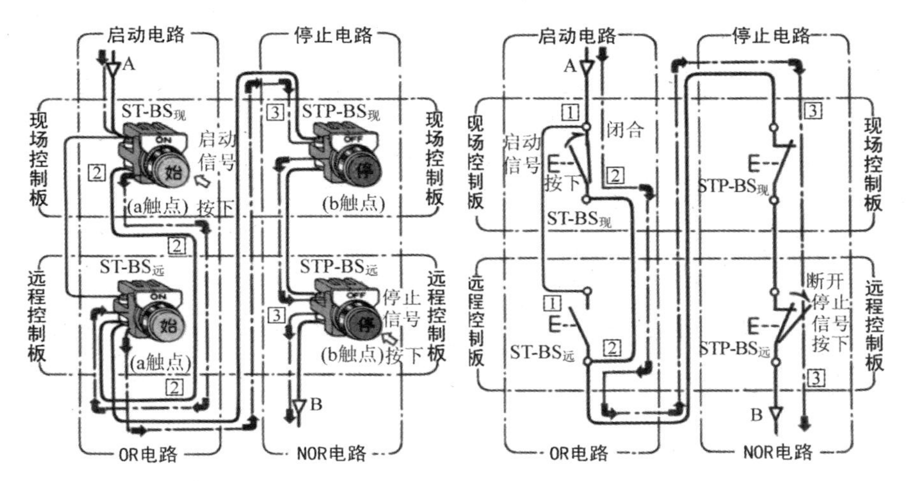

图 4.2 现场启动/远程停止动作

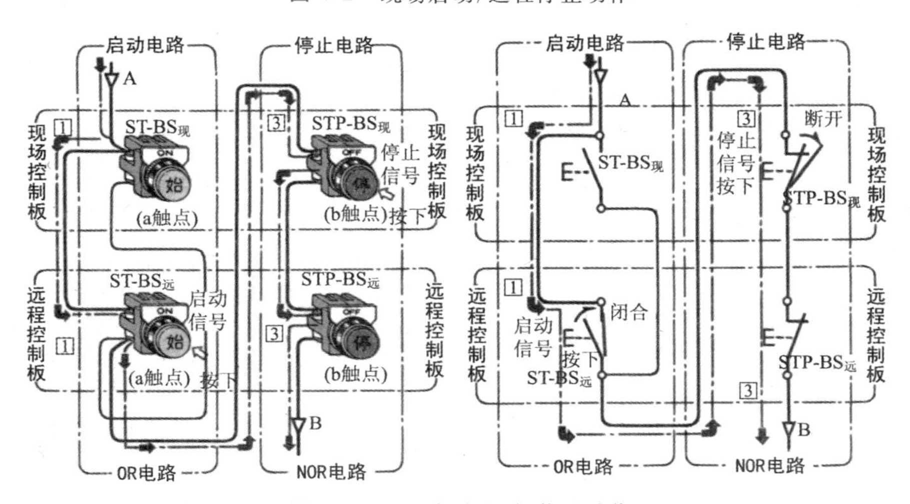

图 4.3 远程启动/现场停止动作

3. 实物连接图及顺序图

现场/远程操作电动机启动控制电路实物连接图如图 4.4 所示。

构成电动机主电路的配线断路器 MCCB,电磁开关 MC,热敏继电器 THR,现场启动按钮开关 ST-BS现、停止按钮开关 STP-BS现,指示灯 GL-1、RL-1 等均集合在现场控制板上。

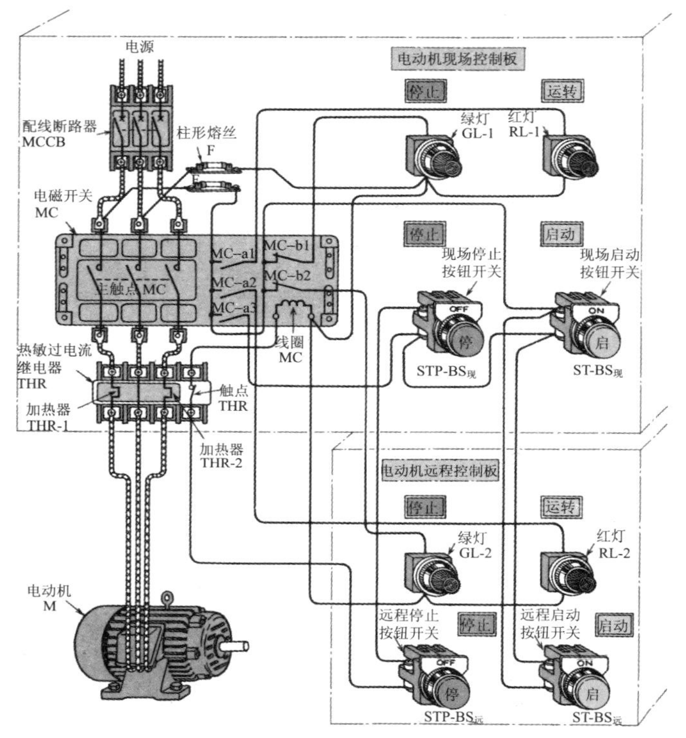

图 4.4　现场/远程操作电动机启动控制电路实物连接图

远程控制板上有远程启动按钮开关 $ST\text{-}BS_{远}$、停止按钮开关 $STP\text{-}BS_{远}$，指示灯 GL-2、RL-2。

现场/远程操作电动机启动控制电路顺序图如图 4.5 所示。

4. 时序图

现场/远程操作电动机启动控制电路时序图如图 4.6 所示。该时序图表示的过程是，首先由现场发出启动信号使电动机启动，远程发出停止信号停止；然后，远程给出启动信号电动机再次启动，最后现场发出停止信号停止。

5. 电动机启动

电动机启动过程如图 4.7 所示，闭合电源开关即配线断路器 MCCB，按下现场启动按钮开关 $ST\text{-}BS_{现}$（或者远程启动按钮开关 $ST\text{-}BS_{远}$），电磁开关 MC动作。电动机M启动，红灯RL-1（现场启动指示）RL-2（远程启动指

<符号>

MCCB：配线断路器　　MC：电磁开关　　THR：热敏继电器

$\text{ST-BS}_{\text{现}}$：现场启动按钮开关　　$\text{ST-BS}_{\text{远}}$：远程启动按钮开关　　RL：红灯（指示运转）

$\text{STP-BS}_{\text{现}}$：现场停止按钮开关　　$\text{STP-BS}_{\text{远}}$：远程停止按钮开关　　GL：绿灯（指示停止）

M～：电动机　　F：柱形熔丝

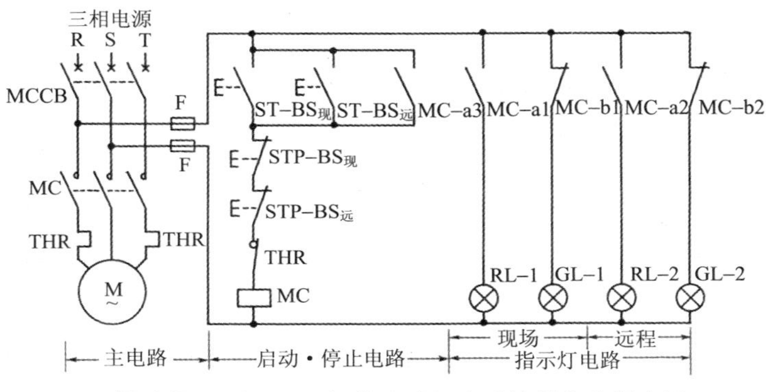

图 4.5　现场/远程操作电动机启动控制电路顺序图

示）被点亮。

① 主电路[1]配线断路器 MCCB 置于“ON”，接入电源。

② 指示灯电路[6]中有电流通过，现场控制板的绿灯 GL-1 点亮（表示停止）。

③ 指示灯电路[8]中有电流通过，远程控制板的绿灯 GL-2 点亮（表示停止）。

④ 按下启动停止电路[2]的现场启动按钮开关 $\text{ST-BS}_{\text{现}}$，使之闭合。

⑤ 电路[2]电磁开关 MC 的线圈中有电流通过，产生动作。

电磁开关 MC 动作后，后面的顺序⑥、⑧、⑨、⑪、⑬、⑮同时进行。

⑥ 主电路[1]的主触点 MC 闭合。

⑦ 电动机 M 中有电流通过进入启动状态，开始运转。

⑧ 电路[4]的 a 触点 MC-a3 闭合，进入自保状态。

⑨ 电路[5]的 a 触点 MC-a1 闭合。

⑩ 电路[5]的红灯 RL-1 点亮（启动指示）。

⑪ 电路[7]的 a 触点 MC-a2 闭合。

⑫ 电路[7]的红灯 RL-2 点亮（启动指示）。

⑬ 电路[6]的 b 触点 MC-b1 断开。

⑭ 电路[6]的绿灯 GL-1 熄灭。

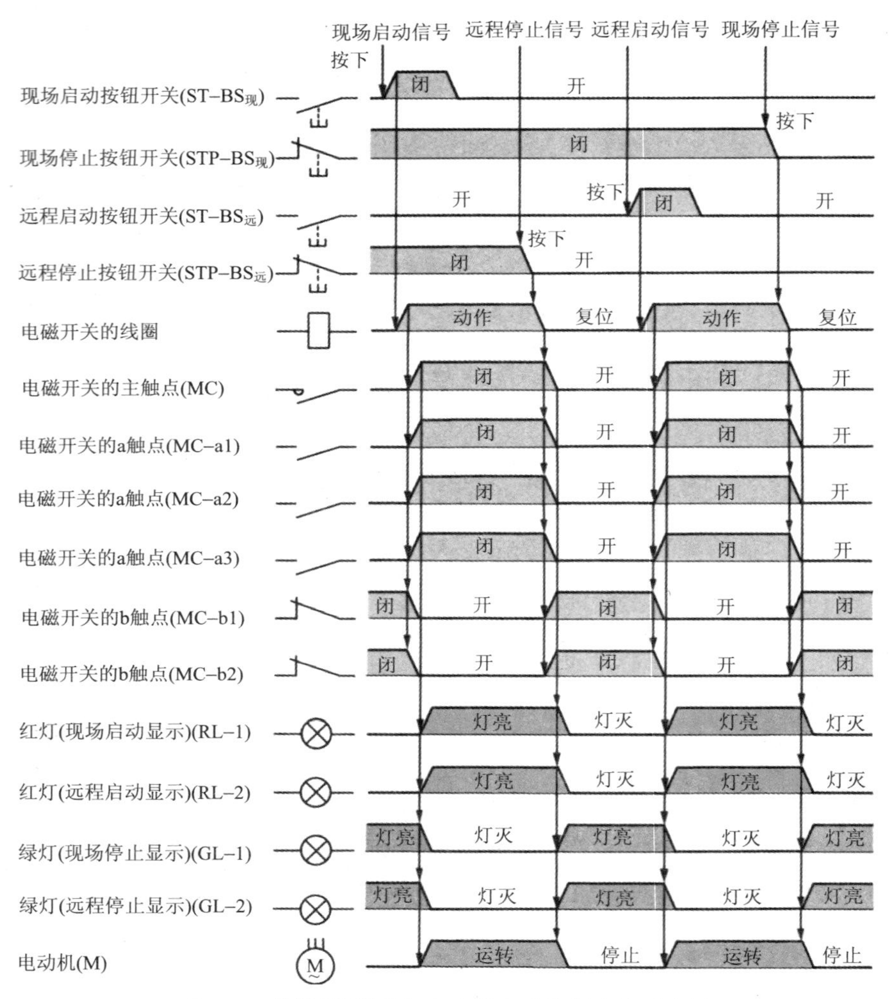

图 4.6　现场/远程操作电动机启动控制电路时序图

⑮ 电路8的 b 触点 MC-b2 断开。

⑯ 电路8的绿灯 GL-2 熄灭。

远程控制板发出启动动作，与现场控制板发出启动动作相比，除了将顺序④中“按下现场启动按钮开关 ST-BS现”替换为“按下启动/停止电路3的远程启动按钮开关 ST-BS远”外，其他操作完全相同，都会使电动机 M 启动运转。

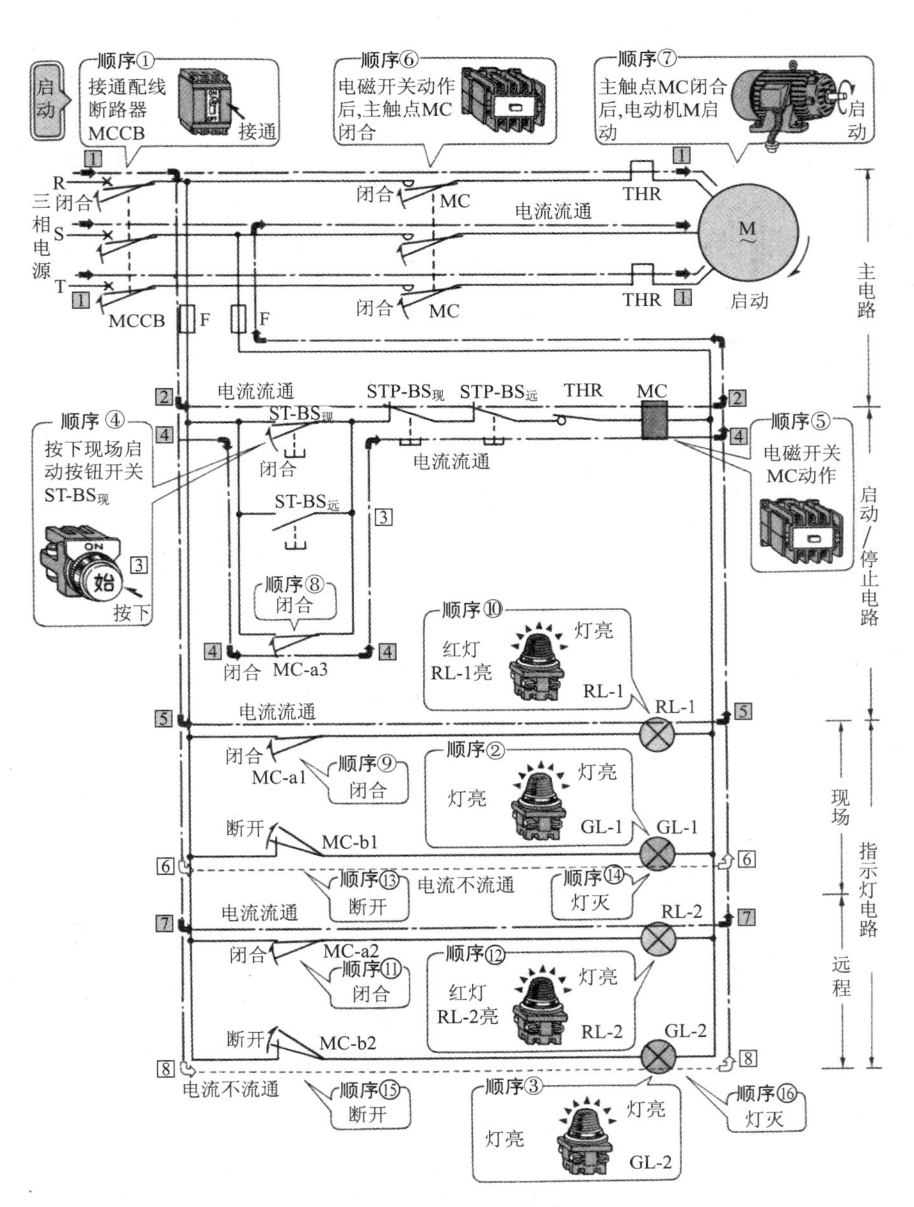

启动
顺序①
接通配线断路器MCCB
接通
顺序⑥
电磁开关动作后,主触点MC闭合
顺序⑦
主触点MC闭合后,电动机M启动
启动
三相电源
R
S
T
闭合
MCCB
F
MC
THR
电流流通
M
启动
主电路
电流流通
STP-BS现
STP-BS远
THR
MC
ST-BS现
顺序④
按下现场启动按钮开关ST-BS现
按下
闭合
ST-BS远
顺序⑧
闭合
闭合
MC-a3
顺序⑤
电磁开关MC动作
启动/停止电路
顺序⑩
红灯RL-1亮
灯亮
RL-1
电流流通
MC-a1
顺序⑨
闭合
顺序②
灯亮
GL-1
断开
MC-b1
顺序⑬
断开
电流不流通
顺序⑭
灯灭
现场
指示灯电路
RL-2
MC-a2
顺序⑪
闭合
顺序⑫
红灯RL-2亮
RL-2
远程
GL-2
MC-b2
电流不流通
顺序⑮
断开
顺序③
灯亮
GL-2
顺序⑯
灯灭

图 4.7 电动机启动

6. 电动机停止

电动机停止过程如图4.8所示。按下远程停止按钮开关STP-BS远（或者

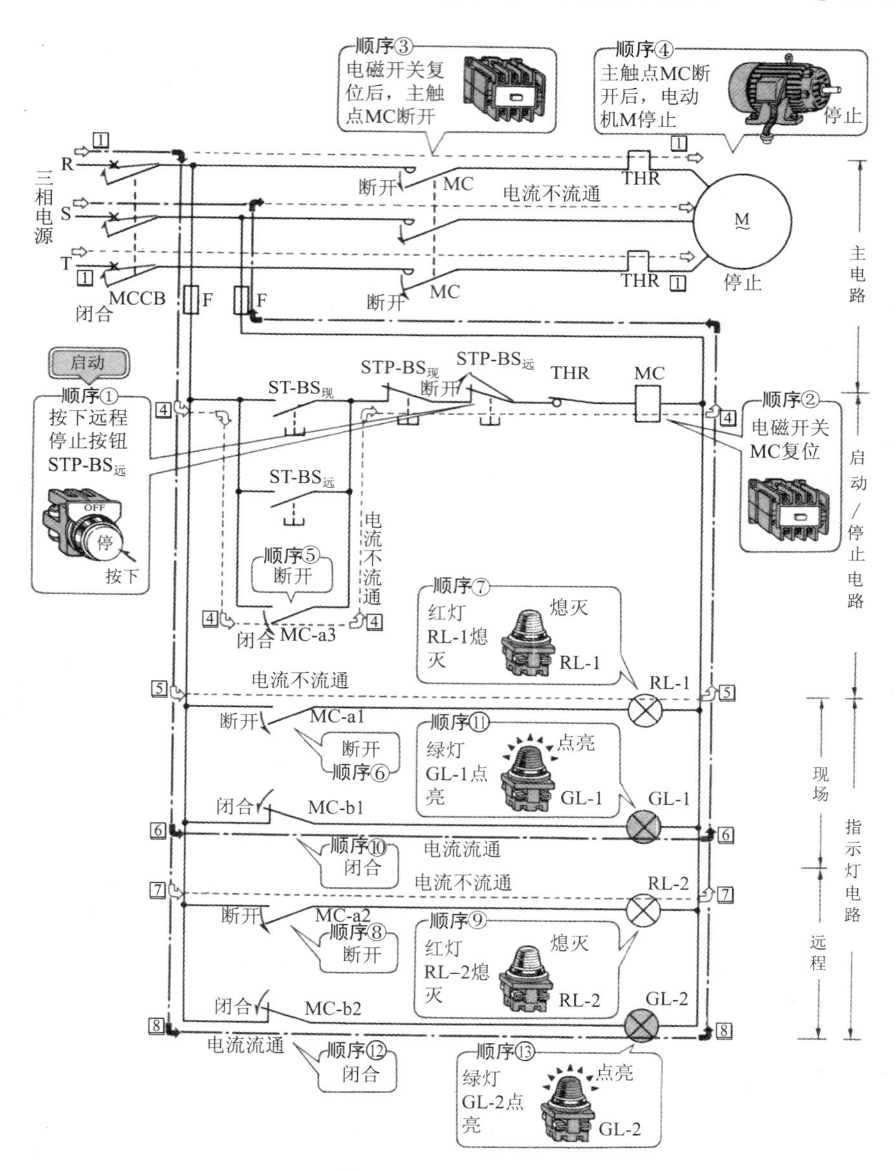

图 4.8　电动机停止

现场停止按钮开关 $STP\text{-}BS_{现}$）后，电磁开关 MC 复位。电动机 M 停止，绿灯 GL-1（指示现场停止）GL-2（指示远程停止）被点亮。

① 按下启动/停止电路④的远程停止按钮开关 $STP\text{-}BS_{远}$，使之断开。

② 电路④的电磁开关（MC）的线圈中没有电流流通，复位。

电磁开关 MC 复位后，下面的③、⑤、⑥、⑧、⑩、⑫的动作会同时进行。

③ 主电路①的主触点 MC 断开。

④ 电动机 M 中有没有电流通过，动作停止。

⑤ 电路④的 a 触点 MC-a3 断开，解除自保状态。

⑥ 电路⑤的 a 触点 MC-a1 断开。

⑦ 电路⑤的红灯 RL-1 熄灭。

⑧ 电路⑦的 a 触点 MC-a2 断开。

⑨ 电路⑦的红灯 RL-2 熄灭。

⑩ 电路⑥的 b 触点 MC-b1 闭合。

⑪ 电路⑥的绿灯 GL-1 点亮（指示停止）。

⑫ 电路⑧的 b 触点 MC-b2 闭合。

⑬ 电路⑧的绿灯 GL-2 点亮（指示停止）。

现场控制板操作发出停止动作，与远程控制板发出停止动作相比，除了将顺序①中“按下远程停止按钮开关 $STP\text{-}BS_{远}$”替换为“按下启动/停止电路④的现场停止按钮开关 $STP\text{-}BS_{现}$”外，完全相同。

4.2 电动机星形/三角形启动控制电路

1. 电动机星形/三角形启动法

在启动时，直接给电动机施加额定电压，一般会产生数倍于满载电流的启动电流。对于大容量的电动机来说，这种启动电流会引起布线电压下降，引发故障。

在电动机启动时外加低电压，减少启动电流的方法称为减压启动法。星形/三角形启动法就是一种减压启动法，如图 4.9 所示。

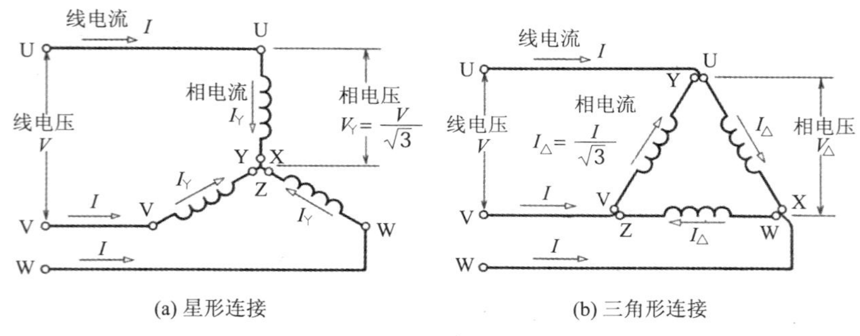

(a) 星形连接　　(b) 三角形连接

图 4.9　星形/三角形启动法

电动机(三相感应电动机)的 3 组定子线圈 U-X、V-Y、W-Z 的一端 X、Y、Z 连接在一起,然后将其他端子 U、V、W 分别与 3 根电源线相连接的接线方法称为星形连接或Y形连接。

$$相电压\ V_Y=\frac{线电压\ V}{\sqrt{3}}$$

$$相电流\ I_Y=线电流\ I$$

将电动机的 3 组定子线圈 U-X、V-Y、W-Z 首尾依次连接,并从连接处引出 3 根电源线的连接方法称为三角形连接或△连接。

$$相电压\ V_\triangle=线电压\ V$$

$$相电流\ I_\triangle=\frac{线电流\ I}{\sqrt{3}}$$

2. 星形连接转换成三角形连接

电动机星形/三角形启动控制是指启动时将电动机的定子线圈连接为星形,给每相分别施加电源电压(额定电压)的 $1/\sqrt{3}$,电动机加速后启动电流减少,此时转换成三角形连接,直接加入电源电压,进入运转模式。

① 启动电路。从电动机定子线圈的每相均引出 6 根出口线 U、V、W 及 X、Y、Z。电动机启动时,星形接线电磁开关Y-MC 的主触点闭合,定子线圈呈星形(Y)连接。因电动机每相线圈上的电压只有电源电压(额定电压)的 $1/\sqrt{3}$,故能够使启动电流减小,如图 4.10(a)所示。

② 切换电路。在电动机启动时,断开星形连接电磁开关Y-MC,闭合

三角形连接电磁开关△-MC，完成星形连接到三角形连接的转换。切换时间的控制是由具有定时动作触点的定时器来完成的，将其动作时间设定为启动时间，如图 4.10(b)所示。

③ 运转电路。电动机加速时，闭合三角形连接电磁开关△-MC 的主触点，电动机的定子线圈就呈三角形(△)连接。定子线圈的相电压与电源电压(额定电压)相同，进入正常运转状态，如图 4.10(c)所示。

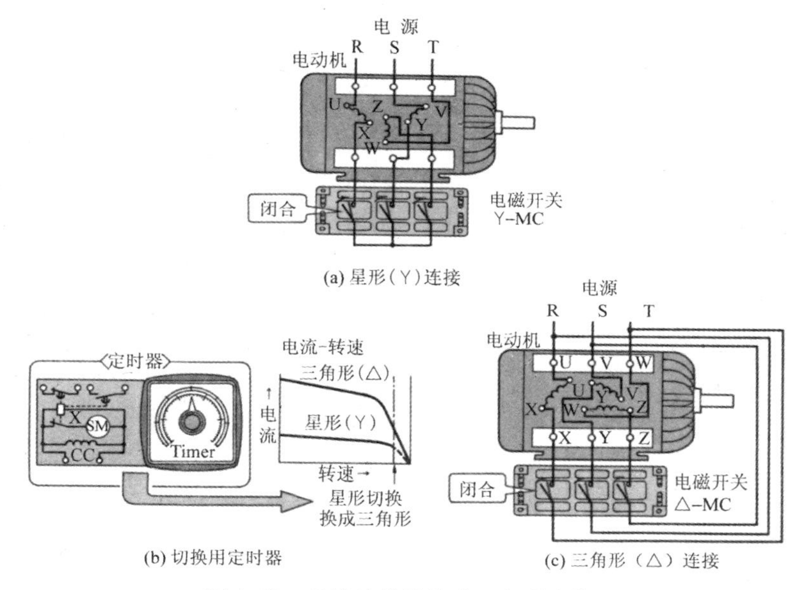

图 4.10　星形连接转换成三角形连接

3. 实物连接图及顺序图

图 4.11 所示为电动机星形/三角形启动控制电路实物连接图。

电动机主电路的开闭由星形连接电磁开关Y-MC 和三角形连接电磁开关△-MC 控制，启动、停止由按钮开关 ST-BS(启动)、STP-BS(停止)操作。此外，启动(星形连接)到运转(三角形连接)的切换由定时器控制。

电动机星形/三角形启动控制电路由主电路以及启动电路、定时(延迟动作)电路、Y-△切换电路、指示灯电路构成。将电动机星形/三角形启动控制电路表示成顺序图，如图 4.12 所示。

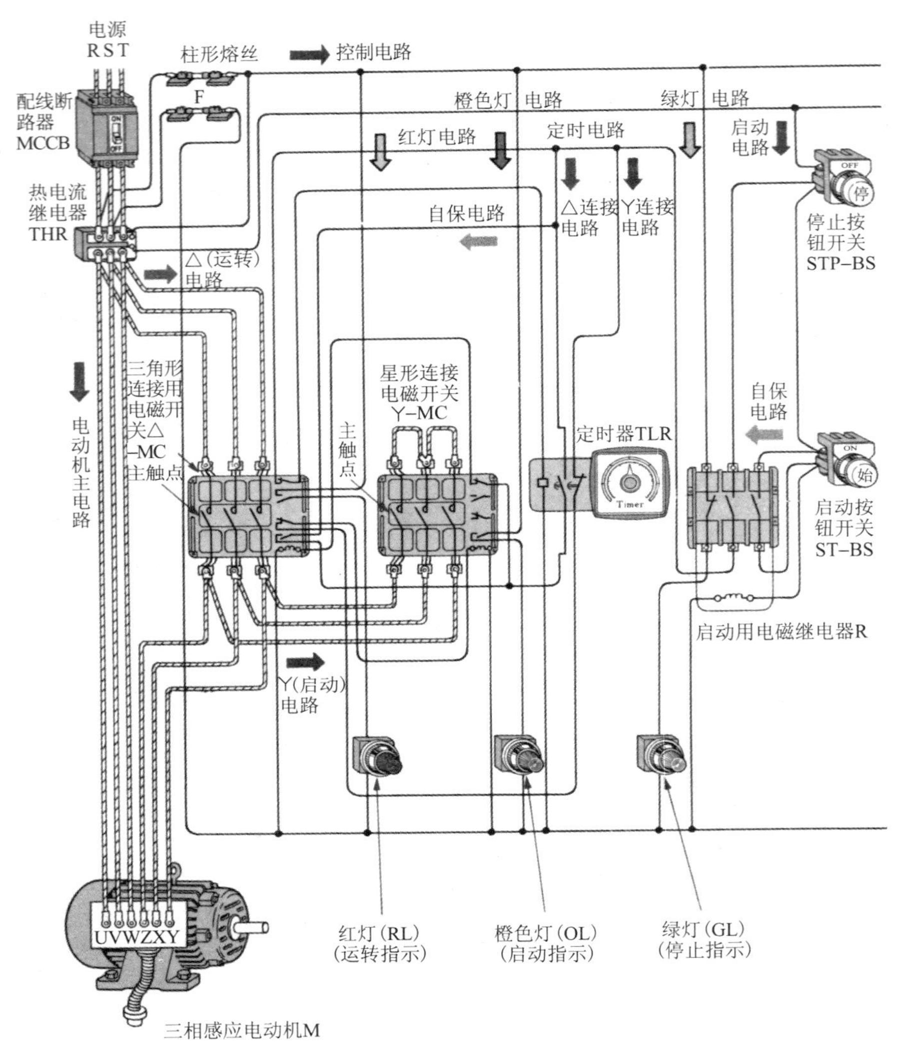

图 4.11　电动机星形/三角形启动控制电路实物连接图

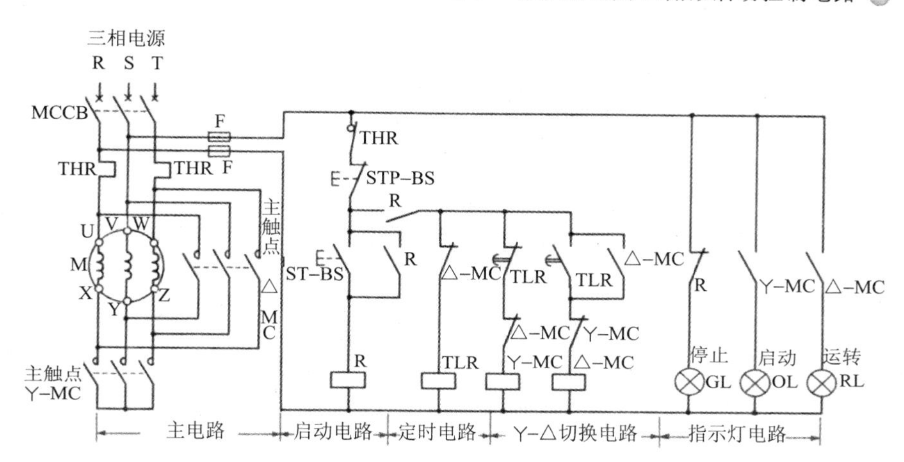

<符号> MCCB: 配线断路器　ST-BS: 启动按钮开关　Y-MC:星形连接电磁开关
M: 电动机　STP-BS: 停止按钮开关　△-MC: 三角形连接电磁开关
GL: 绿灯　TLR: 定时器　R: 启动电磁继电器
RL: 红灯　OL: 橙色灯　THR: 热敏继电器

图 4.12　电动机星形/三角形启动控制电路顺序图

4. 电动机星形/三角形启动

电动机星形/三角形启动过程如图 4.13 所示。闭合电源开关配线断路器,按下启动按钮开关 ST-BS 后,启动电磁继电器 R 动作,星形连接电磁开关Y-MC 动作。电动机以星形连接启动,橙色灯 OL(启动指示)点亮,定时器外加电压。

启动动作顺序如下:

① 主电路1配线断路器 MCCB 的扳手置于“ON”,接入电源。

② 指示灯电路10中有电流通过,绿灯 GL 点亮(指示停止)。绿灯 GL 点亮指示虽然电动机为停止状态,但电源已经接通。

③ 按下启动电路3的启动按钮开关 ST-BS。

④ 电路3启动电磁继电器的线圈 R 中有电流通过,产生动作。

启动电磁继电器 R 动作后,下面的顺序⑤、⑥、⑧动作同时进行。

⑤ 电路4的自保 a 触点 R 闭合,进入自保(放松启动按钮开关 ST-BS)状态。

⑥ 电路10的 b 触点 R 断开。

⑦ 电路10的绿灯 GL 中没有电流通过,灯熄灭。

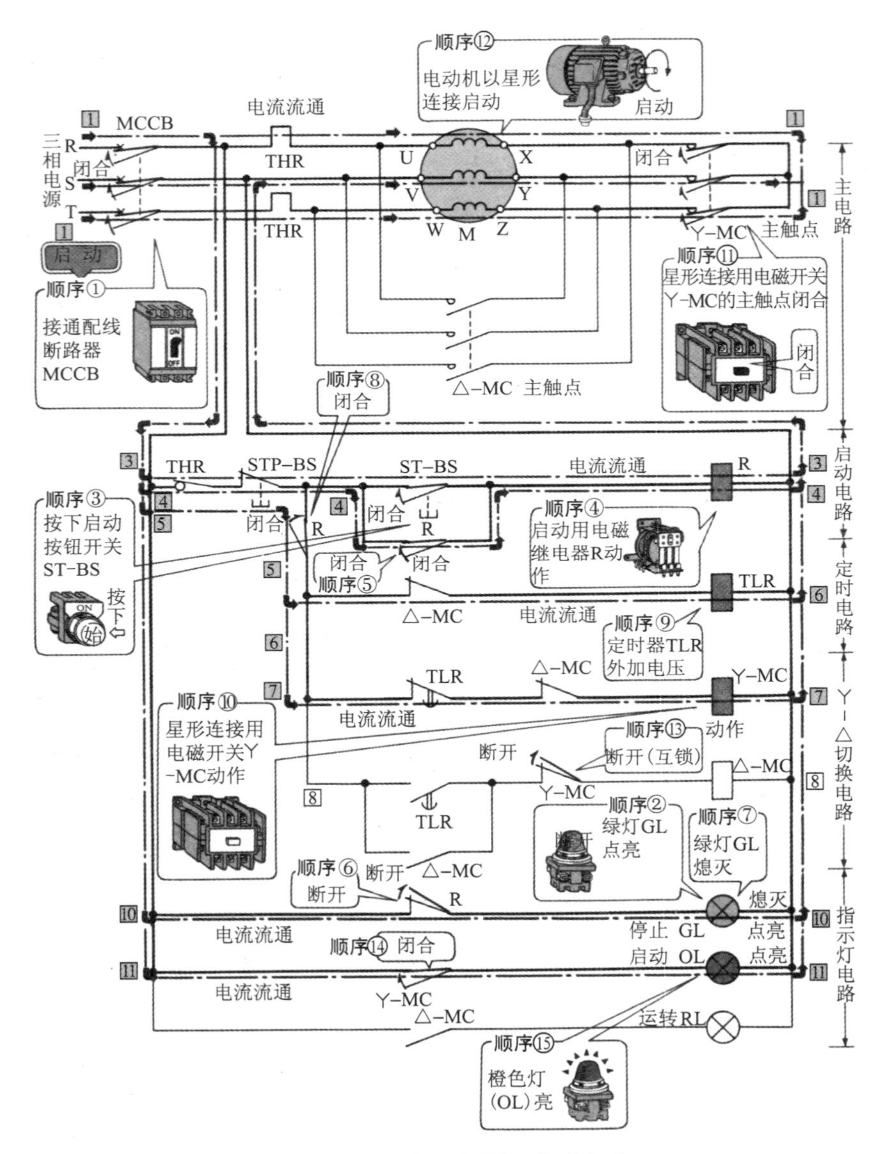

图 4.13　电动机星形/三角形启动

⑧ 电路5的 a 触点 R 闭合。

⑨ 定时电路6的定时器 TLR 中有电流通过，开始被外加电压。定时器 TLR 外加电压后并不是立刻切换触点，经过设定的时间后才开始动作。

⑩ Y-△切换电路7的星形连接电磁开关的线圈Y-MC 中有电流通过，产生动作。

星形连接电磁开关Y-MC 动作后下面的⑪、⑫动作将同时进行。

⑪ 主电路1的主触点Y-MC 闭合。

⑫ 电动机 M 呈星形(Y)连接，定子线圈外加电源电压的 $1/\sqrt{3}$，开始启动。

⑬ 电路8的 b 触点Y-MC 断开，进入互锁状态。

⑭ 电路11的 a 触点Y-MC 闭合。

⑮ 电路11的橙色灯 OL(启动指示)点亮。

5. 电动机星形/三角形运转

电动机星形/三角形运转过程如图 4.14 所示。电动机加速后启动电流减小，经过定时器的设定时间后，定时器动作、三角形连接电磁开关△-MC 动作、星形连接电磁开关Y-MC 复位。电动机切换至三角形连接，进入运转状态，红灯 RL(运转指示)点亮。

运转动作顺序如下：

① 经过定时器的设定时间后，电路6的定时器 TLR 动作。

定时器动作后，下面的②、③动作同时进行。

② Y-△切换电路7中，定时动作 b 触点 TLR 断开。

③ 电路8中，定时动作 a 触点 TLR 闭合。

④ 电路7星形连接电磁开关的线圈Y-MC 中没有电流流过，复位。

星形连接电磁开关的线圈Y-MC 复位后，下面的⑤、⑥、⑦动作同时进行。

⑤ 主电路1主触点Y-MC 断开。主触点Y-MC 断开后，电动机 M 星形连接为开路，故瞬间被切换到顺序⑩的三角形连接。

⑥ 电路11的 a 触点Y-MC 断开。

⑦ 电路8中的 b 触点Y-MC 闭合，解除互锁。

⑧ 电路11的 a 触点Y-MC 断开后，橙色灯 OL(启动指示)熄灭。

⑨ 电路8中定时动作 a 触点 TLR 闭合后，三角形连接电磁开关的线

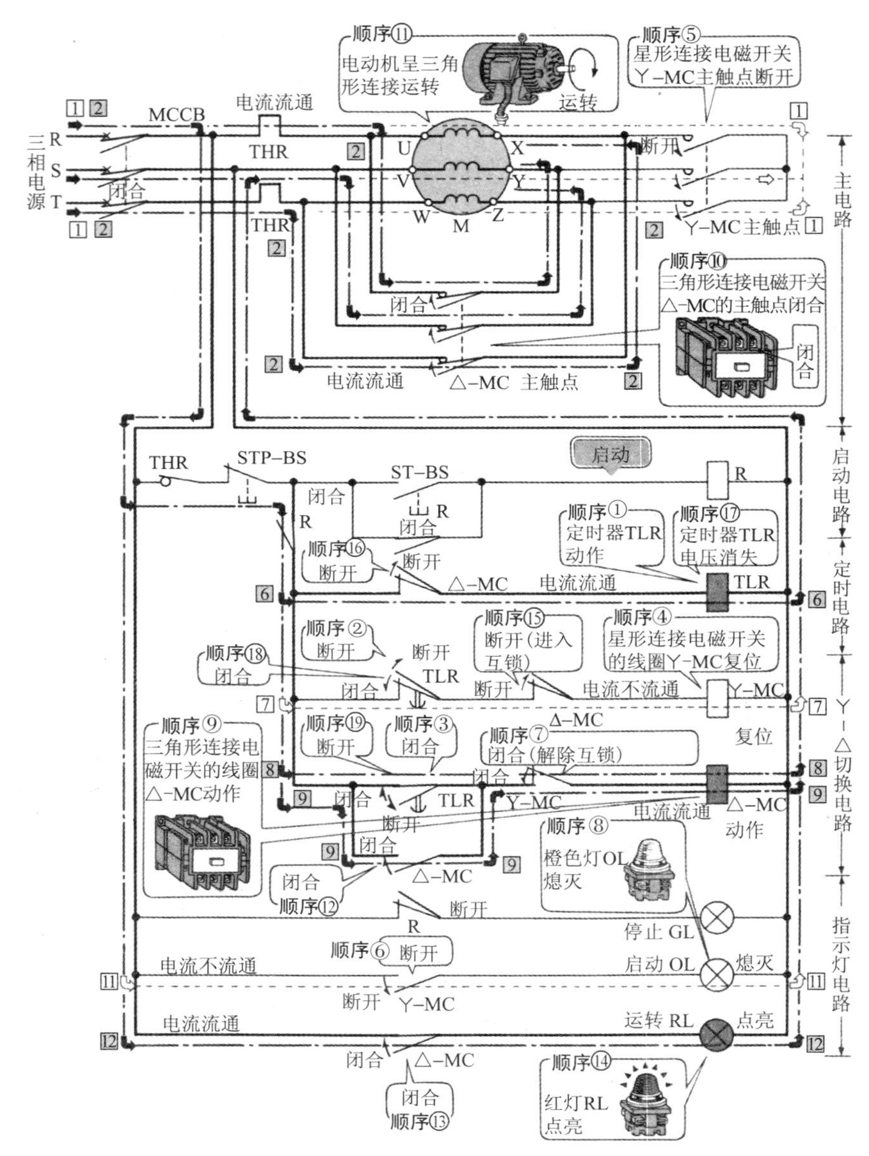

图 4.14　电动机星形/三角形运转

圈△-MC 中有电流通过，动作。

三角形连接电磁开关的线圈△-MC 动作后，下面的⑩、⑫、⑬、⑮、⑯动作同时进行。

⑩ 主电路2的主触点△-MC 闭合。

⑪ 电动机 M 呈三角形(△)连接，电源电压直接加在定子线圈上，进入运转状态。

⑫ 电路9的自保 a 触点△-MC 闭合，进入自保状态。

⑬ 电路12的 a 触点△-MC 闭合。

⑭ 红灯 RL(运转指示)点亮。

⑮ 电路7的 b 触点△-MC 断开，进入互锁状态。

⑯ 电路6的 b 触点△-MC 断开。

⑰ 定时器中没有电流通过，电压消失。

定时器电压消失后，下面的⑱、⑲动作同时进行。

⑱ 电路7的定时动作 b 触点 TLR 闭合。

⑲ 电路8的定时动作 a 触点 TLR 断开。

至此，电动机以三角形连接持续运转。

6. 电动机星形/三角形停止

电动机星形/三角形停止过程如图 4.15 所示，按下停止按钮开关 STP-BS 后，启动电磁继电器 R 复位，解除自保的同时，绿灯 GL(指示停止)点亮(顺序①～顺序⑤)。

启动电磁继电器 R 复位后，三角形连接电磁开关△-MC 的自保电路中没有电流通过，复位(顺序⑥～顺序⑦)。

三角形连接电磁开关复位后，主触点△-MC 断开，电动机停止，红灯 RL(运转指示)熄灭(顺序⑧～顺序⑭)。

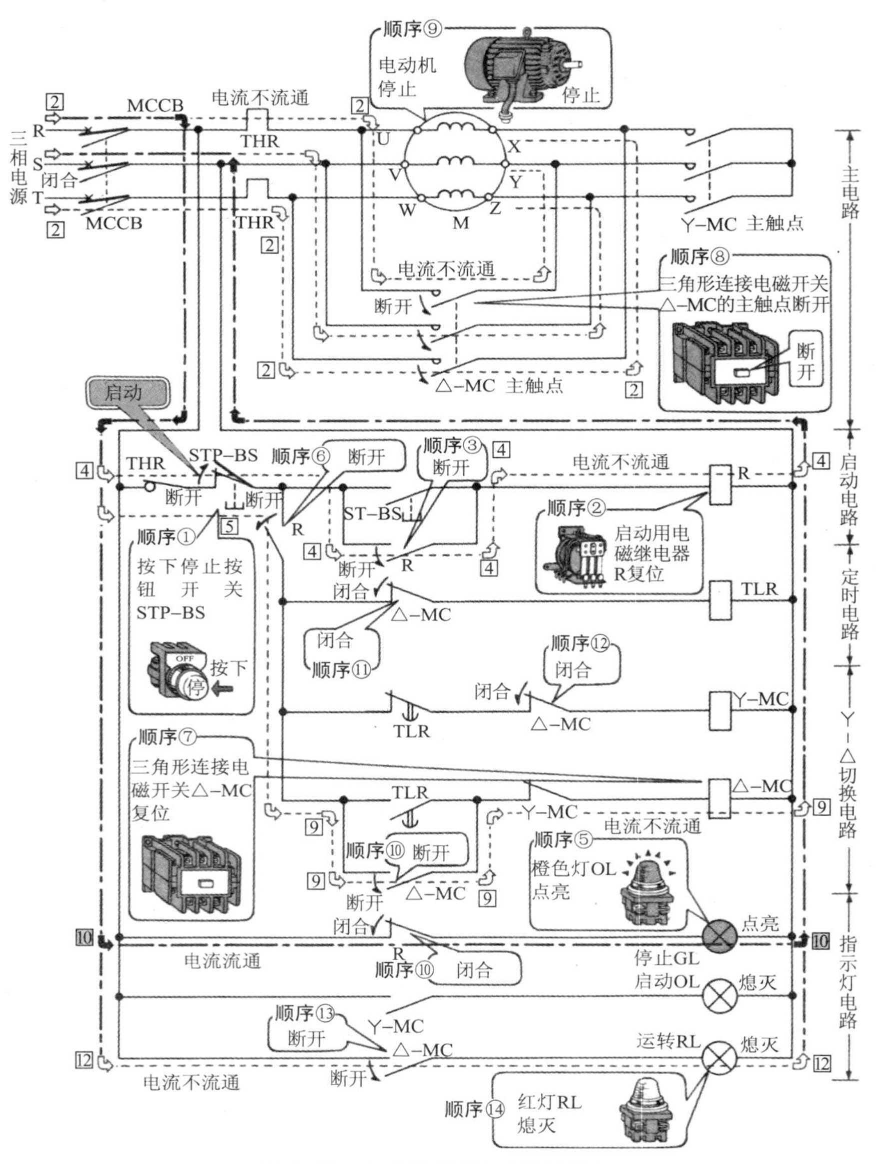

图 4.15　电动机星形/三角形停止

电动机定时启动/定时停止控制电路

1. 电动机定时启动

电动机定时启动过程如图 4.16 所示。闭合电源开关配线断路器 MCCB,按下启动按钮开关 ST-BS 后,启动用辅助线圈 STR 动作,等待时间定时器 TLR-1 被外加电压,橙色灯 OL 点亮(指示等待时间)。

启动动作顺序如下:

① 将主电路1配线断路器 MCCB 的扳手置于“ON”状态,接入电源。

② 电路8(指示灯电路)有电流通过,绿灯 GL(指示停止)点亮。绿灯 GL 点亮,表示电动机 M 即使停止也有电源接入。

③ 按下电路2的启动按钮开关 ST-BS,其 a 触点闭合。

④ 电路2的启动辅助线圈 STR 中有电流流过,产生动作。

启动辅助继电器 STR 动作后,下面的顺序⑥、⑦、⑨动作将同时进行。

⑤ 电路3定时器 TLR-1 的驱动部分有电流通过,被外加电压。

⑥ 电路4的自保触点 STR-a 闭合,开始自保的同时,电路5定时器 TLR-1 的驱动部分有电流通过。

⑦ 电路8的 b 触点 STR-b 断开。

⑧ 电路8的绿灯 GL(停止指示)熄灭。

⑨ 电路9的 a 触点 STR-a 闭合。

⑩ 电路9的橙色灯 OL(等待时间指示)点亮。

⑪ 放开电路2的启动按钮开关 ST-BS 后,a 触点断开,启动辅助继电器 STR 和等待时间定时器 TLR-1 继续动作。

2. 电动机运转

电动机运转过程如图 4.17 所示。经过等待时间定时器 TLR-1 的设定时间(例如 4h)后,电磁开关 MC 动作,电动机 M 启动、运转,红灯 RL(运转指示)点亮。与此同时,运转时间定时器 TLR-2 被外加电压。

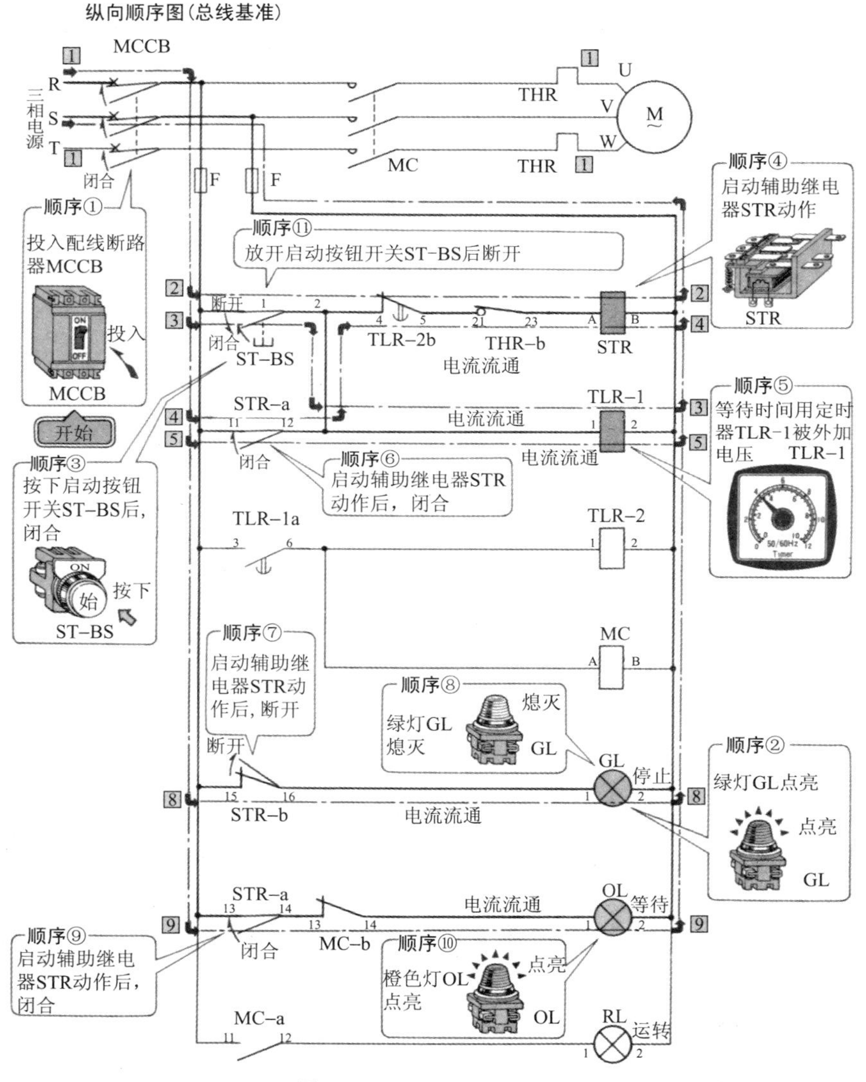

图 4.16 电动机定时启动

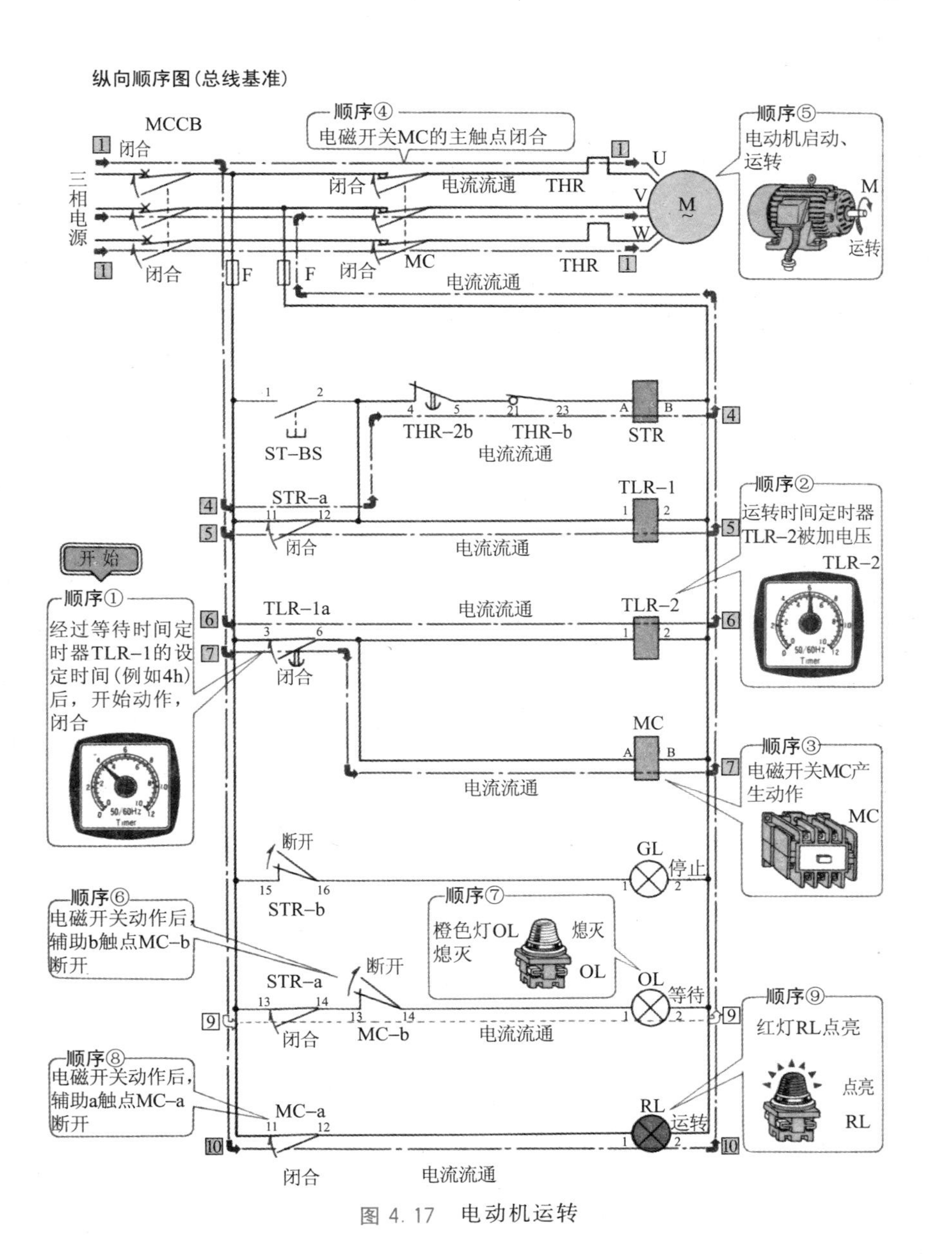
纵向顺序图(总线基准)
MCCB
闭合
三相电源
顺序④
电磁开关MC的主触点闭合
闭合
电流流通
THR
MC
U
V
W
M
顺序⑤
电动机启动、运转
运转
F
电流流通
ST-BS
THR-2b
THR-b
STR
电流流通
STR-a
TLR-1
闭合
电流流通
顺序②
运转时间定时器TLR-2被加电压
TLR-2
开始
顺序①
经过等待时间定时器TLR-1的设定时间(例如4h)后，开始动作，闭合
TLR-1a
电流流通
TLR-2
闭合
MC
电流流通
顺序③
电磁开关MC产生动作
断开
STR-b
GL
停止
顺序⑥
电磁开关动作后，辅助b触点MC-b断开
顺序⑦
橙色灯OL熄灭
熄灭
OL
STR-a
断开
OL
等待
闭合
MC-b
电流流通
顺序⑨
红灯RL点亮
点亮
RL
顺序⑧
电磁开关动作后，辅助a触点MC-a断开
MC-a
RL
运转
闭合
电流流通

图 4.17 电动机运转

运转动作顺序如下：

① 经过等待时间定时器 TLR-1 的设定时间(例如 4h)后，电路6的定时动作 a 触点 TLR-1a 闭合。

② 电路6运转时间定时器TLR-2的驱动部分有电流通过，被外加电压。

③ 电路7电磁开关 MC 的线圈中有电流通过，产生动作。

电磁开关 MC 动作后，下面的顺序④、⑥、⑧动作将同时进行。

④ 主电路1的主触点 MC 闭合。

⑤ 电动机 M 中有电流通过，启动、运转。

⑥ 电路9的辅助 b 触点 MC-b 断开。

⑦ 电路9的橙色灯 OL(等待时间指示)熄灭。

⑧ 电路10的辅助 a 触点 MC-a 闭合。

⑨ 电路10的红灯 RL(运转指示)点亮。

3. 电动机定时停止

电动机定时停止过程如图 4.18 所示。经过运转时间定时器 TLR-2 的设定时间(例如 6h)后，电磁开关 MC 复位，电动机 M 停止运转，绿灯 GL(停止指示)点亮。

停止动作顺序如下：

① 经过运转时间定时器 TLR-2 的设定时间(例如 6h)后，电路4的定时动作 b 触点 TLR-2b 断开。

② 电路4启动辅助继电器 STR 的线圈中没有电流通过，复位。

启动辅助继电器 STR 复位后，下面的③、④、⑤动作将同时进行。

③ 电路4的自保触点 STR-a 断开，解除自保。

④ 电路9的 a 触点 STR-a 断开。

⑤ 电路8的 b 触点闭合。

⑥ 电路8的绿灯 GL(停止指示)点亮。

⑦ 电路4的自保触点 STR 断开后(顺序③)，电路5等待时间用定时器 TLR-1 的驱动部分没有电流通过，无外加电压。

⑧ 电路7的定时动作 a 触点 TLR-1a 将会断开。

⑨ 电路7运转时间定时器 TLR-2 的驱动部分没有电流通过，外加电压消失。

⑩ 电路4的定时动作 b 触点 TLR-2b 将会闭合。

⑪ 电磁开关 MC 线圈中电流消失，复位。

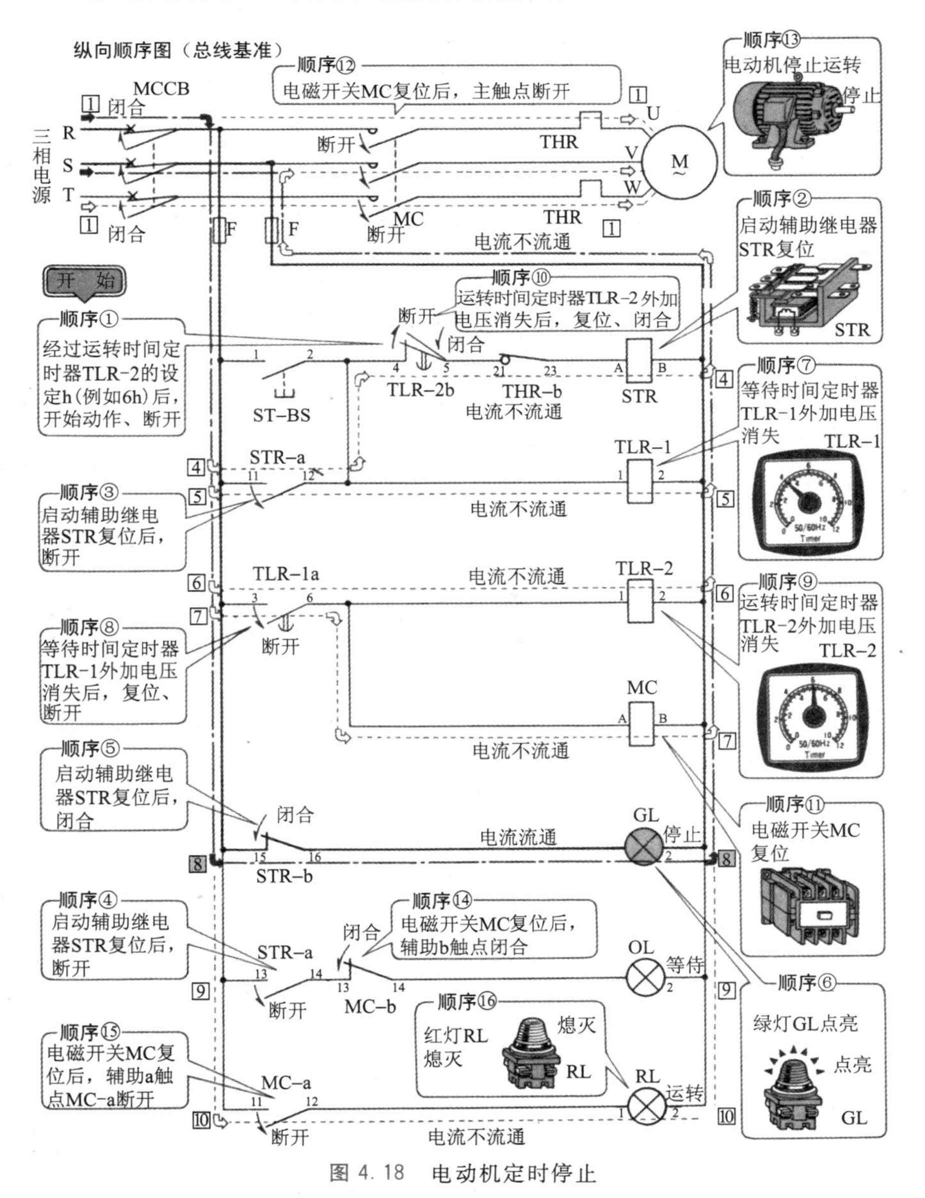

图 4.18 电动机定时停止

电磁开关 MC 复位后，下面的顺序⑫、⑭、⑮动作将同时进行。

⑫ 主电路[1]的主触点 MC 断开。

⑬ 电动机中电流消失，停止运转。

⑭ 电路[9]的辅助 b 触点 MC-b 闭合。

⑮ 电路[10]的辅助 a 触点 MC-a 断开。

⑯ 电路[10]的红灯 RL(运转指示)熄灭。

4.4 电动机反复运转控制电路

1. 电动机反复运转控制的含义

电动机的反复运转控制，就是向电动机输入启动信号后，立刻启动，运转需要的时间后自动停止，停止一定时间(停止时间)后，再自动启动。电动机反复运转控制电路实例如图 4.19 所示。

操作者按下启动按钮开关 ST-BS，给出启动信号后，电动机启动，运转 2h(运转时间：TLR-1)后自动停止，3h(停止时间：TLR-2)后自动启动，

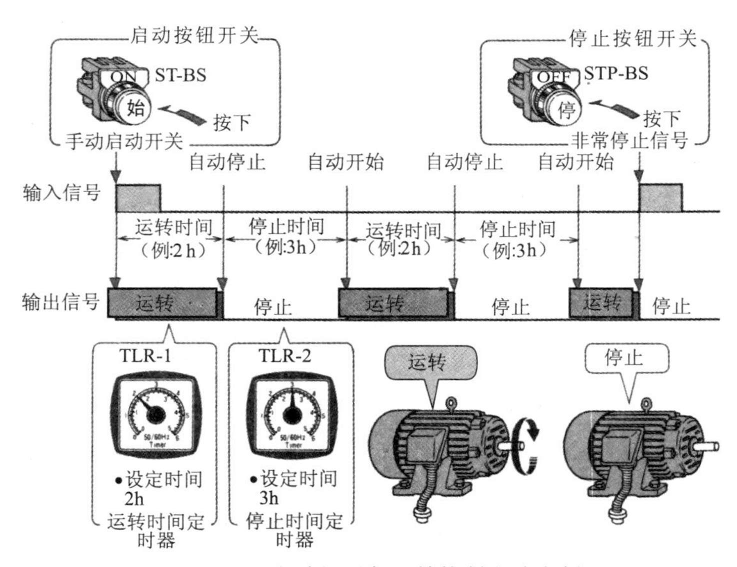

图 4.19　电动机反复运转控制电路实例

重复运转动作。

2. 实物连接图及顺序图

电动机反复运转控制电路实物连接图如图 4.20 所示。

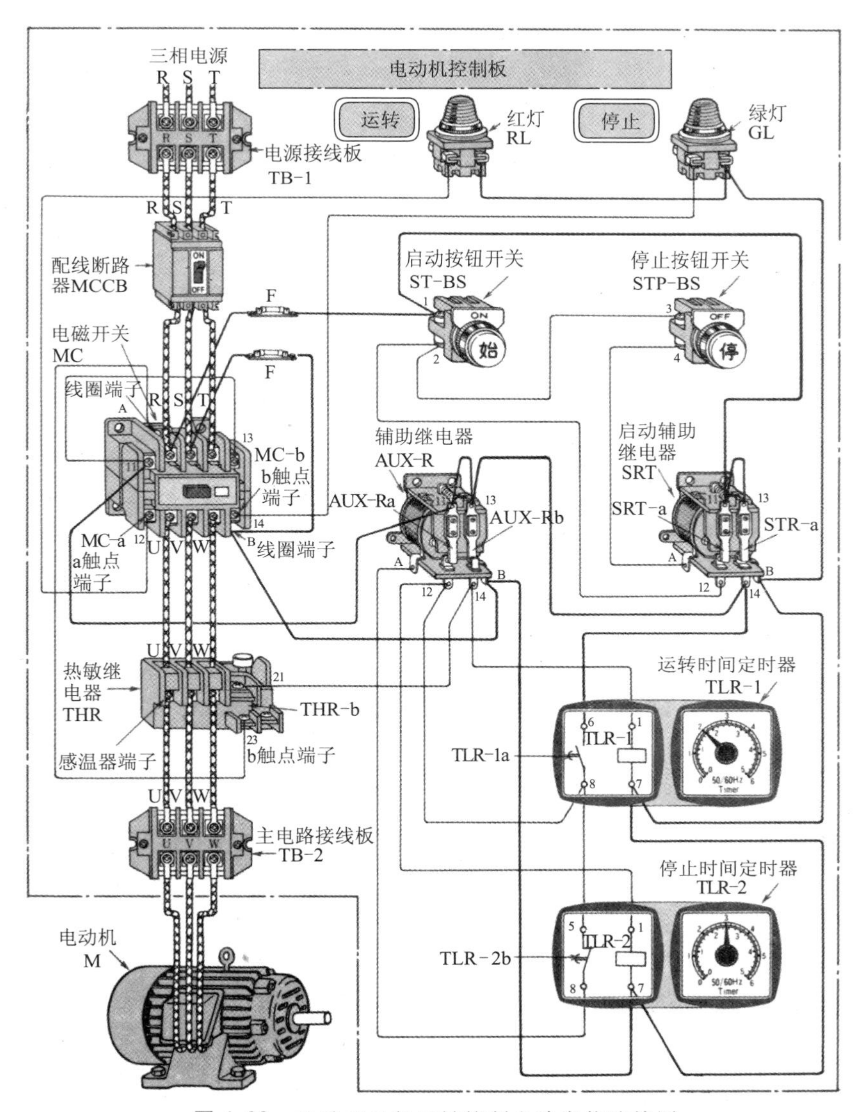

图 4.20 电动机反复运转控制电路实物连接图

电动机反复运转控制电路除了主电路之外，还包括紧急停止电路、运转时间电路、运转停止电路、运转停止辅助电路、停止时间电路、指示灯电路。

电动机反复运转控制电路顺序图如图 4.21 所示。

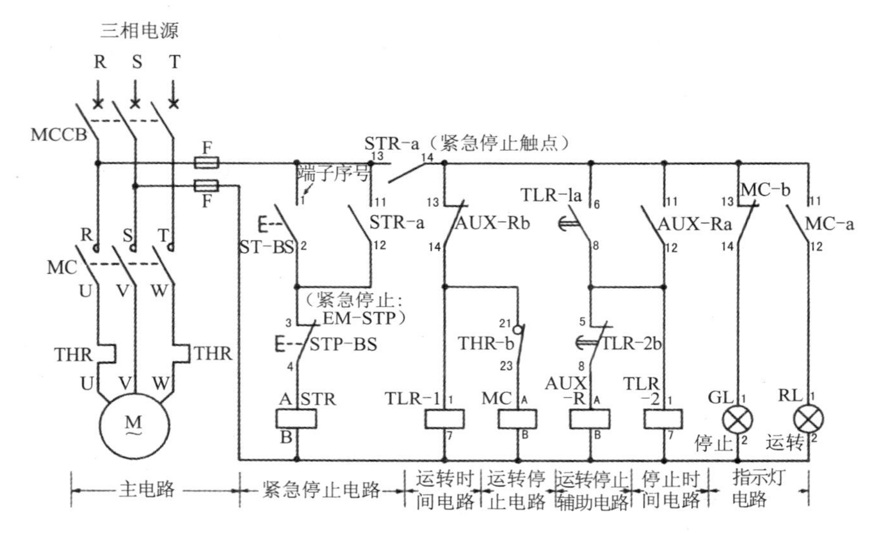

MCCB：配线断路器　TLR–1：运转时间定时器　GL：绿灯（停止）

ST–BS：启动按钮开关　TLR–2：停止时间定时器　RL：红灯（运转）

STP–BS：停止按钮开关　MC：电磁开关　THR：热敏继电器

STR：启动用辅助线圈　AUX－R：辅助继电器　M：电动机

图 4.21　电动机反复运转控制电路顺序图

第5章

电工常用自动控制电路

5.1 采用无浮子液位继电器的供水控制电路

1. 供水控制电路实际布线图和顺序图

供水控制电路实际布线图如图 5.1 所示。它利用电动泵从供水源向供水箱抽水，并且利用无浮子液位继电器对水箱中的液位进行检测，从而实现供水控制设备的自动化控制。

图 5.2 所示是采用无浮子液位继电器的供水控制电路顺序图。因为若把交流 200V 电压直接加到无浮子液位继电器的电极之间是危险的，所以利用变压器把电压降低到8V。图5.3示出了水箱水位与电动泵的

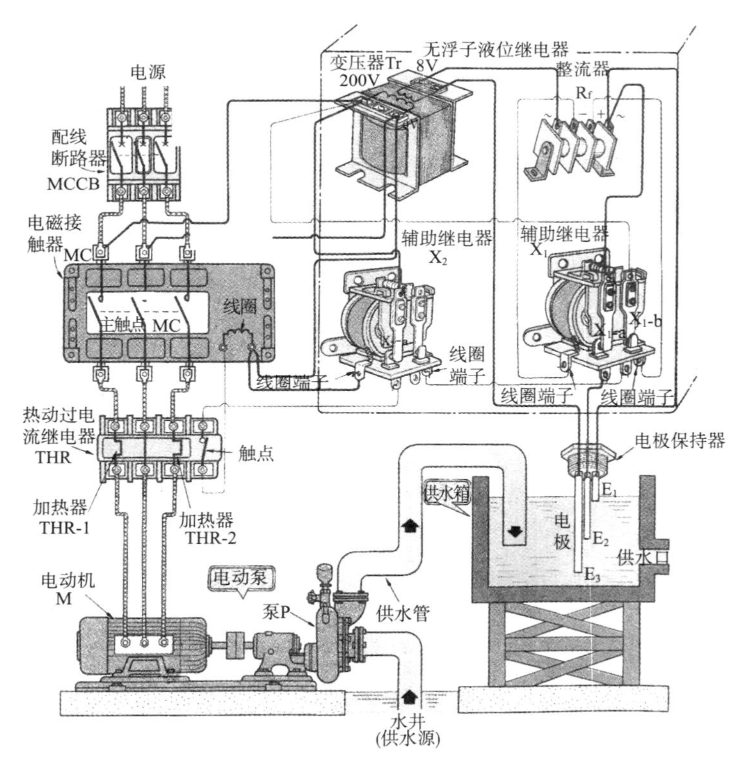

图 5.1　供水控制电路实际布线图

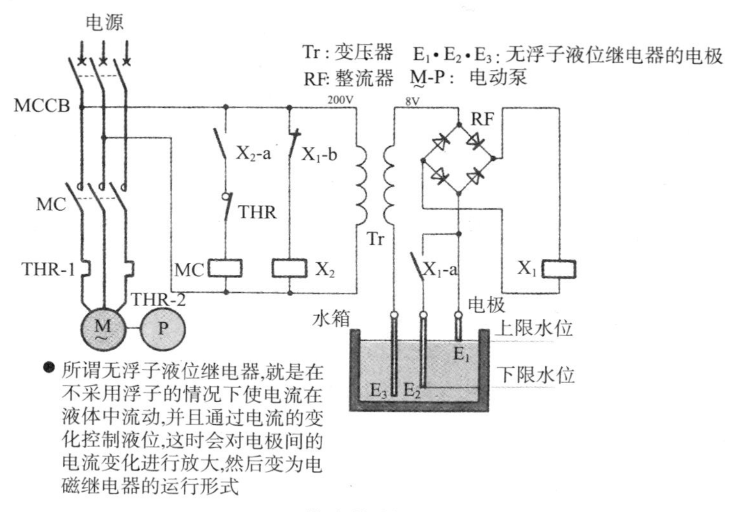

图 5.2 供水控制电路顺序图

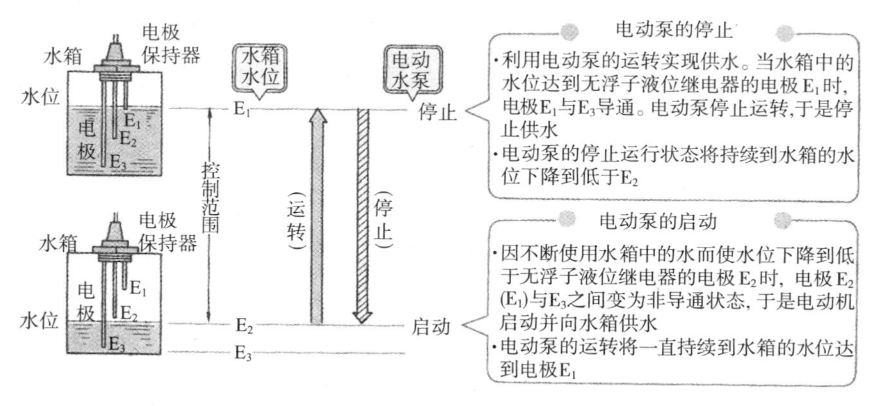

图 5.3 水箱水位与电动泵的启动及停止方法

启动及停止方法。

2. 供水控制电路的顺序运行

·当供水箱的水位下降到无浮子液位继电器的电极 E_2 以下时,电动泵启动并开始供水。电动泵的启动运行如图 5.4 所示,具体顺序如下:

① 闭合回路①的配线切断器 MCCB(电源开关)。

② 当供水箱水位下降到无浮子液位继电器的电极 E_2 以下时,电极 E_2 与 E_3 之间变为不导通即断开状态,回路④中无电流流动。

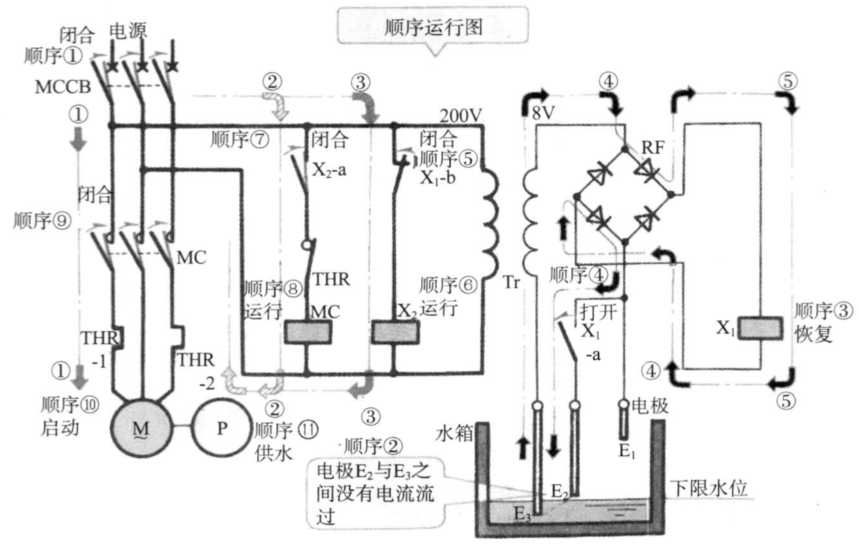

图 5.4　电动泵启动运行

③ 作为整流器 RF 次级回路⑤的线圈 X_1 中也无电流流过，辅助继电器 X_1 恢复。

④ 回路④的 a 触点 X_1-a 打开。

⑤ 回路③的 b 触点 X_1-b 闭合。

⑥ 回路③的线圈 X_2 中有电流流过，辅助继电器 X_2 运行。

⑦ 回路②的 a 触点 X_2-a 闭合。

⑧ 回路②的线圈 MC 中有电流流过，电磁接触器 MC 运行。

⑨ 回路①的主触点 MC 闭合。

⑩ 回路①的电动机 M 中有电流流过，电动机启动。

⑪ 泵 P 也随之转动，把水从供水源中抽上来提供给水箱。

· 当供水箱的水位达到无浮子液位继电器的电极 E_1 时，电动泵停止运行并停止向水箱供水。电动泵的停止运行如图 5.5 所示，具体顺序如下：

① 当供水箱的水位达到无浮子液位继电器的电极 E_1 时，电极 E_1 与 E_3 之间导通，电路闭合，回路④中有电流流动。

② 整流器 RF 次级侧的回路⑤线圈 X_1 中也有电流流动，辅助继电器 X_1 运行。

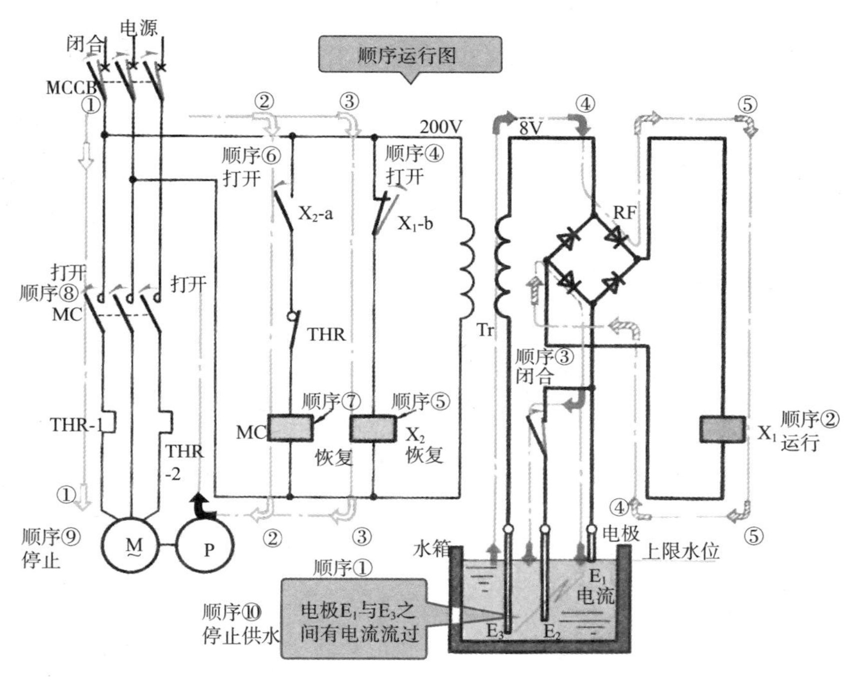

图 5.5 电动泵停止运行

③ 回路④的 a 触点 X_1-a 闭合。

④ 回路③的 b 触点 X_1-b 打开。

⑤ 回路③的线圈 X_2 中无电流流过，辅助继电器 X_2 恢复。

⑥ 回路②的 a 触点 X_2-a 打开。

⑦ 回路②的线圈 MC 中无电流流过，电磁接触器 MC 恢复。

⑧ 回路①的主触点 MC 打开。

⑨ 回路①的电动机 M 中无电流流动，电动机停止运转。

⑩ 泵 P 也停止运转，停止向供水箱供水。

5.2 带有缺水报警功能的供水控制电路

1. 实际布线图

图 5.6 表示了带有缺水报警功能的供水控制电路实际布线图。在这

个电路中采用了无浮子液位继电器(缺水报警型),在对供水箱进行自动供水的同时,当供水箱的液位缺水时,蜂鸣器发出鸣叫报警,电动泵自动停止,从而防止了因过负荷引起的烧损。

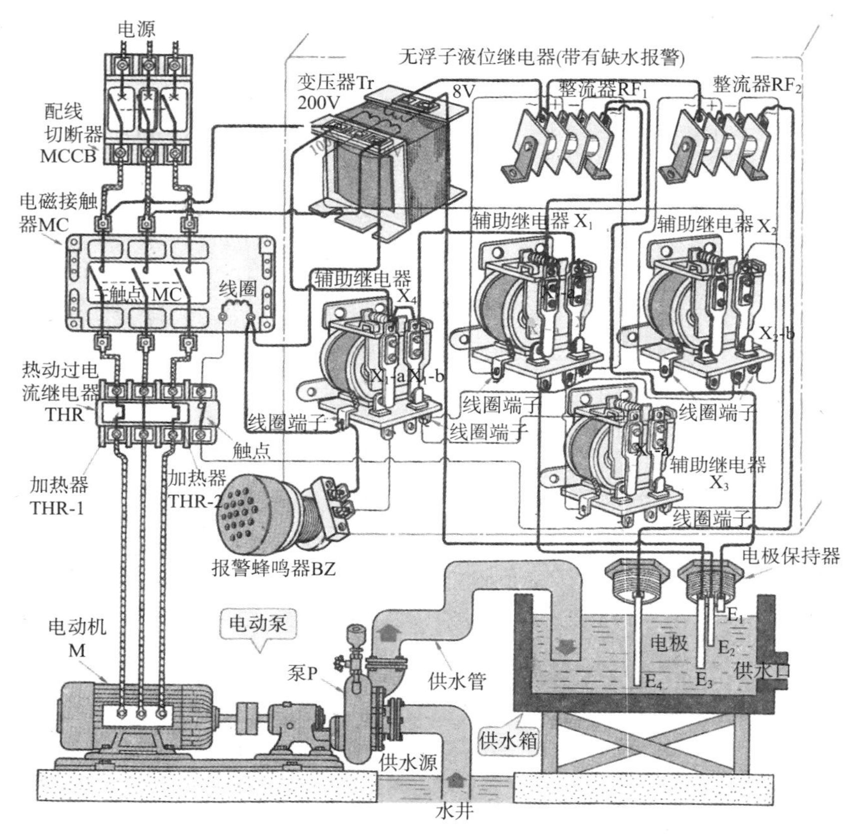

图 5.6 带有缺水报警功能的供水控制电路实际布线图

2. 带有缺水报警功能的供水控制电路顺序运行

· 当供水箱的水位达到无浮子液位继电器的电极 E_1 时,电动泵停止运转,停止向水箱供水。电动泵停止运行如图 5.7 所示,具体顺序如下:

① 闭合回路①的配线断路器 MCCB(电源开关)。

② 当供水箱的水位达到无浮子液位继电器的电极 E_1 时,电极 E_1 与 E_3 之间导通而使电路闭合,回路⑥中有电流流动。

③ 作为整流器 RF_1 次级侧的回路⑦线圈 X_1 中也有电流流过,辅助

继电器 X_1 运行。

④ 回路⑥的 a 触点 X_1-a 闭合。

⑤ 回路④的 b 触点 X_1-b 打开。

⑥ 回路④的线圈 X_3 中无电流流过，辅助继电器 X_3 恢复。

⑦ 回路③的 a 触点 X_3-a 打开。

⑧ 回路③的线圈 MC 中无电流流过，电磁接触器 MC 恢复。

⑨ 回路①的主触点 MC 打开。

⑩ 回路①的电动机 M 中无电流流动，电动机停止运转。

⑪ 泵 P 也停止运转，停止对供水箱供水。

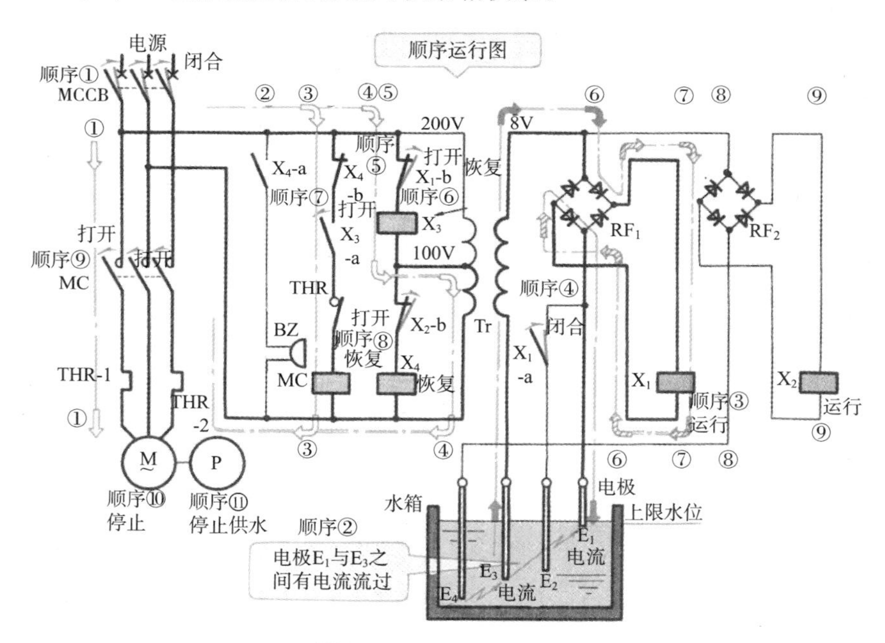

图 5.7 电动泵停止运行

·当供水箱的水位变成无浮子液位继电器的电极 E_2 以下时，电动泵启动并开始给供水箱供水。电动泵的启动运行如图 5.8 所示，具体顺序如下：

① 当供水箱的水位变得比液位继电器的电极 E_2 还低时，电极 E_2 与 E_3 之间变成不导通，电路打开，回路⑥中无电流流动。

② 整流器 RF_1 次级侧的回路⑦线圈 X_1 中也无电流流动，辅助继电器 X_1 恢复。

③ 回路⑥的 a 触点 X_1-a 打开。

④ 回路④的 b 触点 X_1-b 闭合。

⑤ 回路④的线圈 X_3 中有电流流过，辅助继电器 X_3 运行。

⑥ 回路③的 a 触点 X_3-a 闭合。

⑦ 回路③的线圈 MC 中有电流流动，电磁接触器 MC 运行。

⑧ 回路①的主触点 MC 闭合。

⑨ 回路①的电动机 M 中有电流流过，电动机启动。

⑩ 泵 P 也开始运转，对供水箱开始供水。

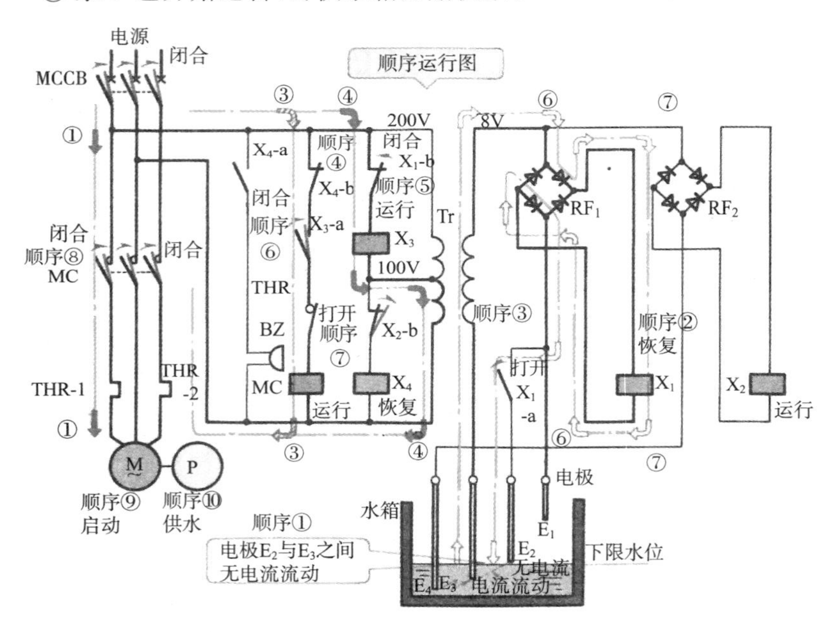

图 5.8　电动泵启动运行

• 当供水箱的水位因异常缺水而变为低于无浮子液位继电器的电极 E_3 时，蜂鸣器发出报警声响。与此同时，电动泵停止运转，从而避免因过负荷引起的电动泵烧损。缺水警报的运行如图 5.9 所示，具体顺序如下：

① 当供水箱的水位变得低于液位继电器的电极 E_3 时，电极 E_3 与 E_4 之间变得不再导通电，回路⑧中无电流流动。

② 整流器 RF_2 次级侧的回路⑨线圈 X_2 中也无电流流动，辅助继电器 X_2 恢复。

③ 回路⑤的 b 触点 X_2-b 闭合。

④ 回路⑤的线圈 X_4 中有电流流动，辅助继电器 X_4 运行。

当辅助继电器 X_4 运行时，下列顺序⑤、⑦同时进行。

⑤ 回路②的 a 触点 X_4-a 闭合。

⑥ 回路②的蜂鸣器 BZ 发出鸣叫，产生警报信号。

⑦ 回路③的 b 触点 X_4-b 打开。

⑧ 回路③的线圈 MC 中无电流流过，电磁接触器 MC 恢复。

⑨ 回路①的主触点 MC 打开。

⑩ 回路①的电动机 M 中无电流流动，电动机停止运转。

⑪ 泵 P 不再向上抽水，停止向供水箱供水。

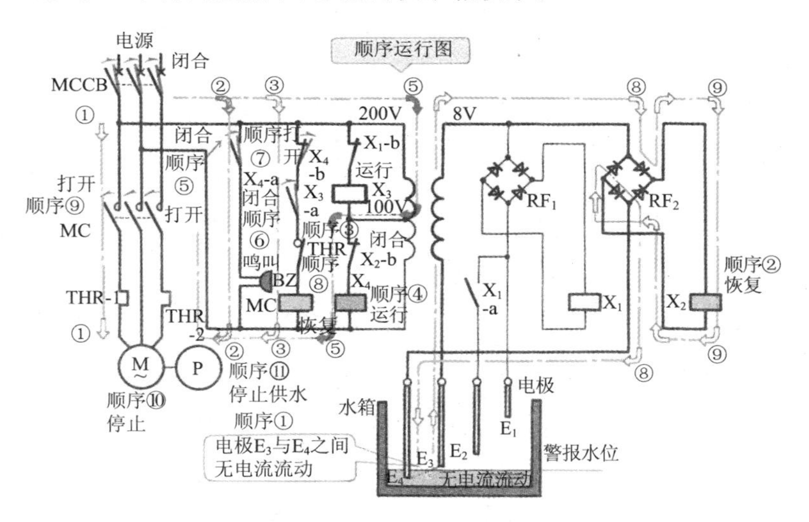

图 5.9 缺水警报运行

5.3 采用无浮子液位继电器的排水控制电路

1. 排水控制电路实际布线图和顺序图

排水控制电路实际布线图如图 5.10 所示，它担负着利用电动泵从排水箱中将水抽出来进行排放的任务，并且利用无浮子液位继电器对水箱的液位自动地进行控制。

图 5.11 所示是采用无浮子液位继电器的排水控制电路顺序图。因为把交流200V的电压直接加到无浮子液位继电器的电极之间是危险的，

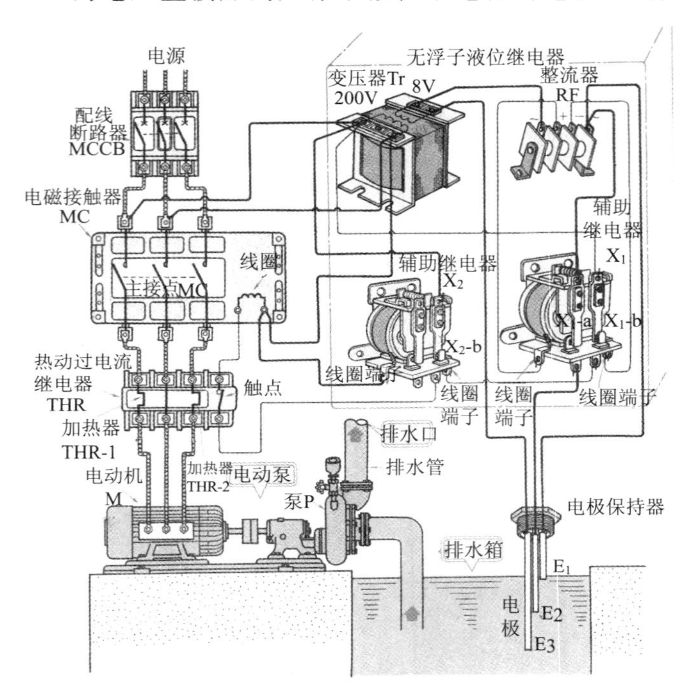

图 5.10　采用无浮子液位继电器的排水控制电路实际布线图

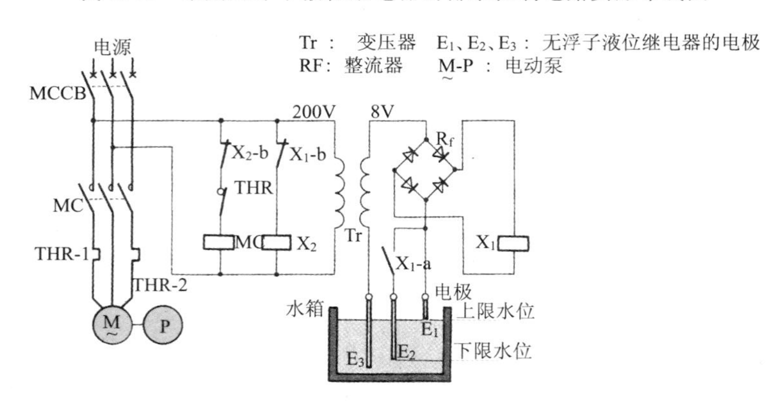

图 5.11　采用无浮子液位继电器的排水控制电路顺序图

所以利用变压器把它降低到 8V。图 5.12 示出了排水箱水位与电动泵的启动及停止方法。

2. 排水控制电路的顺序运行

· 当排水箱的水位达到无浮子液位继电器的电极 E_1 时，电动泵启动并进行排水。电动泵启动运行过程如图 5.13 所示，具体顺序如下：

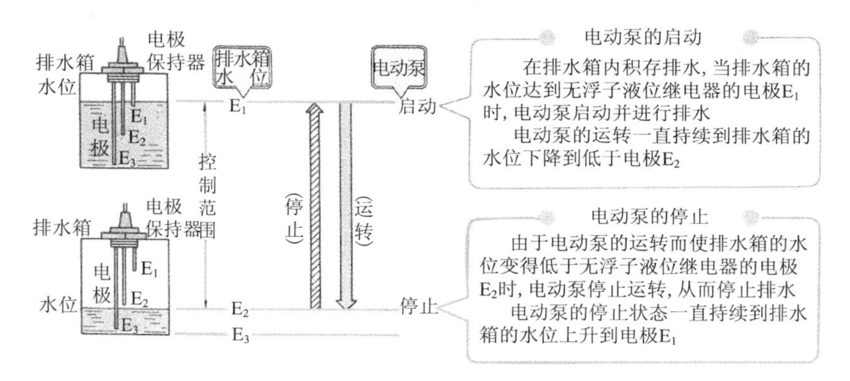

图 5.12 排水箱水位与电动泵的启动及停止方法

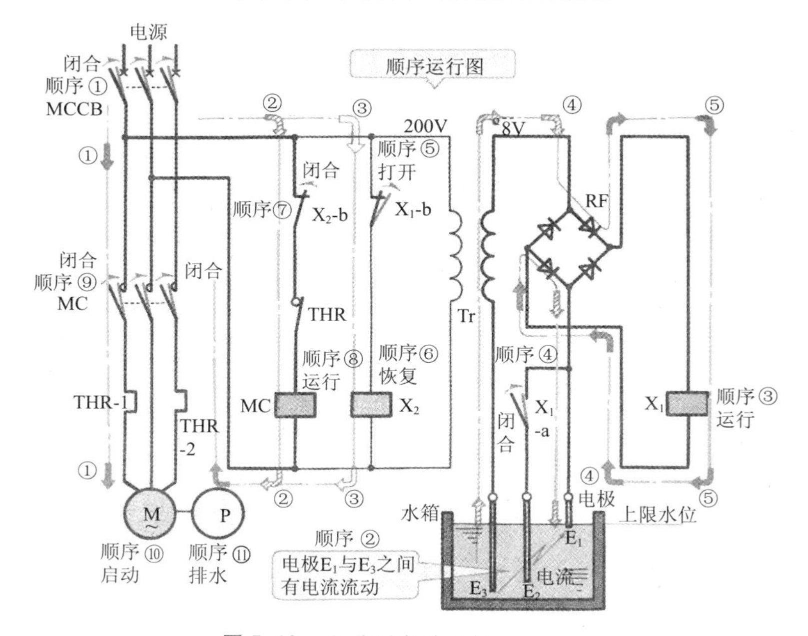

图 5.13 电动泵启动运行

① 闭合回路①的配线断路器 MCCB(电源开关)。

② 当排水箱的水位达到无浮子液位继电器的电极 E_1 时，电极 E_1 与 E_3 之间导通，电路闭合，回路④中有电流流动。

③ 整流器 RF 次级侧的回路⑤线圈 X_1 中也有电流流动，辅助继电器 X_1 运行。

④ 回路④的 a 触点 X_1-a 闭合。

⑤ 回路③的 b 触点 X_1-b 打开。

⑥ 回路③的线圈 X_2 中无电流流过，辅助继电器 X_2 恢复。

⑦ 回路②的 b 触点 X_2-b 闭合。

⑧ 回路②的线圈 MC 中有电流流过，电磁接触器 MC 运行。

⑨ 回路①的主触点 MC 闭合。

⑩ 回路①的电动机 M 中有电流流过，电动机启动。

⑪ 泵 P 开始旋转，从排水箱向上抽水，进入排水状态。

· 当排水箱的水位下降到无浮子液位继电器的电极 E_2 以下时，电动

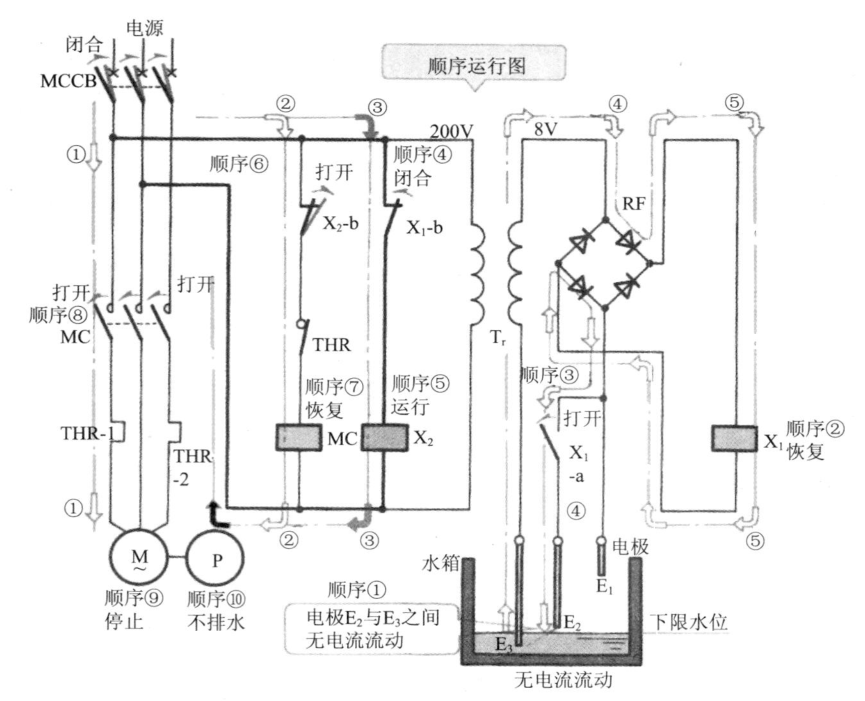

图 5.14　电动泵停止运行

泵停止运转，排水过程停止。电动泵停止运行过程如图 5.14 所示，具体顺序如下：

① 当排水箱的水位下降到无浮子液位继电器的电极 E_2 以下时，电极 E_2 与 E_3 之间变为不导通，电路打开，回路④中无电流流过。

② 整流器 RF 次级侧的回路⑤线圈 X_1 中也无电流流过，辅助继电器 X_1 恢复。

③ 回路④的 a 触点 X_1-a 闭合。

④ 回路③的 b 触点 X_1-b 闭合。

⑤ 回路③的线圈 X_2 中有电流流动，辅助继电器 X_2 运行。

⑥ 回路②的 b 触点 X_2-b 打开。

⑦ 回路②的线圈 MC 中无电流流过，电磁接触器 MC 恢复。

⑧ 回路①的主触点 MC 打开。

⑨ 回路①的电动机 M 中无电流流动，电动机停止运转。

⑩ 泵 P 也停止运转，停止从排水箱排水。

5.4 带有涨水报警功能的排水控制电路

1. 实际布线图

图 5.15 所示是带有涨水报警功能的排水控制电路实际布线图。在这个电路中，利用无浮子液位继电器（异常涨水警报型），在进行排水箱自动排水的同时，一旦排水箱发生异常涨水，在液位变高的情况下，蜂鸣器会发出鸣叫报警。

2. 带有涨水报警功能的排水控制电路顺序运行

· 当排水箱的水位降低到无浮子液位继电器的电极 E_2 以下时，电动泵停止运转，排水停止。电动泵停止运行过程如图 5.16 所示，具体顺序如下：

① 闭合回路①的配线断路器 MCCB（电源开关）。

② 当排水箱的水位下降到液位继电器的电极 E_2 以下时，电极 E_2 与 E_3 之间变得不导通，电路被打开，回路⑥中无电流流动。

③ 整流器 RF_1 次级侧的回路⑦线圈 X_1 中也无电流流过，辅助继电

器 X_1 恢复。

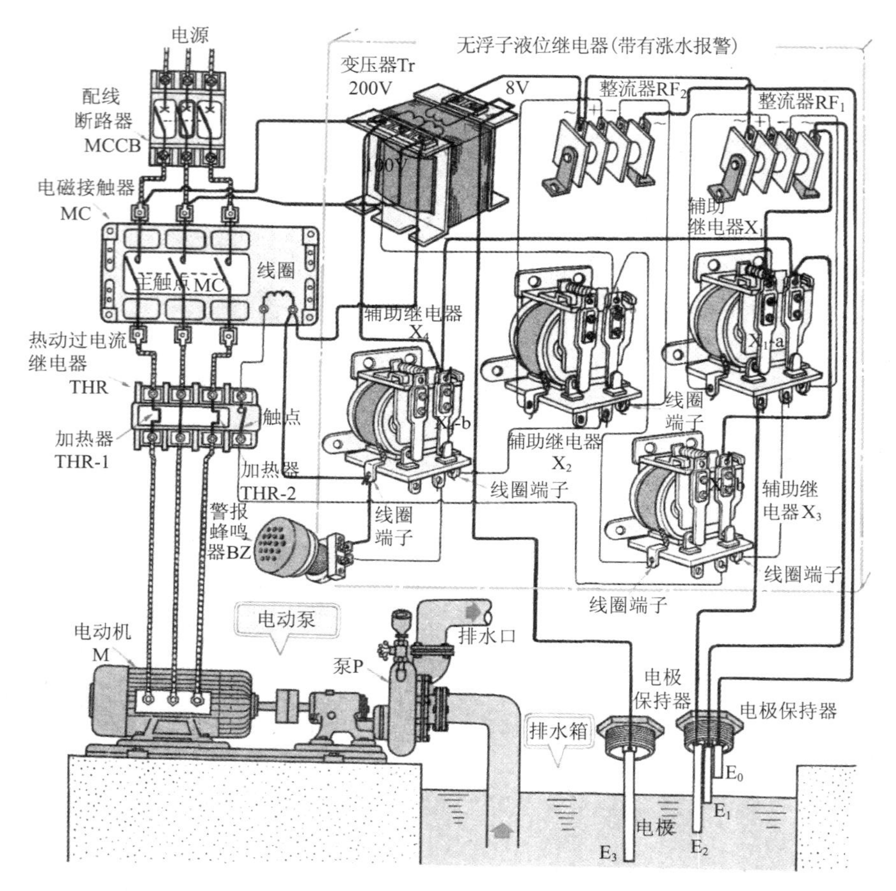

图 5.15　带有涨水报警功能的排水控制电路实际布线图

④ 回路⑥的 a 触点 X_1-a 闭合。

⑤ 回路④的 b 触点 X_1-b 闭合。

⑥ 回路④的线圈 X_3 中有电流流过，辅助继电器 X_3 运行。

⑦ 回路③的 b 触点 X_3-b 打开。

⑧ 回路③的线圈 MC 中无电流流动，电磁接触器 MC 恢复。

⑨ 回路①的主触点 MC 打开。

⑩ 回路①的电动机 M 中无电流流过，电动机停止运转。

⑪ 泵 P 也停止运转，停止从排水箱向外排水。

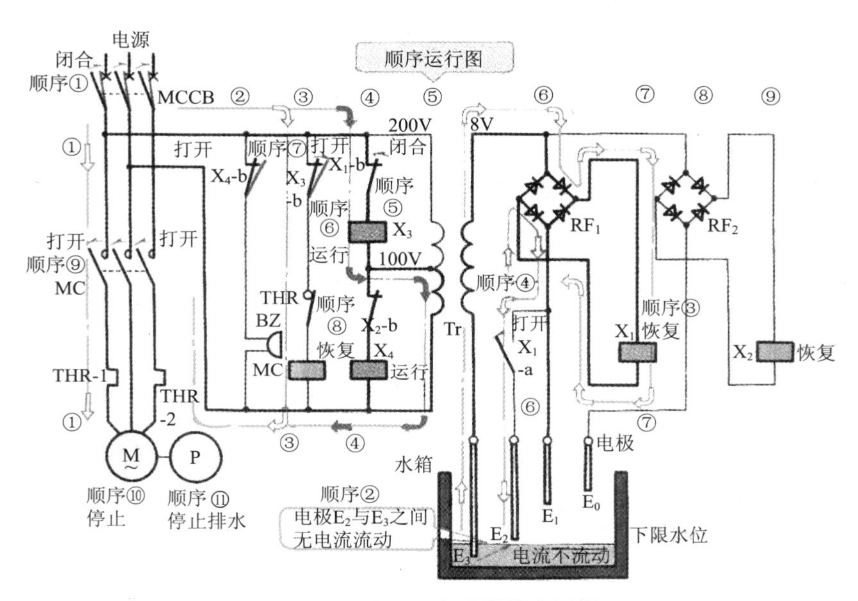

图 5.16　电动泵停止运行

·当排水箱水位达到无浮子液位继电器的电极 E_1 时,电动泵启动并进行排水。电动泵启动运行过程如图 5.17 所示,具体顺序如下:

① 当排水箱的水位达到液位继电器的电极 E_1 时,电极 E_1 与 E_3 之间导通,电路闭合,回路⑥中有电流流动。

② 整流器 RF_1 次级侧的回路⑦线圈 X_1 中也有电流流动,辅助继电器 X_1 运行。

③ 回路⑥的 a 触点 X_1-a 闭合。

④ 回路④的 b 触点 X_1-b 打开。

⑤ 回路④的线圈 X_3 中无电流流动,辅助继电器 X_3 恢复。

⑥ 回路③的 b 触点 X_3-b 闭合。

⑦ 回路③的线圈 MC 中有电流流动,电磁接触器 MC 运行。

⑧ 回路①的主触点 MC 闭合。

⑨ 回路①的电动机 M 中有电流流过,电动机启动。

⑩ 泵 P 也开始运转,开始从排水箱向外排水。

·在涨水时,当排水箱的水位达到无浮子液位继电器的电极 E_0 时,蜂鸣器鸣叫,发出报警。涨水报警运行过程如图 5.18 所示,具体顺序如下:

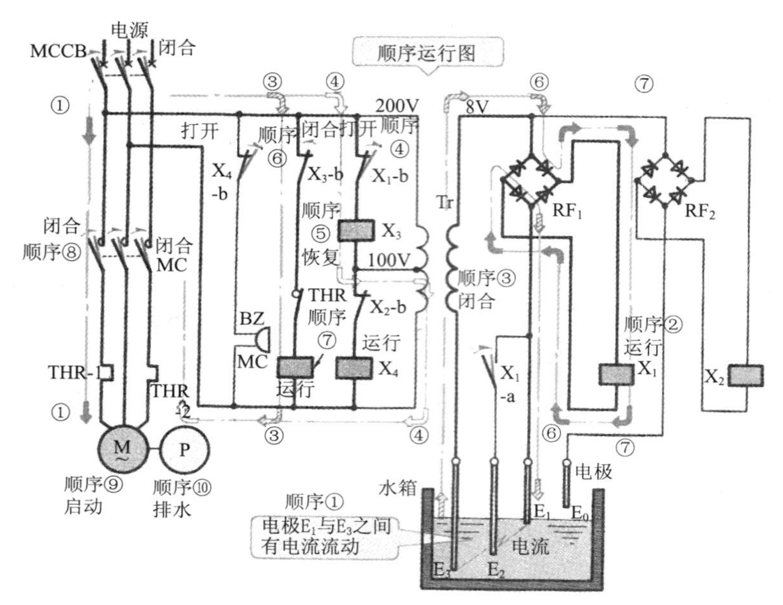

图 5.17　电动泵启动运行

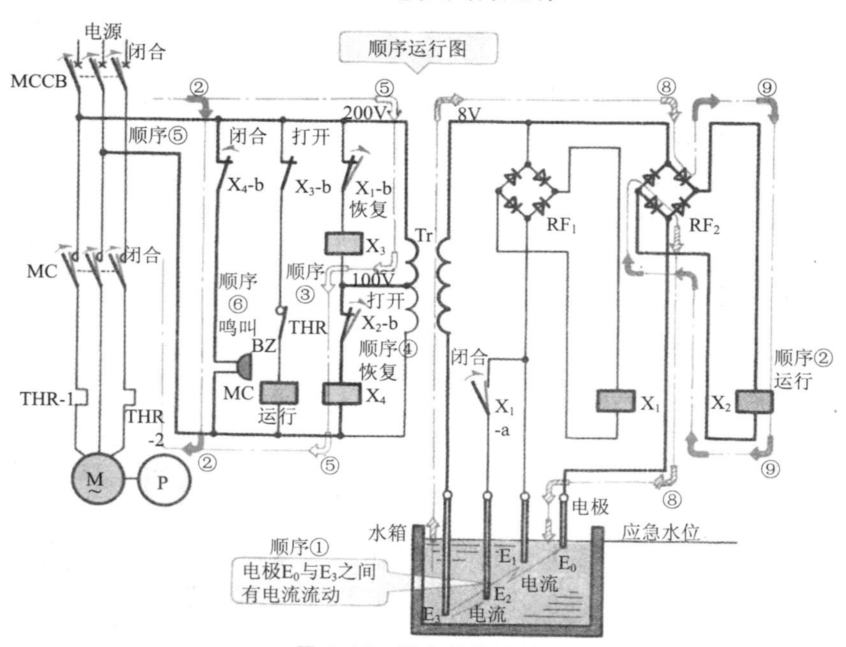

图 5.18　涨水报警运行

① 当排水箱的水位达到无浮子液位继电器的电极 E_0 时，电极 E_0 与 E_3 之间导通，电路闭合，回路⑧中有电流流过。

② 整流器 RF_2 次级侧的回路⑨线圈 X_2 中也有电流流过，辅助继电器 X_2 运行。

③ 回路⑤的 b 触点 X_2-b 打开。

④ 回路⑤的线圈 X_4 中无电流流动，辅助继电器 X_4 恢复。

⑤ 回路②的 b 触点 X_4-b 闭合。

⑥ 回路②的蜂鸣器 BZ 中有电流流过，于是蜂鸣器鸣叫发出报警。

5.5 传送带暂时停止控制电路

1. 实际布线图

传送带暂时停止控制电路实际布线图如图 5.19 所示。它使得运转中的传送带在停止一定时间后，能再度启动。

2. 传送带暂时停止控制电路顺序运行

· 基于启动按钮 $PBS_{启动}$ 的启动运行过程如图 5.20 所示。当按压启动按钮开关时，驱动用电动机启动，传送带移动，具体顺序如下：

① 闭合回路①中配线断路器 MCCB(电源开关)。

② 按压回路②的启动按钮开关 $PBS_{启动}$。

③ 回路②的线圈 MC 中有电流流动，电磁接触器 MC 运行。

④ 回路④的自保 a 触点 MC-a 闭合，进入自保状态。

⑤ 回路①的主触点 MC 闭合。

⑥ 回路①的驱动用电动机 M 中有电流流动，电动机启动，传送带移动。

⑦ 让按压启动按钮开关 $PBS_{启动}$ 的手离开。

· 基于限位开关 LS-1 的停止运行过程如图 5.21 所示。在传送带的移动过程中，当安装在传送带上的挡块与限位开关 LS-1 接触时，驱动用电动机自动停止，传送带停止移动，具体顺序如下：

① 在传送带移动时，当挡块与限位开关 LS-1 接触时，回路⑤的 a 触

点 LS-1a 闭合，回路④的 b 触点 LS-1b 打开（联动操作）。

② 回路⑤的线圈 TLR 中有电流流过，定时器 TLR 被通电。

③ 回路④的线圈 MC 中无电流流过，电磁接触器 MC 恢复。

④ 回路①的主触点 MC 打开。

⑤ 回路①的驱动电动机 M 中无电流流动，电动机停止运转，传送带停止移动。

⑥ 当电磁接触器恢复时，回路④的自保 a 触点 MC-a 打开。

· 限位开关 LS-2 的功能如下：

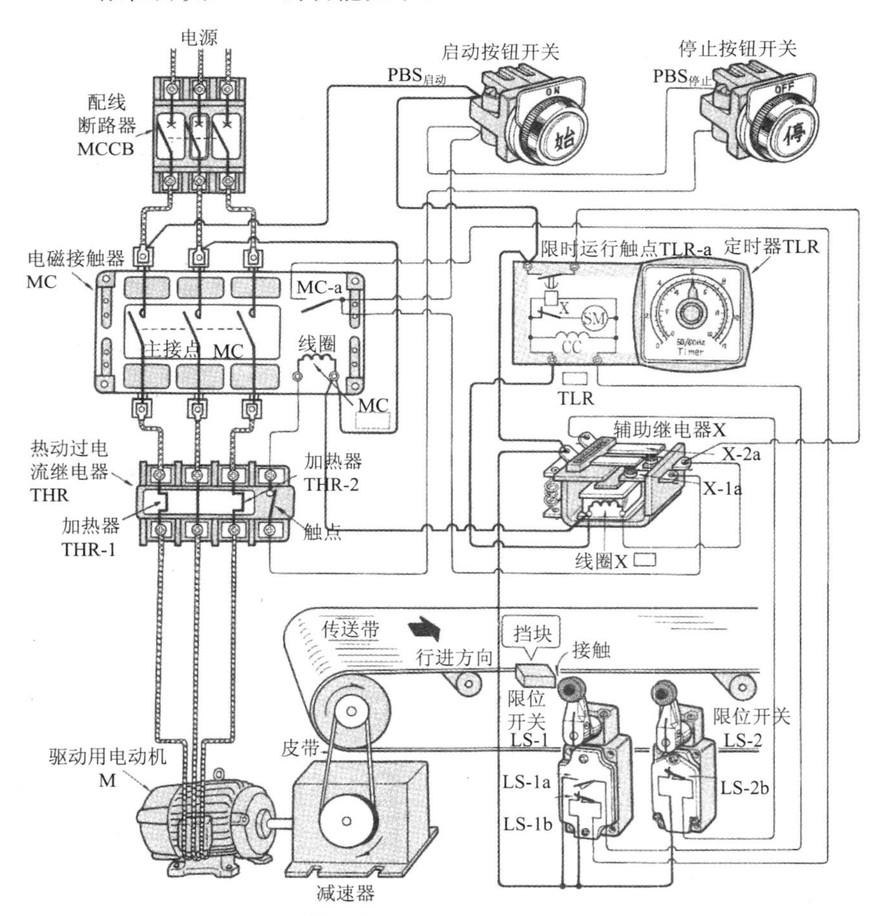

图 5.19　传送带暂时停止控制电路实际布线图

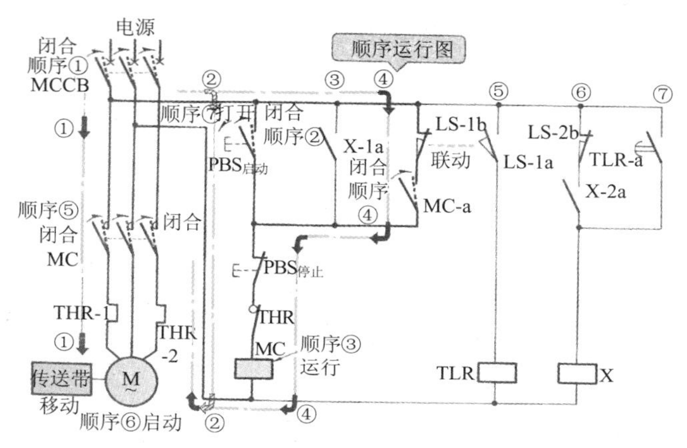

图 5.20 基于启动按钮 $PBS_{启动}$ 的启动运行

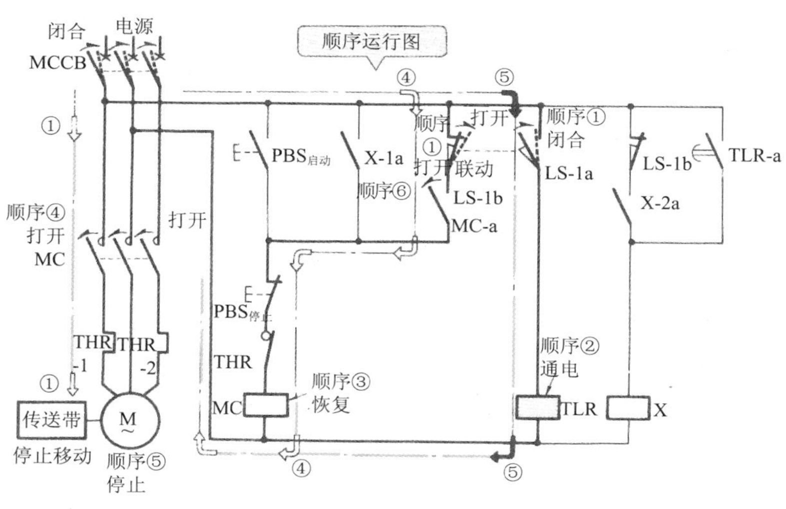

图 5.21 基于限位开关 LS-1 的停止运行

① 由于限位开关 LS-1 仍处于挡块被压迫的情况下，所以当传送带移动时，LS-1 的 b 触点打开，a 触点闭合。此时可以实现在电气上切断电路，电磁接触器 MC 完全处于不能自保的状态。

② 在电磁接触器 MC 完全自保以后，定时器的限时运行 a 触点 TLR-a 打开，这时选取时间延迟是有必要的。

③ 将限位开关 LS-2 设置得稍微离开 LS-1，它们的运行时间差就用来作为时间延迟，从而构成了这个电路。

· 基于定时器 TLR 的启动运行过程如图 5.22 所示。当经过定时器的设定时间(设定的传送带的停止时间)后,驱动电动机启动,传送带移动,具体顺序如下:

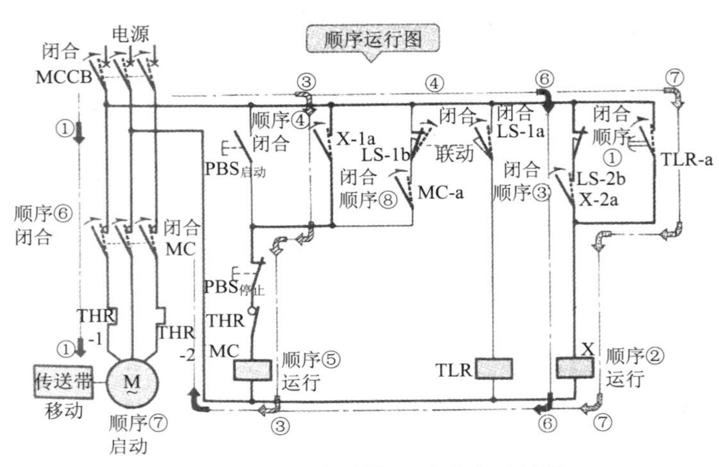

图 5.22　基于定时器 TLR 的启动运行

① 经过定时器的设定时间,回路⑦的限时运行 a 触点 TLR-a 闭合。

② 回路⑦的线圈 X 中有电流流过,辅助继电器 X 运行。

③ 回路⑥的 a 触点 X-2a 闭合,进入自保状态。

④ 回路③的 a 触点 X-1a 闭合。

⑤ 回路③的线圈 MC 中有电流流过,电磁接触器 MC 运行。

⑥ 回路①的主触点 MC 闭合。

⑦ 回路①的驱动用电动机 M 中有电流流过,电动机启动,传送带移动。

⑧ 回路④的自保 a 触点 MC-a 闭合,进入自保状态。

· 限位开关 LS-1 和 LS-2 的运行过程如图 5.23 所示。当传送带移动时,因为首先限位开关 LS-1 从挡块上脱离开,然后 LS-2 与挡块相接触,所以在这段时间间隔内传送带无间断地运转,具体顺序如下:

① 当传送带移动时,限位开关 LS-1 从挡块离开,回路⑤的 a 触点 LS-1a 打开,回路④的 b 触点 LS-1b 闭合(这种打开、闭合间的时间构成了电气上的中断)。

② 回路⑤的线圈 TLR 中无电流流动,定时器 TLR 断电。

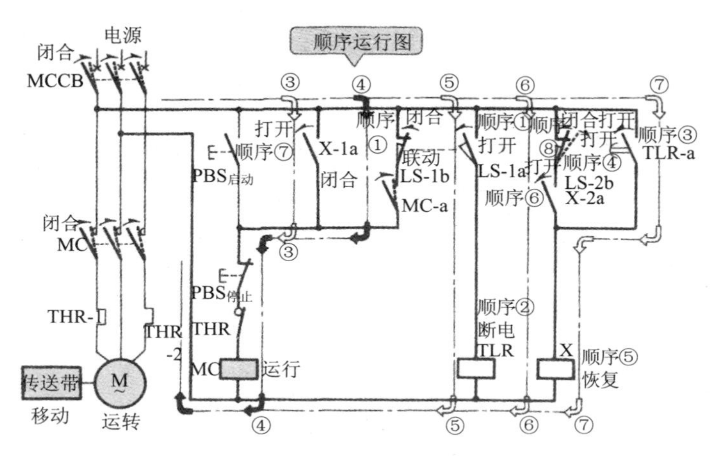

图 5.23 限位开关 LS-1 和 LS-2 运行顺序

③ 当定时器 TLR 断电时，回路⑦的限时运行 a 触点 TLR-a 打开。

④ 传送带进一步移动，当挡块与限位开关 LS-2 接触时，回路⑥的 b 触点 LS-2b 打开。

⑤ 回路⑥的线圈 X 中无电流流过，辅助继电器 X 恢复。

⑥ 回路⑥的自保 a 触点 X-2a 打开。

⑦ 回路③的 a 触点 X-1a 打开。即使触点 X-1a 打开，通过回路④，电磁接触器 MC 继续通电。

⑧ 传送带进一步移动，当挡块从限位开关 LS-2 脱开时，回路⑥的 b 触点 LS-2b 闭合。

5.6 货物升降机自动反转控制电路

1. 实际布线图

图 5.24 所示是使货物上升的升降机实际布线图。在这个电路中，当按压启动按钮开关 PBS-F$_{启动}$时，货物升降机启动。当升降机到达 2 层时，由于限位开关 LS-2 的作用，升降机会停止运行。与此同时，定时器 TLR 被通电。当经过了设定时间以后，在其触点作用下，升降机会自动反转下降。而升降机下降到位于 1 层的限位开关 LS-1 时，升降机停止运行。

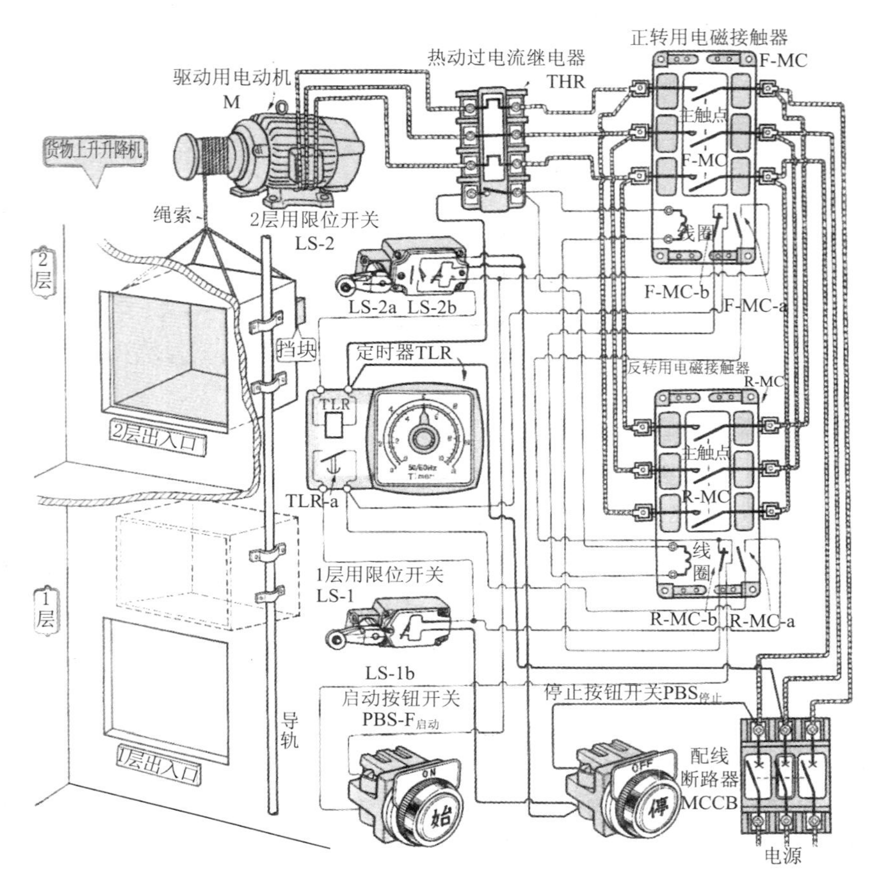

图 5.24　货物升降机自动反转控制电路实际布线图

2. 货物升降机自动反转控制电路顺序运行

· 基于启动按钮开关 PBS-F启动 的启动运行过程如图 5.25 所示。当按压启动按钮开关时，驱动电动机正向旋转，货物上升升降机从 1 层向 2 层上升，具体顺序如下：

① 闭合回路①的配线断路器 MCCB(电源开关)。

② 按压回路④的启动按钮开关 PBS-F启动。

③ 回路④的线圈 F-MC 中有电流流过，正转用电磁接触器 F-MC 运行。

④ 回路①的主触点 F-MC 闭合。

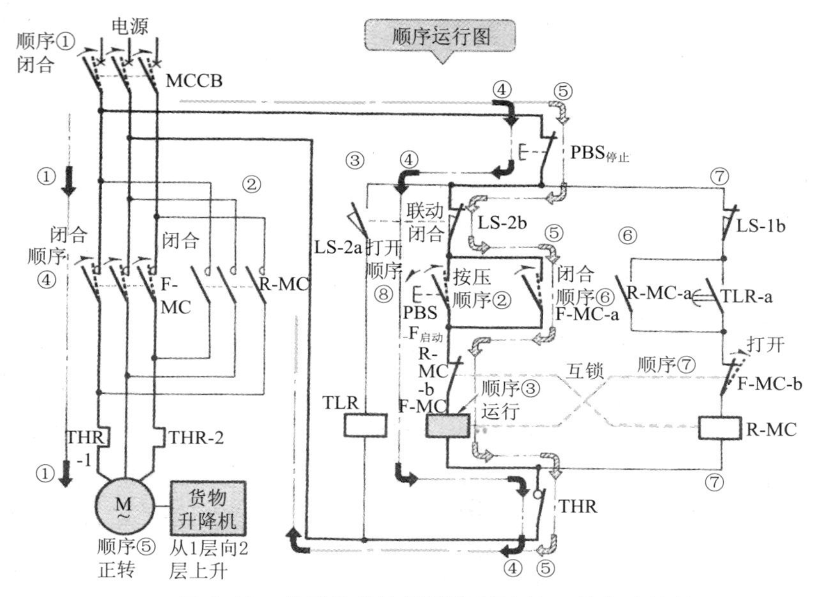

图 5.25 基于启动按钮开关 PBS-F启动的启动运行

⑤ 回路①的电动机 M 中有电流流过，电动机正向旋转，货物上升，升降机从 1 层向 2 层上升。

⑥ 回路⑤的自保 a 触点 F-MC-a 闭合，进入自保状态。

⑦ 回路⑦的 b 触点 F-MC-b 打开，进入互锁状态。

⑧ 使按压回路④的启动按钮开关 PBS-F启动的手离开按钮开关。

· 基于限位开关 LS-2 的停止运行过程如图 5.26 所示。货物升降机上升，当升降机上的挡块与限位开关 LS-2（设置于 2 层）接触时，驱动用电动机停止运转，货物升降机停止在 2 层，具体顺序如下：

① 货物升降机在移动，当挡块与限位开关 LS-2 接触时，回路③的 a 触点 LS-2a 闭合，回路④、⑤的 b 触点 LS-2b 打开（联动操作）。

② 回路③的线圈 TLR 中有电流流过，定时器 TLR 被通电。

③ 回路⑤的线圈 F-MC 中无电流流过，正转用电磁接触器 F-MC 恢复。

④ 回路①的正转用主触点 F-MC 打开。

⑤ 回路①的驱动用电动机 M 中无电流流过，电动机停止运转，负载升降机在 2 层停止。

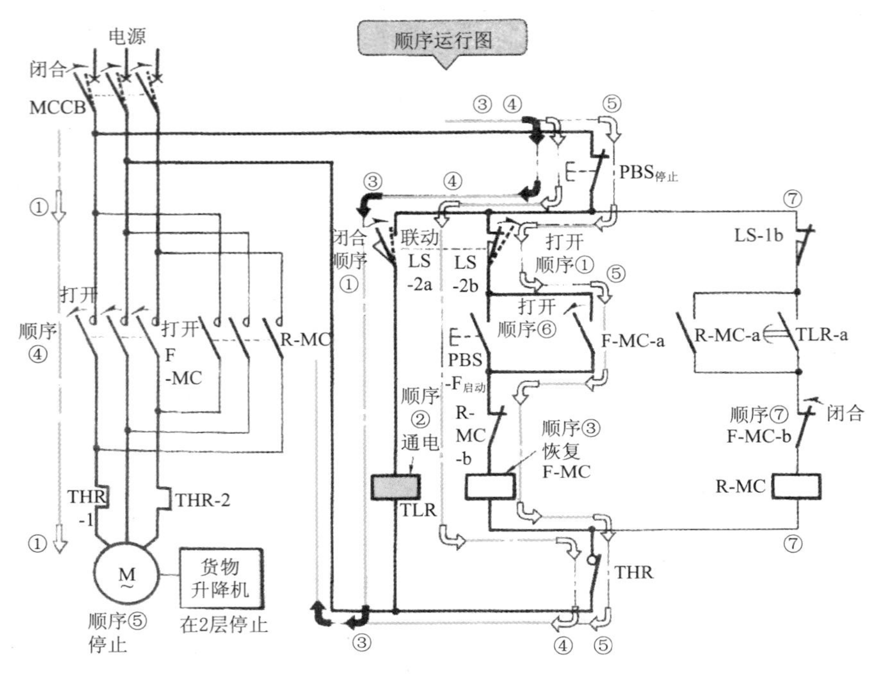

图5.26 基于限位开关LS-2的停止运行

⑥ 回路⑤的自保a触点F-MC-a打开。

⑦ 回路⑦的b触点F-MC-b闭合,互锁被解除。

·基于定时器TLR的反转运行过程如图5.27所示。当经过了定时器的设定时间(设定的升降机停止时间)后,因为驱动电动机自动反转,所以货物升降机反向运转,从2层向1层下降,具体顺序如下:

① 经过定时器TLR的设定时间,回路⑦的限时运行a触点TLR-a闭合。

② 回路⑦的线圈R-MC中有电流流动,反转用电磁接触器R-MC运行。

③ 回路②的反转用主触点R-MC闭合。

④ 回路②的电动机M中有电流流动,因为电动机向反方向旋转,所以货物升降机反向运转,从2层向1层下降。

⑤ 回路⑥的自保a触点R-MC-a闭合,进入自保状态。

⑥ 回路④的b触点R-MC-b打开,进入互锁状态。

⑦ 当货物升降机从2层向1层下降时,限位开关LS-2从挡块上脱

离，回路③的 a 触点 LS-2a 打开，回路④的 b 触点 LS-2b 闭合。

⑧ 回路③的线圈 TLR 中无电流流动，定时器断电。

⑨ 回路⑦的限时运行 a 触点 TLR-a 打开。

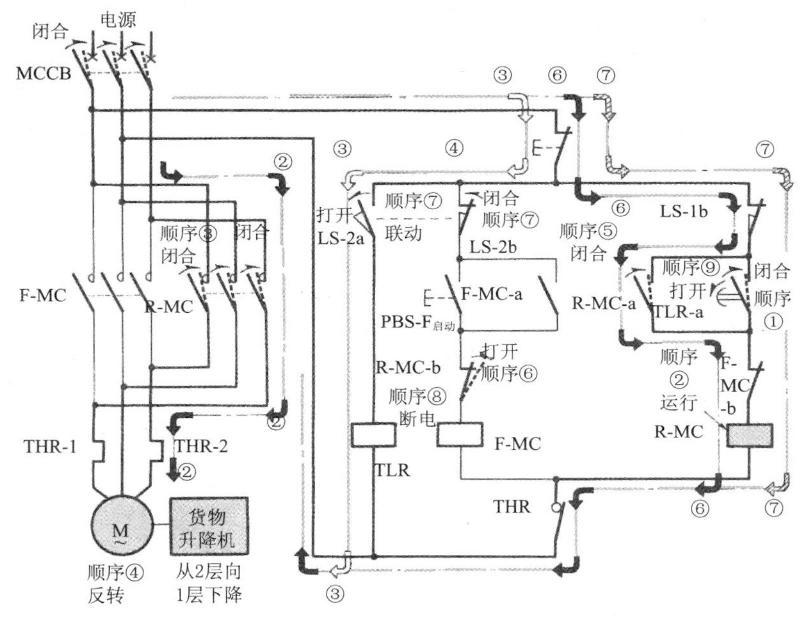

图 5.27 基于定时器 TLR 的反转运行

• 基于限位开关 LS-1 的停止运行过程如图 5.28 所示。货物升降机下降，当安装在升降机上的挡块与限位开关 LS-1(设置在 1 层)接触时，驱动用电动机停止，货物升降机停止到 1 层，具体顺序如下：

① 货物升降机下降，当挡块与限位开关 LS-1 接触时，回路⑥、⑦的 b 触点 LS-1b 打开。

② 回路⑥的线圈 R-MC 中无电流流动，反转用电磁接触器 R-MC 恢复。

③ 回路②的反转用主触点 R-MC 打开。

④ 回路②的驱动用电动机 M 中无电流流动，电动机停止，货物升降机停止在 1 层。

⑤ 回路⑥的自保 a 触点 R-MC-a 打开，自保状态被解除。

⑥ 回路④的 b 触点 R-MC-b 闭合，互锁状态被解除。

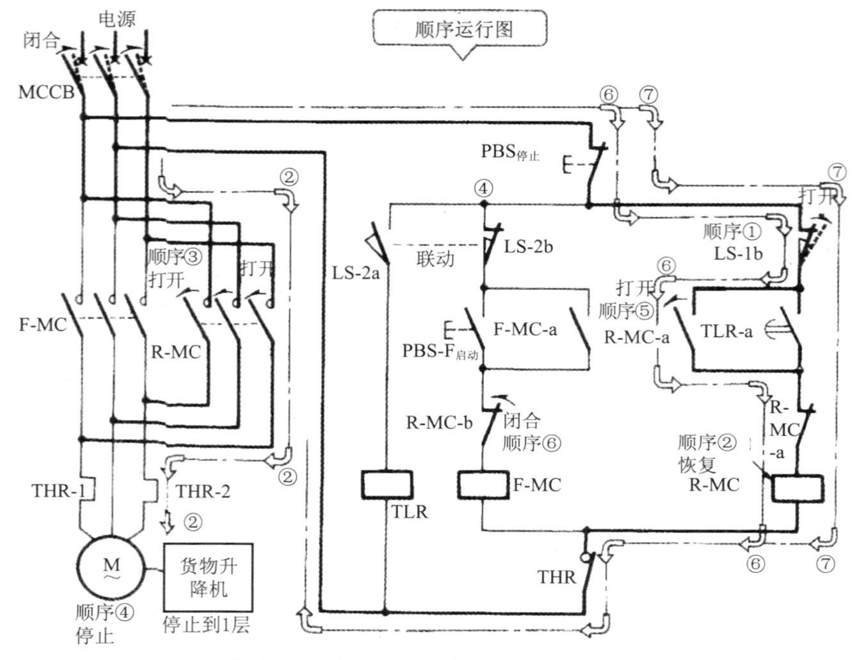

图 5.28　基于限位开关 LS-1 的停止运行

5.7 卷帘门自动开闭控制电路

1. 实物连接图及顺序图

卷帘门自动开闭控制电路实物连接图如图 5.29 所示，其控制顺序图如图 5.30 所示。在大楼和工厂等的入口处广泛地安装了卷帘门，当自动关闭这种卷帘门时是很方便的。

2. 卷帘门的运行

· 卷帘门打开运行顺序如下：

① 加入配线断路器 MCCB（电源开关），当按压回路③的上升用按钮开关 U-ST 时，上升用电磁接触器 U-MC 运行，回路④的自保触点U-MC和回路①的主触点 U-MC 闭合，驱动电动机 M 正转而使卷帘门上升，从而把门打开。

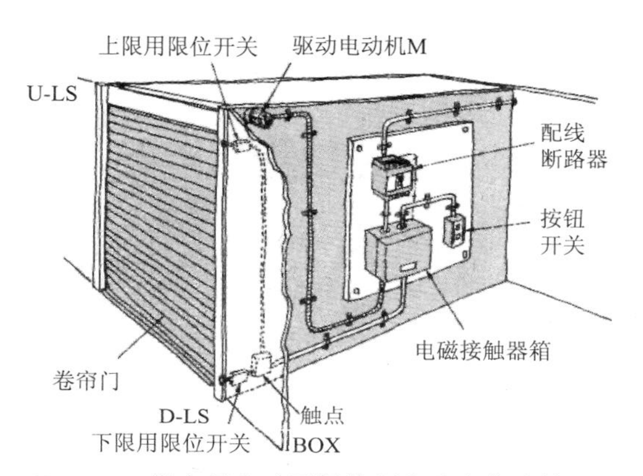

图 5.29 卷帘门自动开闭控制电路实物连接图

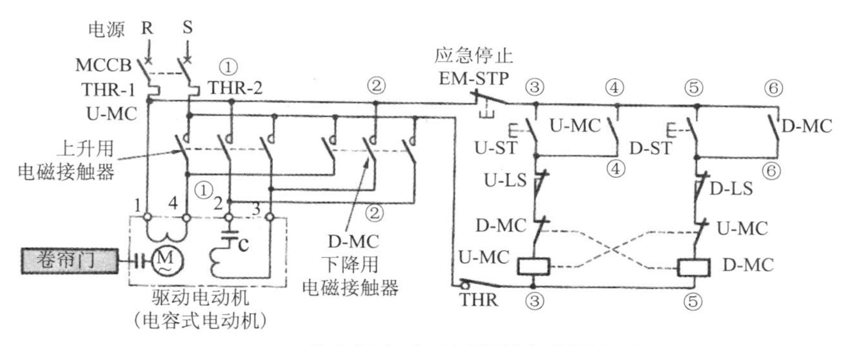

图 5.30 卷帘门自动开闭控制电路顺序图

② 当卷帘门打开到上限位置时,回路③的上限用限位开关U-LS运行而打开电路,从而使上升用电磁接触器 U-MC 恢复。因为回路④的自保触点 U-MC 和回路①的主触点 U-MC 打开,所以驱动电动机 M 停止,卷帘门停止运行。

· 卷帘门的闭合运行顺序如下:

① 按压回路⑤的下降用按钮开关 D-ST,下降用电磁接触器 D-MC 运行,回路⑥的自保触点 D-MC 和回路②的主触点 D-MC 闭合,驱动电动机 M 反转而使卷帘门下降,从而把门关闭。

② 当卷帘门关闭到下限位置时,回路⑤的下限用限位开关D-LS运行,打开电路而使下降用电磁接触器 D-MC 恢复。因为回路⑥的自保触点 D-MC 和回路②的主触点 D-MC 打开,所以驱动电动机 M 停止,卷帘门停止运行。

5.8 泵的反复运转控制电路

1. 实际布线图

泵的反复运转控制电路实际布线图如图 5.31 所示。它能使泵在一定时间内运转并且自动地停止，同时在停止了一定时间以后再度使泵自动地运转。

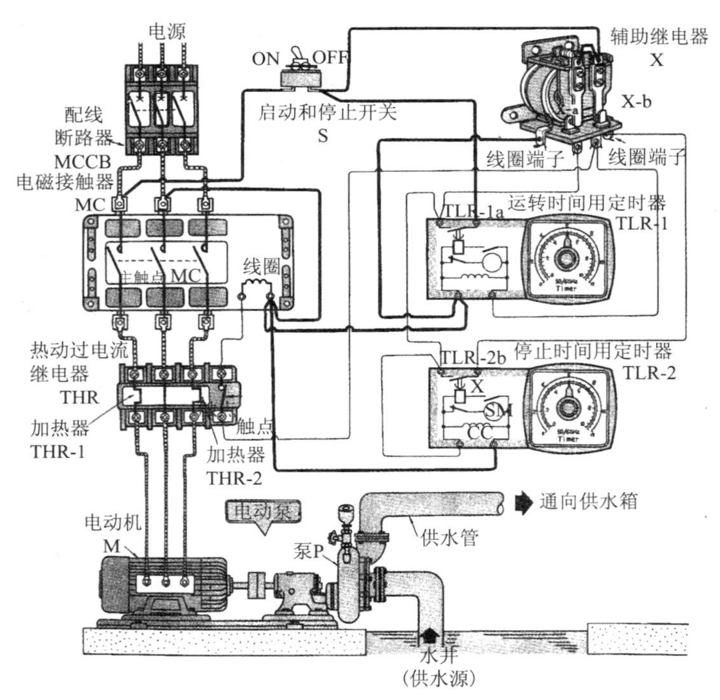

图 5.31 泵的反复运转控制电路实际布线图

2. 泵的反复运转控制电路顺序运行

· 基于启动开关的启动运行过程如图 5.32 所示。当投入启动开关 S 时，驱动用电动机启动，泵开始向上抽水，具体顺序如下：

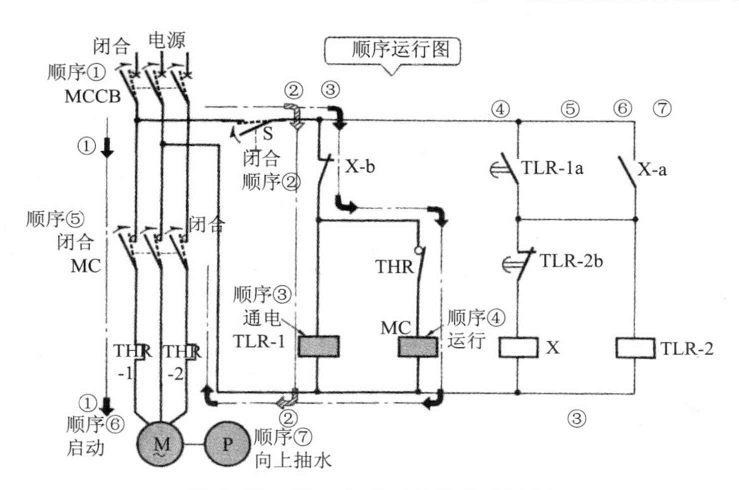

图 5.32 基于启动开关的启动运行

① 闭合回路①的配线断路器 MCCB(电源开关)。

② 闭合回路②的启动开关 S。

③ 回路②的运转时间定时器 TLR-1 被通电。

④ 回路③的线圈 MC 中有电流流动,电磁接触器 MC 运行。

⑤ 回路①的主触点 MC 闭合。

⑥ 回路①的电动机 M 中有电流流过,电动机启动。

⑦ 泵 P 开始旋转,从供水源向上抽水。

· 基于运转时间定时器 TLR-1 的停止运行过程如图 5.33 所示。当经过运转时间定时器 TLR-1 的设定时间(运转时间)后,因为驱动电动机自动停止,所以泵不往上抽水,具体顺序如下:

① 经过定时器 TLR-1 的设定时间,回路④、⑤的限时运行 a 触点 TLR-1a 闭合。

② 回路⑤的线圈 TLR-2 中有电流流过,停止时间定时器 TLR-2 被通电。

③ 回路④的线圈 X 中有电流流过,辅助继电器 X 运行。

④ 回路⑥、⑦的自保 a 触点 X-a 闭合,进入自保状态。

⑤ 回路②、③的 b 触点 X-b 打开。

当触点 X-b 打开时,下列顺序⑥、⑩同时进行。

⑥ 回路③的线圈 MC 中无电流流动,电磁接触器 MC 恢复。

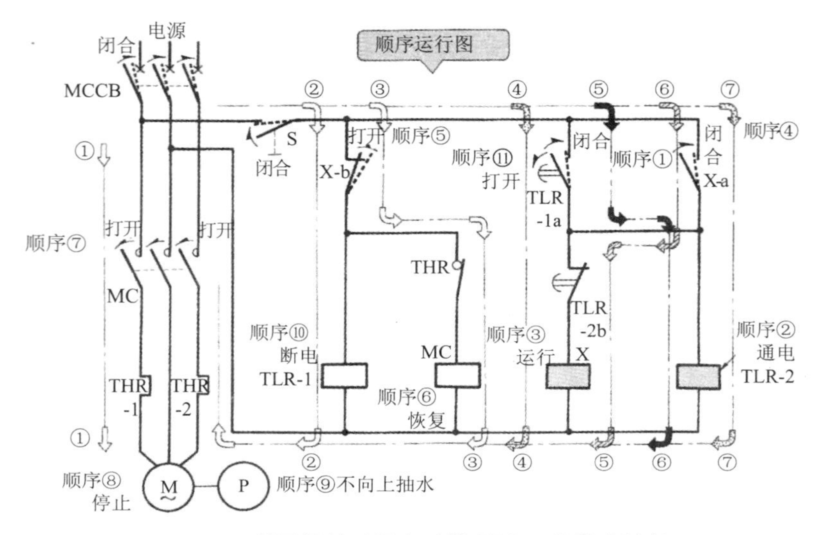

图 5.33　基于运转时间定时器 TLR-1 的停止运行

⑦ 回路①的主触点 MC 打开。

⑧ 回路①的电动机 M 中无电流流动，电动机停止运转。

⑨ 泵 P 停止运转，停止从供水源向上抽水。

⑩ 回路②的线圈 TLR-1 中无电流流过，运转时间定时器 TLR-1 断电。

⑪ 回路④、⑤的限时运行 a 触点 TLR-1a 打开。

· 基于停止时间定时器 TLR-2 的启动运行过程如图 5.34 所示 。当经过停止时间定时器 TLR -2 的设定时间（停止时间）后，因为驱动用电动机自动启动，所以泵向上抽水，具体顺序如下：

① 经过停止时间定时器 TLR-2 的设定时间，回路⑥的限时运行 b 触点 TLR-2b 打开。

② 回路⑥的线圈 X 中无电流流过，辅助继电器 X 恢复。

当辅助继电器 X 恢复时，下列顺序③、⑨同时进行。

③ 回路②、③的 b 触点 X-b 闭合。

④ 回路②的线圈 TLR-1 中有电流流过，运转时间定时器 TLR-1 通电。

⑤ 回路③的线圈 MC 中有电流流过，电磁接触器 MC 运行。

⑥ 回路①的主触点 MC 闭合。

⑦ 回路①的电动机 M 中电流流过，电动机启动。

⑧ 泵 P 旋转，从供水源向上抽水。

⑨ 回路⑥、⑦的自保 a 触点 X-a 打开，解除自保状态。

⑩ 回路⑦的线圈 TLR-2 中无电流流过，停止时间定时器 TLR-2 断电。

⑪ 回路⑥的限时运行 b 触点 TLR-2b 闭合。

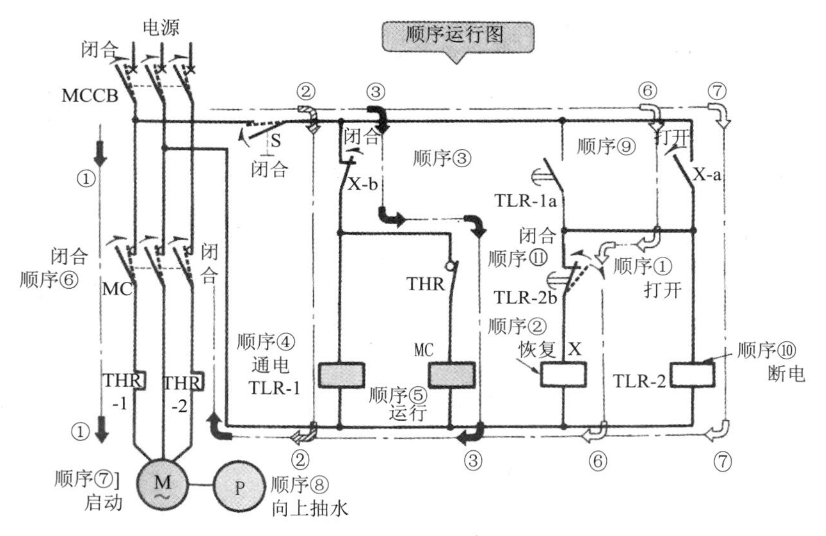

图 5.34　基于停止时间定时器 TLR-2 的启动运行顺序图

5.9 泵的顺序启动控制电路

1. 实际布线图

泵的顺序启动控制电路实际布线图如图 5.35 所示。它表明当按压启动按钮时，在两台泵中，一定从 No. 1 泵开始启动，经过一段时间后，No. 2 泵开始启动。

2. 泵的顺序启动控制电路顺序运行

· No. 1 泵的启动运行过程如图 5.36 所示。当按压启动按钮开关时，No. 1 泵启动并开始向上抽水，具体顺序如下：

① 闭合回路①的配线断路器 MCCB(电源开关)。

② 按压回路③的启动按钮开关 $PBS_{启动}$。

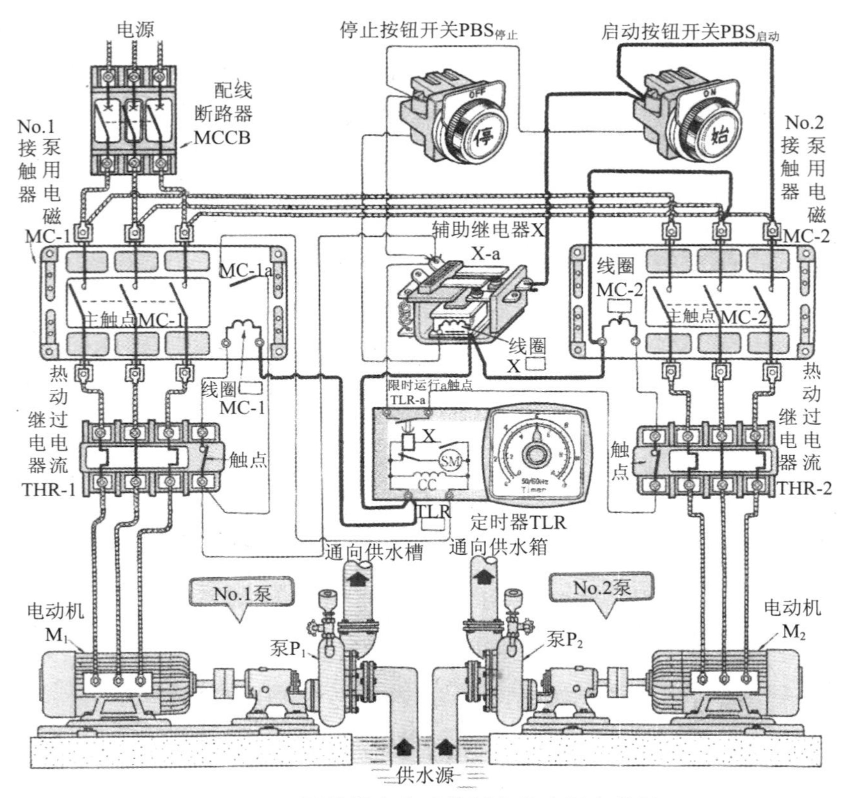

图 5.35 泵的顺序启动控制电路实际布线图

③ 回路③的线圈 X 有电流流过，辅助继电器 X 运行。

④ 回路④的 a 触点 X-a 闭合，进入自保状态。

⑤ 回路⑤的线圈 MC-1 中有电流流过，No. 1 泵用电磁接触器 MC-1 运行。

⑥ 回路①的主触点 MC-1 闭合。

⑦ 回路①的 No. 1 泵驱动用电动机 M_1 启动，泵 P_1 向上抽水。

⑧ 回路⑥的 a 触点 MC-1a 闭合。

⑨ 回路⑥的线圈 TLR 中有电流流过，定时器 TLR 被通电。

⑩ 使按压回路③的启动按钮 $PBS_{启动}$ 的手离开按钮。

· No. 2 泵的启动运行过程如图 5.37 所示。当经过了定时器的设定时间(No. 1 泵与 No. 2 泵之间设定的运转间隔)后，No. 2 泵启动，从而向上抽水，

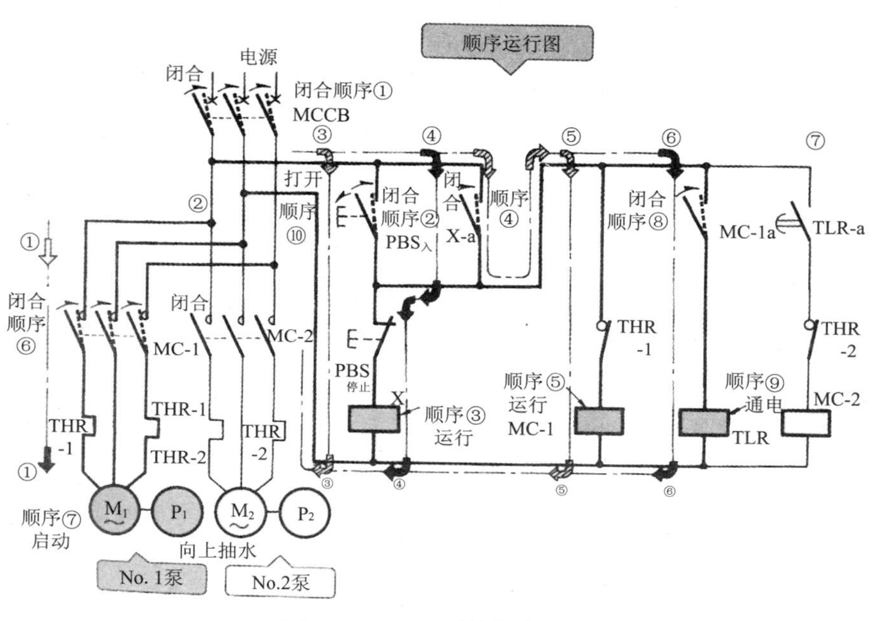

图 5.36 No. 1 泵的启动运行

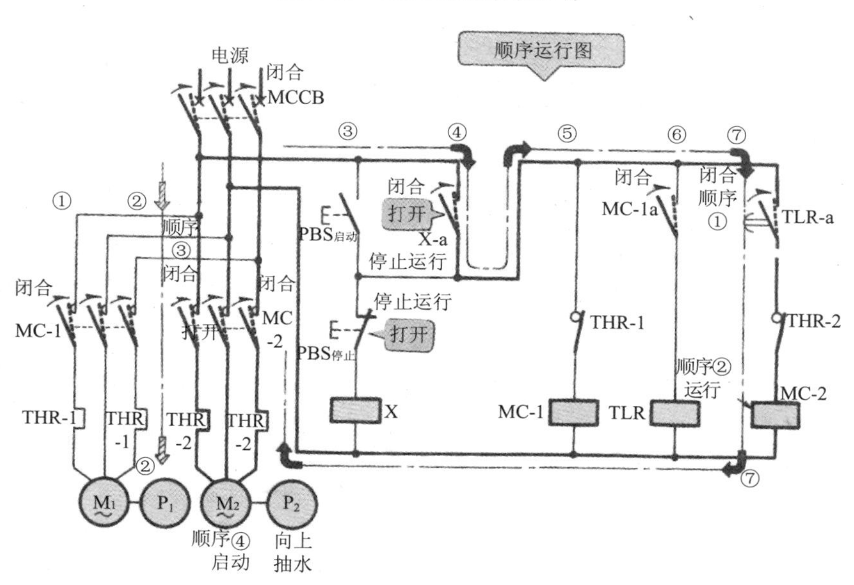

图 5.37 No. 2 泵的启动运行

具体顺序如下：

① 经过定时器 TLR 的设定时间，回路⑦的限时运行 a 触点 TLR-a 闭合。

② 回路⑦的线圈 MC-2 中有电流流过，No. 2 泵用电磁接触器 MC-2 运行。

③ 回路②的主触点 MC-2 闭合。

④ 回路②的 No. 2 泵驱动用电动机 M_2 启动，泵 P_2 向上抽水。

· 当按压停止按钮开关时，No. 1 泵和 No. 2 泵两者同时停止运转，具体顺序如下：

① 按压回路③的停止按钮开关 $PBS_{停止}$，辅助继电器 X 恢复，回路④的 a 触点 X-a 打开。

② 回路⑤的 MC-1 中、回路⑥的 TLR 中和回路⑦的 MC-2 中均无电流流动，均处于恢复状态。

③ 当 MC-1、MC-2 恢复时，回路①的主触点 MC-1、回路②的主触点 MC-2 均打开，No. 1 泵和 No. 2 泵均停止运转。

5.10 防灾设备顺序控制电路

1. 火灾报警器控制电路

在发现火灾的方法中，有一种方法是通过巡视和夜间警戒人员观察并利用人的感官发现的。当然，这种方法不论是在时间上还是在地点上，都是有一定局限性的。

于是，出现了火灾报警器，它在发生火灾时，通过其温度的变化，使热敏传感器运行，并且通过其触点，使蜂鸣器鸣叫，从而发出火警警报信号。图 5.38 所示为双金属片式热敏传感器，当周围的温度变成高温(70℃以上)时，圆形双金属片反转，触点闭合。图 5.39 所示为热敏传感器的应用电路。

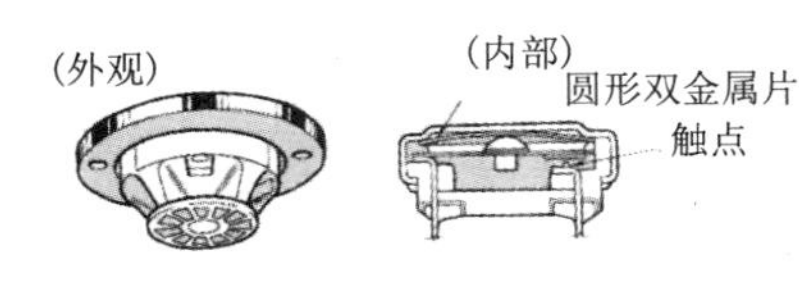

图 5.38　双金属片式热敏传感器

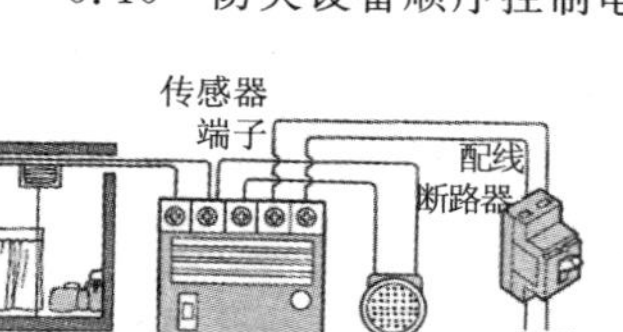

图 5.39 热敏传感器应用电路

火灾报警器的顺序图如图 5.40 所示，具体顺序如下：

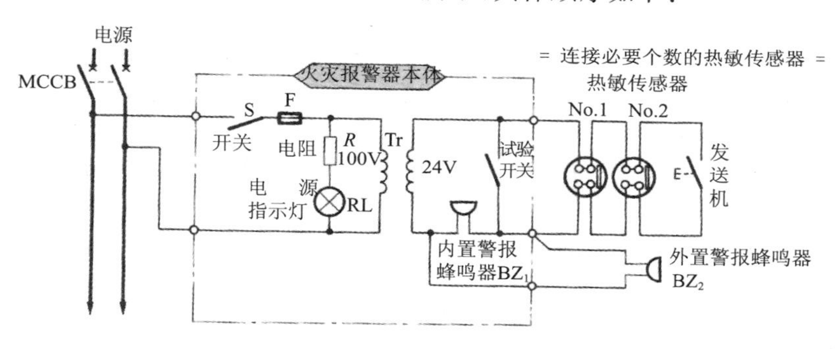

图 5.40 火灾报警器的顺序图

① 闭合火灾报警器的开关 S，电源指示灯点亮。

② 当发生火灾时，因为热敏传感器 No.1 或者 No.2 周围变成高温，所以传感器运行（内部的双金属片弯曲），其触点闭合，内置警报蜂鸣器 BZ_1 和外置警报蜂鸣器 BZ_2 鸣叫，发出警报信号。

③ 当人们发现火灾时，用手指把发送机表面的保护板压破，当按压按钮时，其触点闭合，警报蜂鸣器 BZ_1 和 BZ_2 发出鸣叫。

2. 灭火泵控制电路

所谓灭火泵，就是当发生火灾时，通过按压火灾附近火灾报警器的按钮开关使泵启动，从而把地下蓄水槽中的水向上抽到房上的蓄水箱中，以确保必要的水量用于灭火。因为在灭火过程中需要大量的水，所以即使房上的蓄水箱已充满了水或者地下蓄水槽中的水量达到了规定值以下，灭火泵也不会自动停止运转。

图 5.41 所示为灭火泵控制电路实物连接图。

· 通过Y形连接使泵启动的顺序如下：

① 当发现火灾的人按压火灾报警器的按钮开关 PBS-1 时，回路⑯的

a 触点 PBS-1 闭合，回路⑭的灭火装置用辅助继电器 X_3 运行，在进入自保状态的同时，回路⑯的红灯 RL_1、RL_2 点亮。

② 回路④的 a 触点 X_3-a 闭合，灭火泵用启动条件辅助继电器 X_1 运行，回路⑥的 a 触点 X_1-a 闭合，回路⑩的绿灯 GL 点亮。与此同时，回路⑪的电铃 BL 鸣叫，发出警报信号。

③ 回路⑧的定时器 TLR 被施加电压。与此同时，回路⑥的线圈Y-MC 中有电流流过，使Y连接用电磁接触器Y-MC 运行。

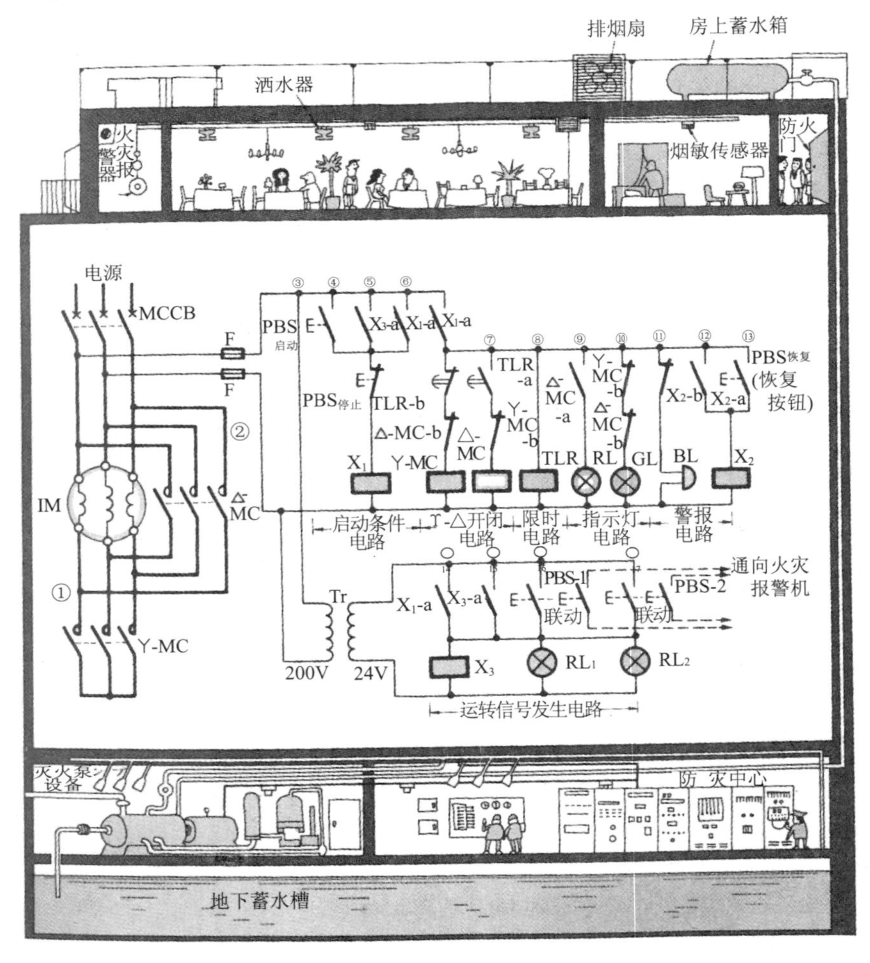

图 5.41　灭火泵控制电路实物连接图

④ 回路①的主触点Y-MC闭合,灭火泵用电动机M通过Y连接启动。灭火泵从地下蓄水槽把水向上抽到房上的蓄水箱中。

· 通过△形连接使泵运转的顺序如下:

① 经过定时器TLR的设定时间,定时器运行,回路⑥的限时运行b触点TLR-b打开,回路⑦的限时运行a触点TLR-a闭合。

② 回路⑥的线圈Y-MC中无电流流过,Y连接用Y-MC恢复,回路①的主触点Y-MC打开。

③ 回路⑦的线圈△-MC中有电流流过,△连接用电磁接触器△-MC运行。回路②的主触点△-MC闭合,因为灭火泵用电动机M变成△连接,所以电动机被加上了全电压,电动机变为运转状态。

④ 回路⑨的a触点△-MC-a闭合,红灯RL点亮,表示泵正在运转中。

· 报警蜂鸣器的恢复运行顺序如下:

当按压回路⑬的恢复按钮$PBS_{恢复}$时,辅助继电器X_2运行,在进入自保状态的同时,回路⑪的b触点X_2-b打开,警报蜂鸣器BZ中无电流流过,蜂鸣器停止鸣叫。

· 灭火泵停止电路的运行顺序如下:

当按压回路④的停止按钮开关$PBS_{停止}$时,回路④的辅助继电器X_1恢复,回路⑥的a触点X_1-a打开,△连接用电磁接触器△-MC恢复,回路②的主触点△-MC打开,灭火泵停止运转。

3. 自动火灾报警设备控制电路

发生火灾时,热敏传感器或者烟敏传感器运行,将火灾信号发送至接收机。接收机把警戒区域内的每一盏火灾发生区域的代码灯和火灾指示灯点亮,并使警报电铃鸣响,防火员就知道在某处发生了火灾。

自动火灾报警设备的运行过程如图5.42所示,具体顺序如下:

① 当利用烟敏传感器或热敏传感器把火灾信号传送到接收机时,火灾指示灯点亮,火灾地区代码编号窗点亮,电铃鸣响。

② 根据接收机的发生区域指令$B_1 \sim B_n$的运行,与之对应的辅助继电器$X_1 \sim X_n$运行。

③ 火灾发生层的指示继电器$XF_1 \sim XF_m$运行。

④ 图形揭示板的指示灯$R_1 \sim R_m$闪烁点亮,电铃鸣响,从而得知火灾发生的楼层。

⑤ 通向应急广播电路和控制室中集中管理装置的触点闭合。

⑥ 当地下停车场发生火灾时，二氧化碳排放用指令触点、防火门、防火百叶窗和排烟门的闭合指令触点均被闭合。

⑦ 按压电铃停止按钮开关，辅助继电器 BL_X 运行，电铃停止鸣响。

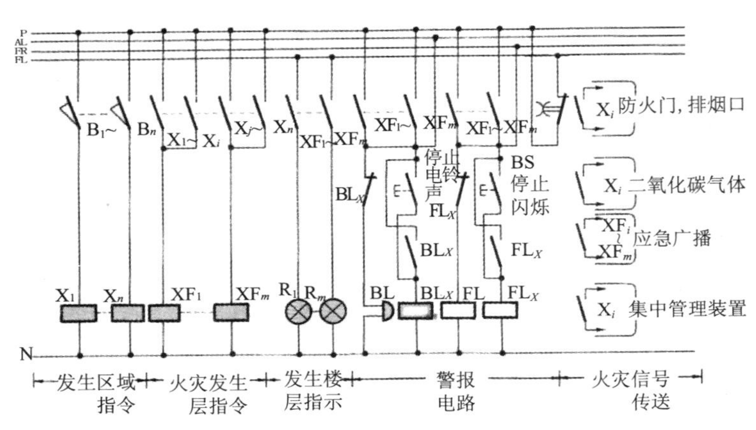

图 5.42　自动火灾报警设备运行顺序图

5.11 停车场设备顺序控制电路

1. 停止场空位及满位指示控制电路

所谓停车场的空位及满位控制，就是利用光电开关对停车场内是否有空闲车位进行检测，或者说对停车场内是否已停满车辆进行检测，然后再利用基于电磁继电器触点的 AND 电路和 OR 电路，用指示灯进行指示。

停车场空位及满位指示控制电路顺序图如图 5.43 所示，具体顺序如下：

① 当汽车进入 No.1 车位时，因为回路①的光电开关 PH_1 被车体将光遮断，所以其 a 触点 PH_1-a 闭合。

② 回路①的辅助继电器 X_1 运行，回路④的 a 触点 X_1-a 闭合，回路⑤的 b 触点 X_1-b 被打开。

③ 在回路④中，即使触点 X_1-a 闭合，因为触点 X_2-a、触点 X_3-a 打开，所以红灯仍然是熄灭的。

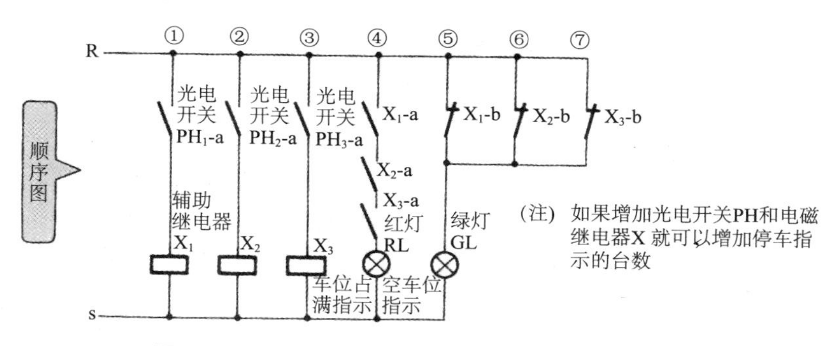

图 5.43 停车场空位及满位指示控制电路顺序图

④ 即使回路⑤的触点 X_1-b 打开，因为回路⑥的触点 X_2-b、电路⑦的触点 X_3-b 闭合，所以绿灯仍然是点亮的。

⑤ 当汽车进入 No. 2 车位时，回路②的光电开关 PH_2 的 a 触点 PH_2-a 闭合，辅助继电器 X_2 运行。

⑥ 回路④的 a 触点 X_2-a 闭合，回路⑥的 b 触点 X_2-b 打开。

⑦ 在回路④中，因为触点 X_3-a 打开，所以红灯 RL 熄灭，另外，因为回路⑦的触点 X_3-b 闭合，所以绿灯 GL 仍然点亮。

⑧ 当汽车进入 No. 3 车位时，回路③的光电开关 PH_3 的 a 触点 PH_3-a 闭合，辅助继电器 X_3 运行。

⑨ 回路④的 a 触点 X_3-a 闭合，回路⑦的 b 触点 X_3-b 打开。

⑩ 在回路④中，因为触点 X_1-a、X_2-a、X_3-a 闭合，所以红灯点亮，表示车位已经被占满。

⑪ 因为触点 X_1-b、X_2-b、X_3b 全都被打开，所以绿灯熄灭，空车位的指示被清除。

2. 停车场卷帘门自动开闭控制电路

如图 5.44 所示，当汽车开到接近卷帘门的地方，光电开关 PH_1 的光被遮断时，卷帘门自动打开，并且利用上限限位开关 U-LS 使卷帘门停止运行。当汽车通过卷帘门后，遮断下一个光电开关 PH_2 的光时，卷帘门自动关闭并且利用下限限位开关 D-LS 使卷帘门停止运行。

停车场卷帘门自动开闭控制电路顺序图如图 5.45 所示，具体顺序如下：

① 卷帘门打开的运行（注：从停车场内部驶出时也要作同样的运行）。

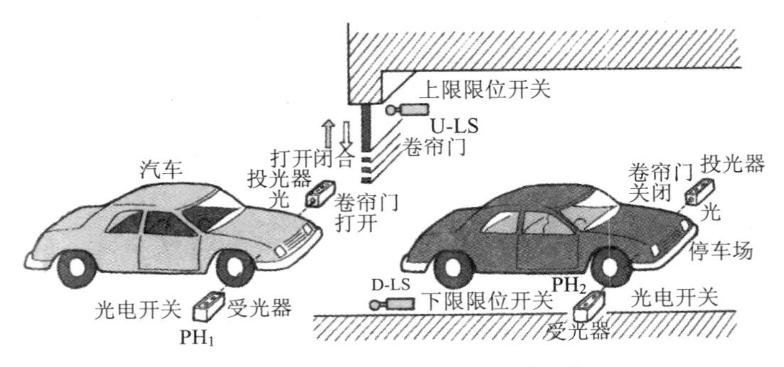

图 5.44　停车场卷帘门的自动开闭

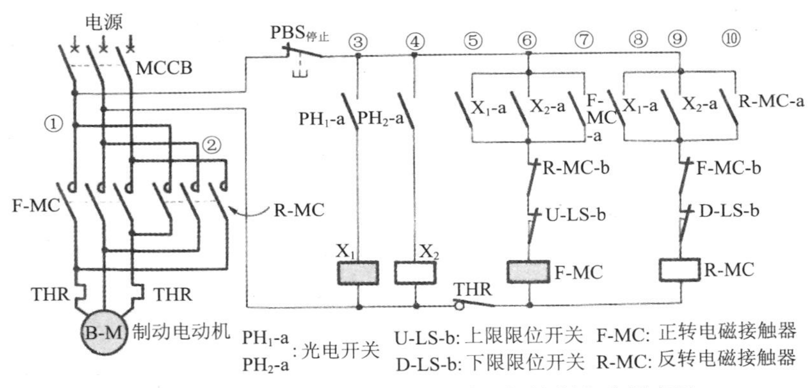

图 5.45　停车场卷帘门自动开闭控制电路顺序图

• 当汽车遮断停车场卷帘门前光电开关 PH_1 的光时，回路③的 a 触点 PH_1-a 闭合，辅助继电器 X_1 运行，回路⑤的 a 触点 X_1-a 闭合，正转用电磁接触器 F-MC 运行。

• 回路①的主触点 F-MC 闭合，制动电动机B・M 向正方向旋转，卷帘门上升，门被打开。

• 当卷帘门上升并且接触到上限限位开关 U-LS 时，回路⑥的 b 触点 U-LS-b 打开，正转用 F-MC 恢复，回路①的主触点 F-MC 打开，制动电动机 B・M 停止运转，卷帘门停止运行。

② 卷帘门闭合的运行(注：卷帘门在上限停止以前也经过相同的运行)。

• 当汽车通过并遮断光电开关 PH_2 的光时，回路④的 a 触点 PH_2-a 闭合，辅助继电器 X_2 运行，回路⑨的 a 触点 X_2-a 闭合，反转用电磁接触器 R-MC 运行。

• 回路②的主触点 R-MC 闭合，制动电动机B・M 反方向旋转，使卷帘门下降从而关闭卷帘门。

• 当卷帘门下降并且与下限限位开关 D-LS 接触时，回路⑨的 b 触点 D-LS-b 打开，反转用 R-MC 恢复，回路②的主触点 R-MC 打开，制动电动机 B・M 停止，卷帘门停止运行。

第6章

电工常用数字电路

6.1 基于数字电路的电动机启动控制电路

1. 基于继电器顺序控制的电动机启动控制电路

电动机励磁启动法无需采用特别的启动装置，当按下启动开关按钮后，通过电磁接触器的简单操作，使电动机从加载的电源上获得较大启动力矩；若电源容量与电动机容量相比较为充裕时，相当大的电动机也可采用此方法。

电源开关采用配线用断路器 MCCB，三相感应电动机（以下称电动机）电路的开闭由电磁接触器 MS 控制，其开闭动作由启动按钮 ST-BS（ON）及停止按钮 STP-BS（OFF）两个按钮开关操作，热敏继电器 THR 作为电动机的过电流保护装置。

电动机励磁启动实际配线图如图 6.1 所示。

2. 基于继电器顺序控制的电动机启动动作

电动机启动顺序如图 6.2 所示，按下启动按钮开关 ST-BS，辅助继电器 X 动作，使电磁接触器 MS 动作，从而电动机 M 启动，绿灯 GL 灭，红灯 RL 亮，表示电动机进入运转状态，具体顺序如下：

①F回路，闭合电源开关配线用断路器 MCCB。

②D回路，绿灯点亮，表示电源接通。

③A回路，按下启动开关 ST-BS，则辅助继电器的线圈 X 上有电流流过，辅助继电器 X 动作。

④B回路，辅助继电器保持触点 X 闭合，进入自保状态。

⑤C回路，辅助继电器 a 触点闭合，电磁接触器的线圈 MS 上有电流流过，电磁接触器 MS 动作。

⑥D回路，辅助继电器 b 触点打开，绿灯 GL 灭。

⑦E回路，辅助继电器 a 触点闭合，红灯 RL 亮（表示运转）。

⑧F回路，电磁接触器 MS 动作，主触点 MS 闭合，电动机 M 外加电压开始转动。

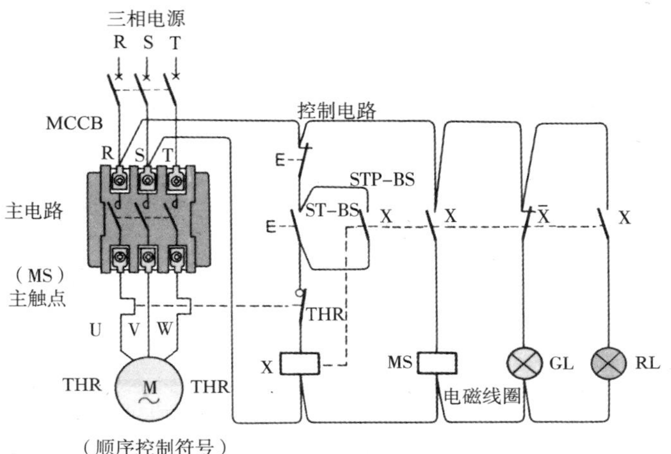

图 6.1 电动机励磁启动实际配线图

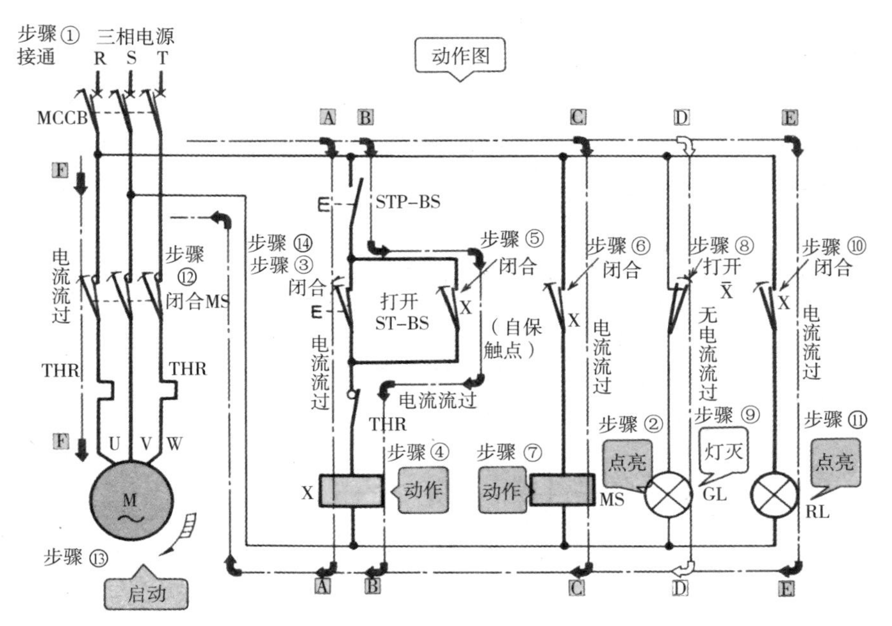

图 6.2 电动机启动顺序控制图

3. 基于继电器顺序控制的电动机停止动作

电动机停止顺序如图 6.3 所示，按下停止按钮 STP-BS 时，辅助继电器 X 复位，电磁接触器 MS 也复位，从而电动机 M 停止，红灯 RL 灭，绿灯 G_2亮，表示电动机进入停止状态，具体顺序如下：

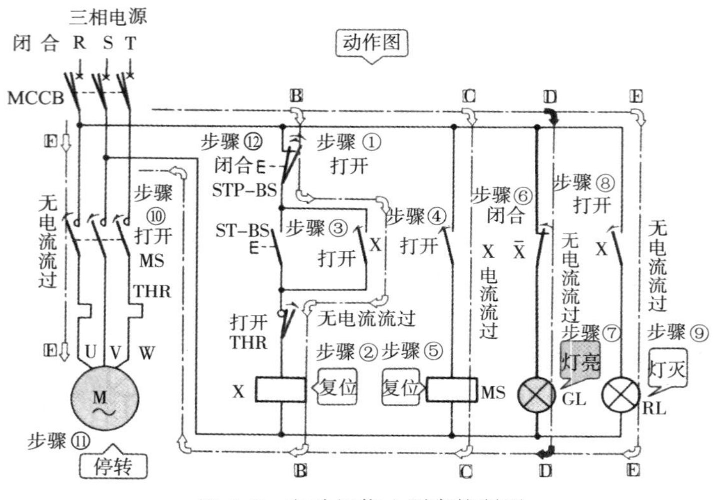

图 6.3　电动机停止顺序控制图

① B 回路，按下停止按钮开关 STP-BS，辅助继电器的线圈 X 上无电流流过，辅助继电器 X 复位，自锁触点 X 打开，自保状态被解开。

② C 回路，辅助继电器 a 触点 X 打开，电磁接触器线圈 MS 上无电流流过，电磁接触器 MS 复位。

③ D 回路，辅助继电器 b 触点 $\bar{X}$闭合，绿灯 GL 亮(表示停止)。

④ E 回路，辅助继电器 a 触点 X 打开，红灯 RL 灭。

⑤ F 回路，电磁接触器 MS 复位，主触点 MS 打开，电动机 M 上无外加电压，电动机停止运转。

· 由热敏继电器动作引起停止时，具体顺序如下：

① F 回路，当电动机的主电路中电流过大时，热敏继电器的加热器被加热，使热敏继电器动作。

② B 回路，热敏继电器 b 触点 THR 打开，辅助继电器 X 复位，这与按下停止按钮开关时的动作状态相同。

4. 电动机启动控制的数字电路图

电动机启动控制的数字电路图如图 6.4 所示。

5. 基于数字电路的电动机启动控制

基于数字电路的电动机启动控制如图 6.5 所示。

· 外部机器触点的动作:

① A回路,按下启动按钮开关 ST-BS,其 a 触点闭合,输入绝缘用继电器 A_1 动作。

② B回路,因没按下停止按钮开关 STP-BS,其 a 触点打开,输入绝缘用继电器 A_2 处于复位状态。

③ C回路,因热敏继电器无动作,故 b 触点闭合,输入绝缘用继电器 A_3 动作。

· 输入电路的动作:

① D1～G1回路,继电器 A_1 动作,a 触点的 A_1(D1回路)打开,Tr_{11} 处于 ON 状态,Tr_{12} 处于 OFF 状态,输出 A_{11} 为 1。

② D2～G2回路,继电器 A_2 复位,a 触点的 A_2(D2回路)打开,Tr_{21} 处于 OFF 状态,Tr_{22} 处于 ON 状态,故输出 A_{22} 为 0。

③ D3～G3回路,因继电器 A_3 动作,b 触点 $\overline{A_3}$(D3回路)打开,Tr_{31} 处于 ON 状态,输出 A_{33} 为 0。

· 逻辑电路的动作:

① OR 电路,该电路输入 A_{11}(H回路)为 1,故输出(J回路)为 1[自保信号(Q回路)经 AND 电路的输出(P回路)为 1 后送回]。

② NOT[1]电路,该电路的输入 A_{22}(K回路)为 0,故输出(L回路)为 1。

③ NOT[2]电路,该电路的输入 A_{33}(M回路)为 0,故输出(N回路)为 1。

④ AND 电路,该电路的输入J回路为 1,L回路为 1,N回路也为 1,故输出(P回路)为 1,此时即使不按下启动按钮开关 ST-BS,因自保信号为 1(Q回路),输出(P回路)也保持为 1。

⑤ NOT[3]电路,该电路的输入(W回路)为 1,故输出(X回路)为 0。

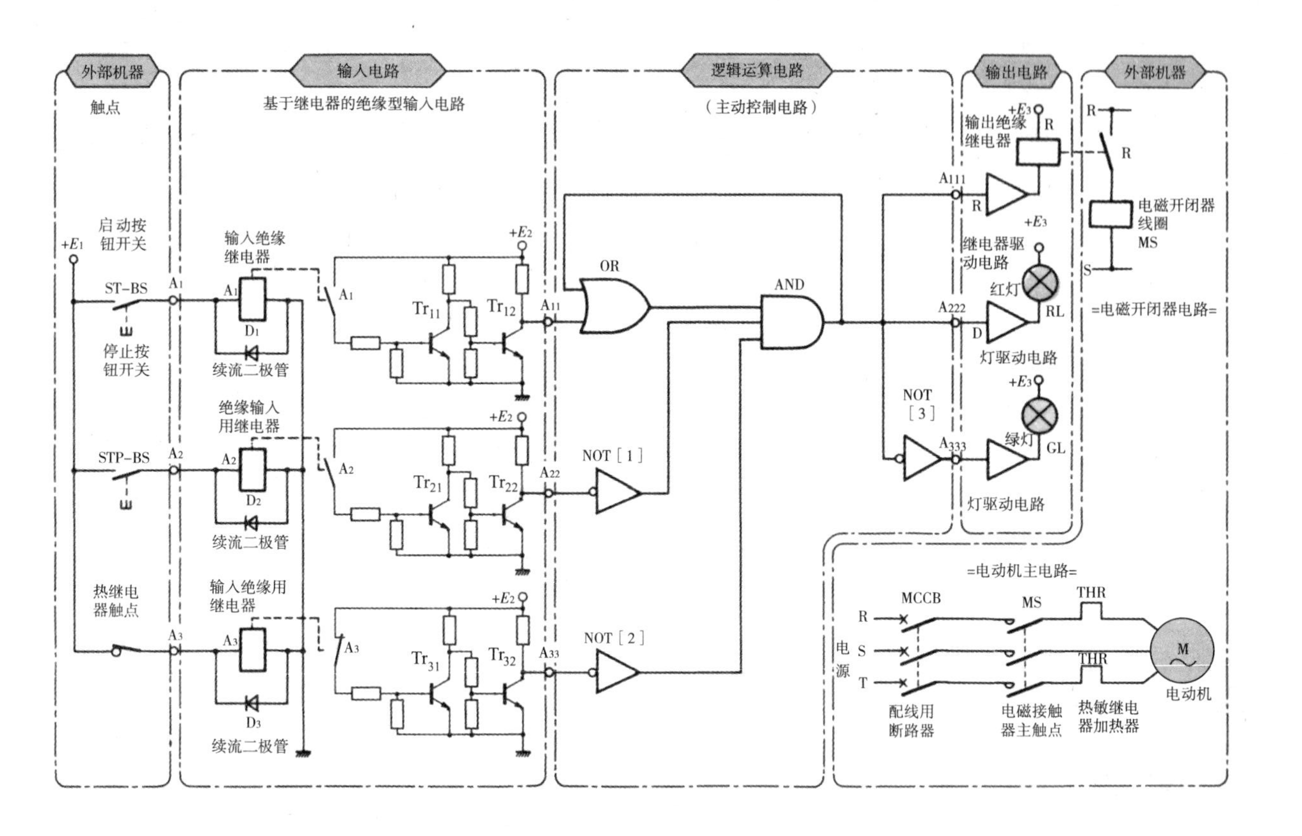

图 6.4 电动机启动控制的数字电路图

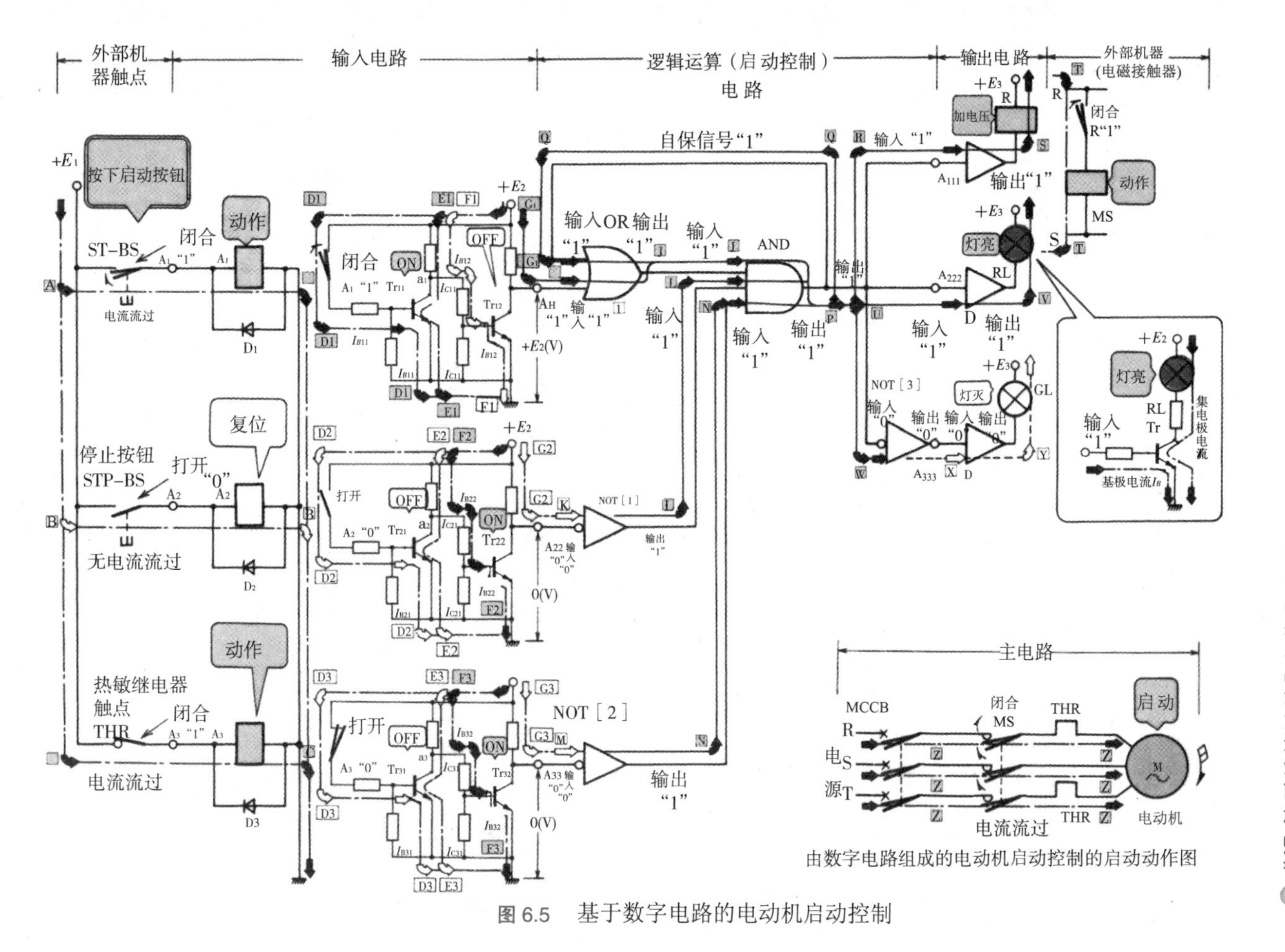

图 6.5　基于数字电路的电动机启动控制

· 输出电路的动作：

① R 回路，继电器驱动电路的输入（R 回路）为 1，故输出（S 回路）也为 1，输出绝缘用继电器 R 动作。

② U 回路，指示灯驱动电路的输入（U 回路）为 1，故输出（V 回路）也为 1，红灯 RL 亮（表示运转）。

③ X 回路，指示灯驱动电路的输入（X 回路）为 0，故输出（Y 回路）为 0，绿灯 GL 灭。

· 电动机主电路的动作：

① T 回路，继电器 R 动作，其 a 触点 R 闭合，电磁接触器 MS 动作。

② Z 回路，电磁接触器一动作，其主触点 MS 闭合，电动机 M 上外加了电压，电动机开始启动运转。

6. 基于数字电路的电动机停止控制

基于数字电路的电动机停止控制如图 6.6 和图 6.7 所示，具体顺序如下：

· 外部机器触点的动作：

① B 回路，按下停止按钮 STP-BS 时，a 触点闭合，输入绝缘用继电器 A_2 动作。

② A 回路，因启动按钮没有按下，继电器 A_1 复位（自保信号为 1 时，放开按钮）。

③ C 回路，因热敏继电器无动作，故继电器 A_3 动作。

· 输入回路的动作：

① D1 ～ G1 回路，继电器 A_1 复位，输出 A_{11} 为 0。

② D2 ～ G2 回路，继电器 A_2 动作，a 触点 A_2（D1 回路）闭合，故 Tr_{21} 处于 ON，Tr_{22} 处于 OFF 状态，输出 A_{22} 为 1。

③ D3 ～ G3 回路，继电器 A_3 动作，故输出 A_{33} 为 0。

· 逻辑电路的动作：

① OR 电路，该电路的输入自保信号为 1（Q 回路），故输出（J 回路）为 1[AND 电路信号 0（L 通路）进入之前的状态]。

② NOT[1]电路，输入 A_{22} 为 1（K 回路），故输出（L 回路）为 0。

③ NOT[2]电路，输入 A_{33} 为 0（M 回路），故输出（N 回路）为 0。

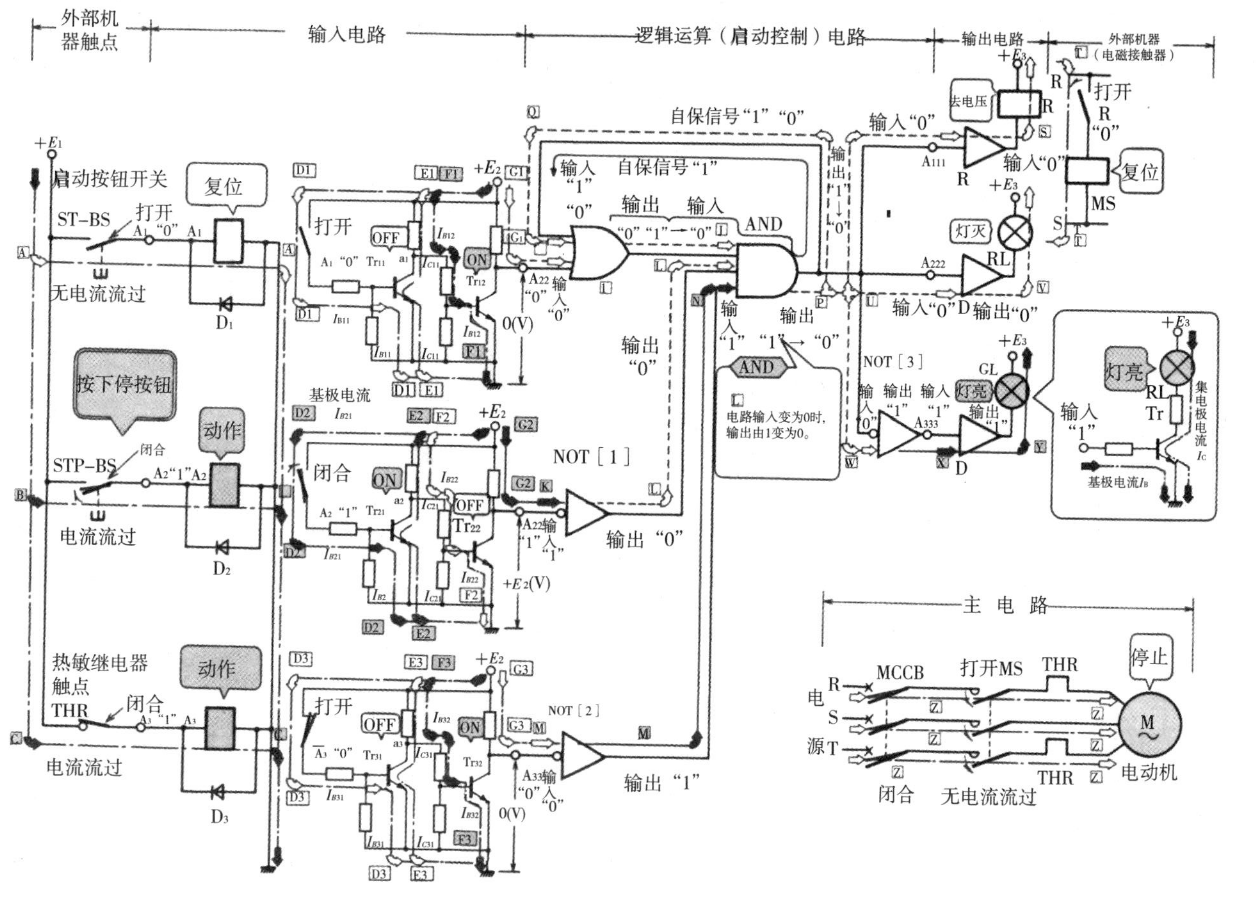

图 6.6 基于数字电路的电动机停止控制（Ⅰ）

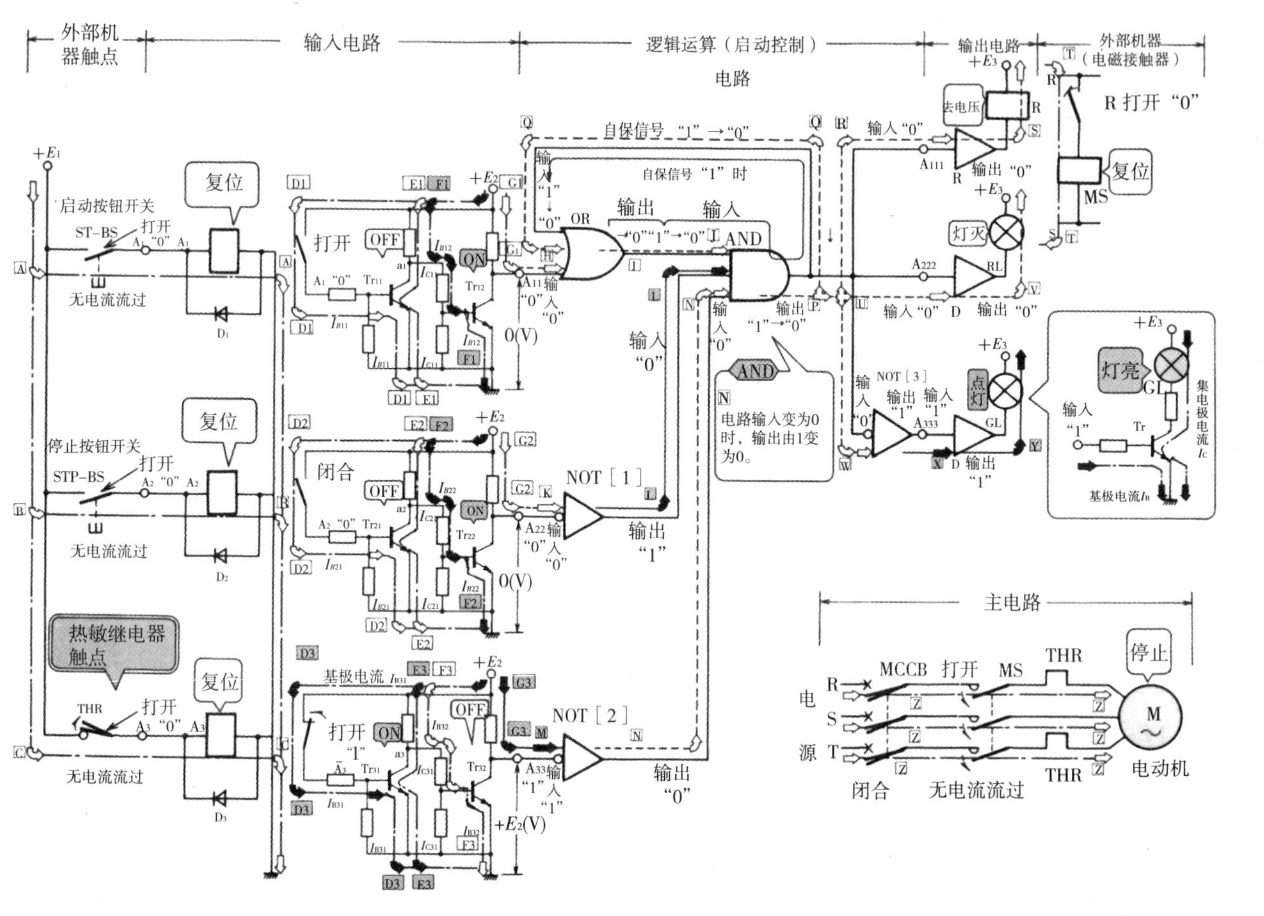

图 6.7　基于数字电路的电动机停止控制（Ⅱ）

④ AND 电路，该电路的输入[J]回路为 1，[L]回路为 0，[N]回路为 1，故输出([P]回路)为 0[此时自保信号为 0，OR 电路的输出([J]回路)也为 0]。

⑤ NOT[3]，该电路的输入([W]回路)为 0，故输出([X]回路)为 1。

· 输出电路的动作：

① [R]回路，输入为 0([R]回路)，故输出([S]回路)为 0，继电器 R 复位。

② [U]回路，输入为 0([U]回路)，故输出([V]回路)为 0，红灯灭。

③[X]回路，输入为 1([X]回路)，故输出([Y]回路)为 1，绿灯亮。

· 电动机主电路的动作：

① [T]回路，继电器 R 复位，其 a 触点 R 打开，电磁接触器 MS 复位。

② [Z]回路，电磁接触器 MS 复位，其主触点 MS 打开，电动机 M 上无外加电压，电动机停止。

6.2 基于数字电路的电动机限时控制电路

1. 基于继电器顺序控制的电动机限时控制电路

电动机限时控制是指电动机运转一定时间后能自动停止，也称为间隔运转控制。

电源开关采用配线用断路器 MCCB，电动机主回路的直接开闭由电磁接触器 MS 控制，其开闭操作采用启动按钮开关 ST-BS 控制，且用 TLR 设定电动机一定的运转时间，如图 6.8 所示。

2. 基于继电器顺序控制的电动机限时控制启动动作

电动机限时控制的启动动作顺序如图 6.9 所示，具体顺序如下：

① 闭合电动机主电路([H]回路)的配线用断路器 MCCB，绿灯 GL([F]回路)亮，表示电源接通。

② 按下启动按钮开关 ST-BS([A]回路)，辅助继电器 X 动作，自保触点([C]回路)闭合，进入自保状态，同时定时器 TLR([B]回路、[D]回路)加

上了电压。

③ 辅助继电器 X 动作，电磁接触器 MS(E回路)动作，主触点 MS(H回路)闭合，电动机 M 开始运转；辅助继电器 X 动作，b 触点$\overline{X}$(F回路)打开，绿灯 GL(F回路)灭，a 触点 X(G回路)闭合，红灯 RL(G回路)点亮。

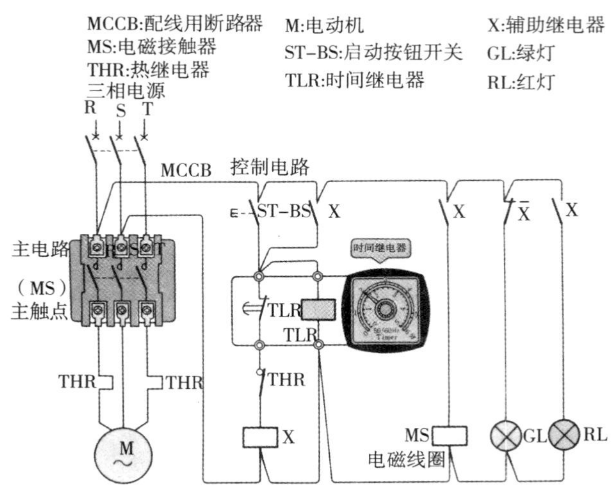

图 6.8 电动机限时控制电路

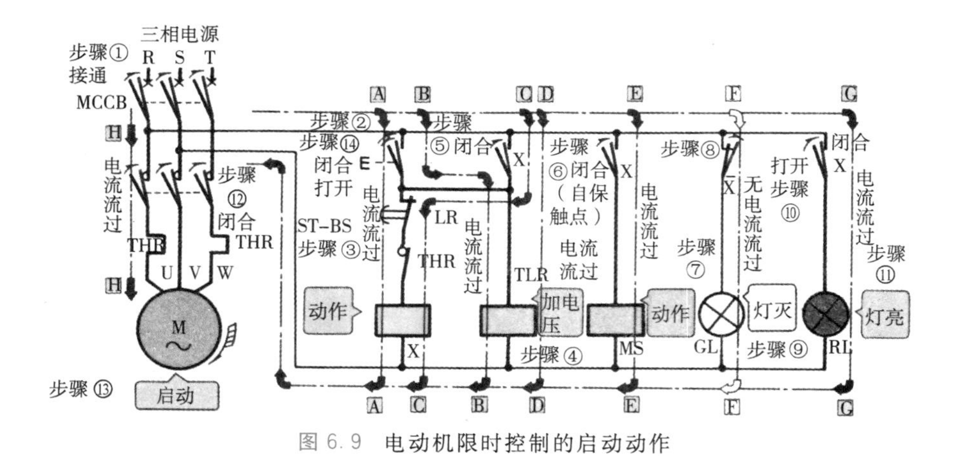

图 6.9 电动机限时控制的启动动作

3. 基于继电器顺序控制的电动机限时控制停止动作

电动机限时控制停止动作如图 6.10 所示，具体顺序如下：

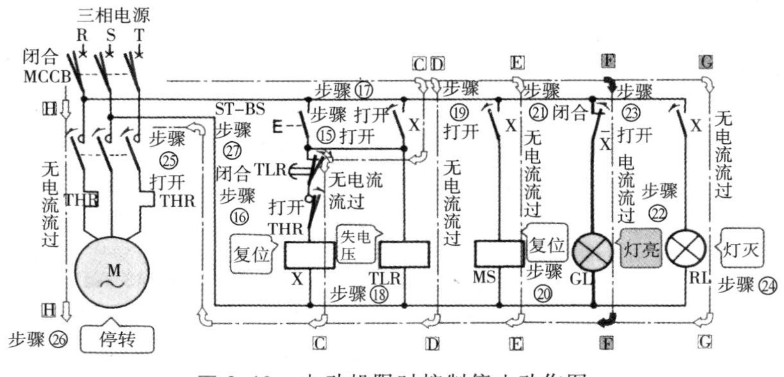

图 6.10　电动机限时控制停止动作图

① 定时器经过设定时间后，限时动作 b 触点（C回路）打开，辅助继电器 X 复位，自保触点 X（C回路）打开，自保状态被解开，定时器 TLR（D回路）复位。

② 辅助继电器 a 触点 X（E回路）打开，电磁接触器 MS 复位，主触点 MS（H回路）打开，电动机 M 停止运转。

③ 辅助继电器 b 触点 $\overline{X}$（F回路）闭合，绿灯 GL（F回路）点亮，a 触点 X（G回路）打开，红灯 RL（G 回路）灭。

④ 热继电器 THR（A回路、C回路）由于过电流动作时，电动机 M 停止运转。

4. 电动机限时控制的数字电路图

电动机限时控制的数字电路图如图 6.11 所示。

5. 基于数字电路的电动机限时控制启动动作

基于数字电路的电动机限时控制启动动作如图 6.12 所示，具体顺序如下：

- 外部机器触点的动作：

① A回路，按下启动按钮开关 ST-BS，a 触点闭合，输入绝缘用继电器 A_1 动作。

② B回路，因热敏继电器不动作，其b触点THR闭合，输入绝缘用继电器A_2动作。

· 输入回路的动作：

① C_1～F_1回路，继电器A_1动作，a触点A_1（C_1回路）闭合，Tr_{11}处于ON状态，Tr_{12}处于OFF状态，输出A_{11}为1。

② C_2～F_2回路，继电器A_2动作，b触点$\overline{A_2}$（C_2回路）打开，Tr_{21}处于OFF状态，Tr_{22}处于ON状态，输出A_{22}为0。

· 逻辑电路的动作：

① OR电路，该电路的输入A_{11}为1（G回路），故输出（I回路、H回路）为1[自保信号（P回路）经AND电路输出（N回路）为1后送回]。

② TDE电路，该电路的输入（I回路）为1，在设定时间经过之前输入即使为1，输出（J回路）为0。

③ NOT[1]电路，该电路的输入（J回路）为0，故输出（K回路）为1。

④ NOT[2]电路，该电路的输入A_{22}（L回路）为0，故输出（M回路）为1。

⑤ AND电路，该电路的输入H回路为1，K回路为1，M回路为1，故输出N回路为1[这时即使放开启动按钮开关ST-BS，通过自锁信号（P回路）的1，输出（N回路）保持为1]。

⑥ NOT[3]电路，该电路的输入（V回路）为1，故输出（W回路）为0。

· 输出电路的动作：

① Q回路，输入为1（Q回路），故输出（R回路）也为1，输出绝缘用继电器R动作。

② T回路，输入为1（T回路），故输出（U回路）也为1，红灯RL亮（表示运转）。

③ W回路，输入为0（W回路），故输出（X回路）为0，绿灯GL灭。

· 电动机主电路的动作：

① S回路，因继电器R动作，其a触点R闭合，电磁接触器MS动作。

② Y回路，电磁接触器MS动作，其主触点MS闭合，电动机M上外加电压，电动机开始转动。

6. 基于数字电路的电动机限时控制停止动作

电动机限时控制停止动作如图 6.13 及图 6.14 所示，具体顺序如下：

· 外部机器触点的动作：

① A回路，因启动按钮 ST-BS 没有按下，继电器 A_1 复位（自保信号为1 时，放开按钮）。

② B回路，因热敏继电器没有动作，继电器 A_2 动作。

· 输入电路的动作：

① C_1～F_1回路，继电器 A_1 复位，故输出 A_{11} 为 0。

② C_2～F_2回路，继电器 A_2 动作，故输出 A_{22} 为 0。

· 逻辑电路的动作：

① OR 电路，这一回路的输入因自保信号（P回路）为 1，故输出（I回路、H回路）保持为 1[AND 电路的停止信号 0（K回路）表示进入之前的状态]。

② TDE 回路，该电路的输入（I回路）为 1，这一状态下当经过通电延迟设定时间后瞬间输出（J回路）变为 1。

③ NOT[1]电路，该电路的输入（J回路）为 1，故输出（K回路）为 0。

④ NOT[2]电路，该电路的输入 A_{22} 为 0（L回路），故输出M为 1。

⑤ AND 电路，该电路的输入H回路为 1，K回路为 0，M回路为 1，故输出（N回路）为 0[瞬间自保信号（P回路）也变为 0]。

⑥ NOT[3]电路，该电路的输入（V回路）为 0，故输出（W回路）为 1。

· 输出电路的动作：

① Q回路，因输入为 0（Q回路），故输出（R回路）为 0，输出绝缘用继电器 R 复位。

② T回路，因输入为 0（T回路），故输出（U回路）为 0，红灯 RL 灭。

③ W回路，因输入为 1（W回路），故输出（X回路）为 1，绿灯 GL 亮。

· 电动机主电路的动作：

① S回路，继电器 R 复位，其 a 触点 R 打开，电磁接触器 MS 复位。

② Y回路，电磁接触器 MS 复位，主触点 MS 打开，电动机 M 上无外加电压，电动机停止运转。

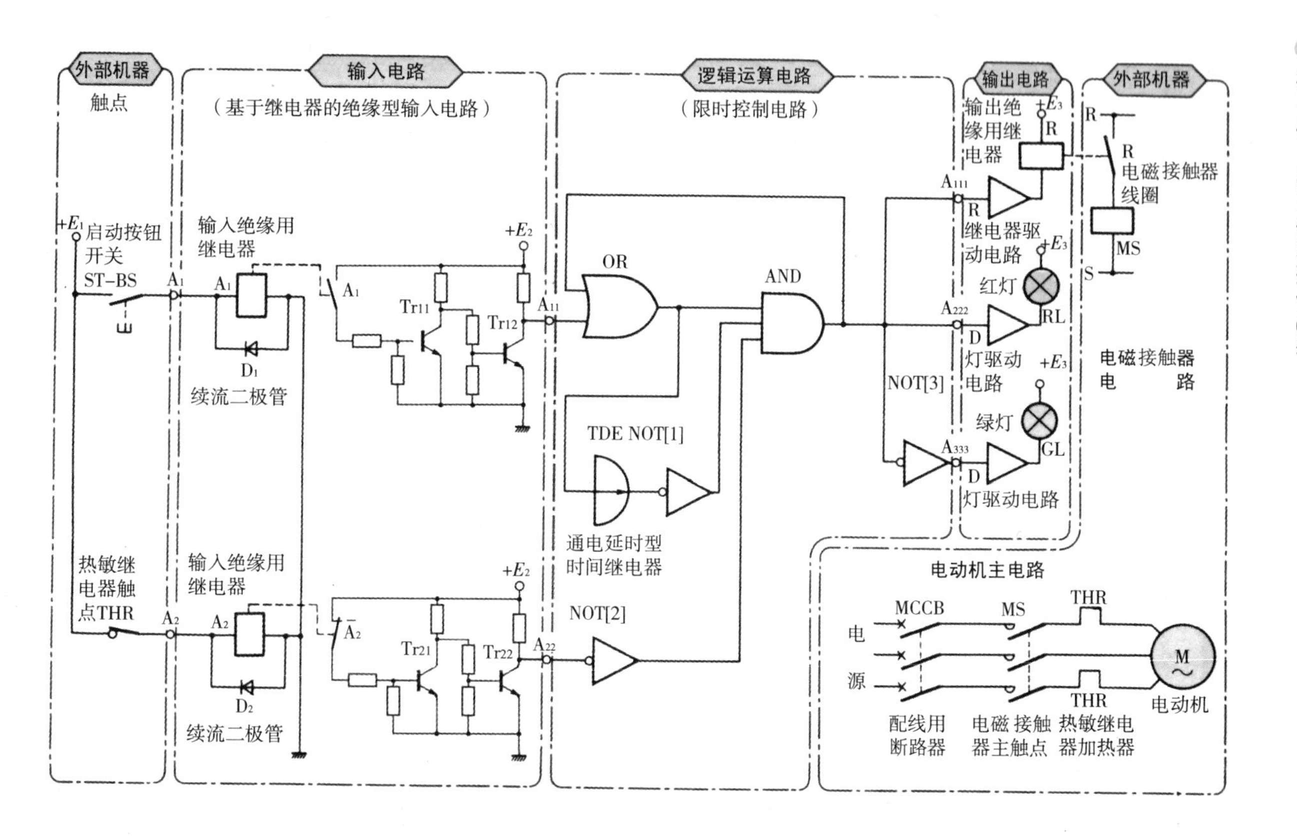

图 6.11　电动机限时控制的数字电路图

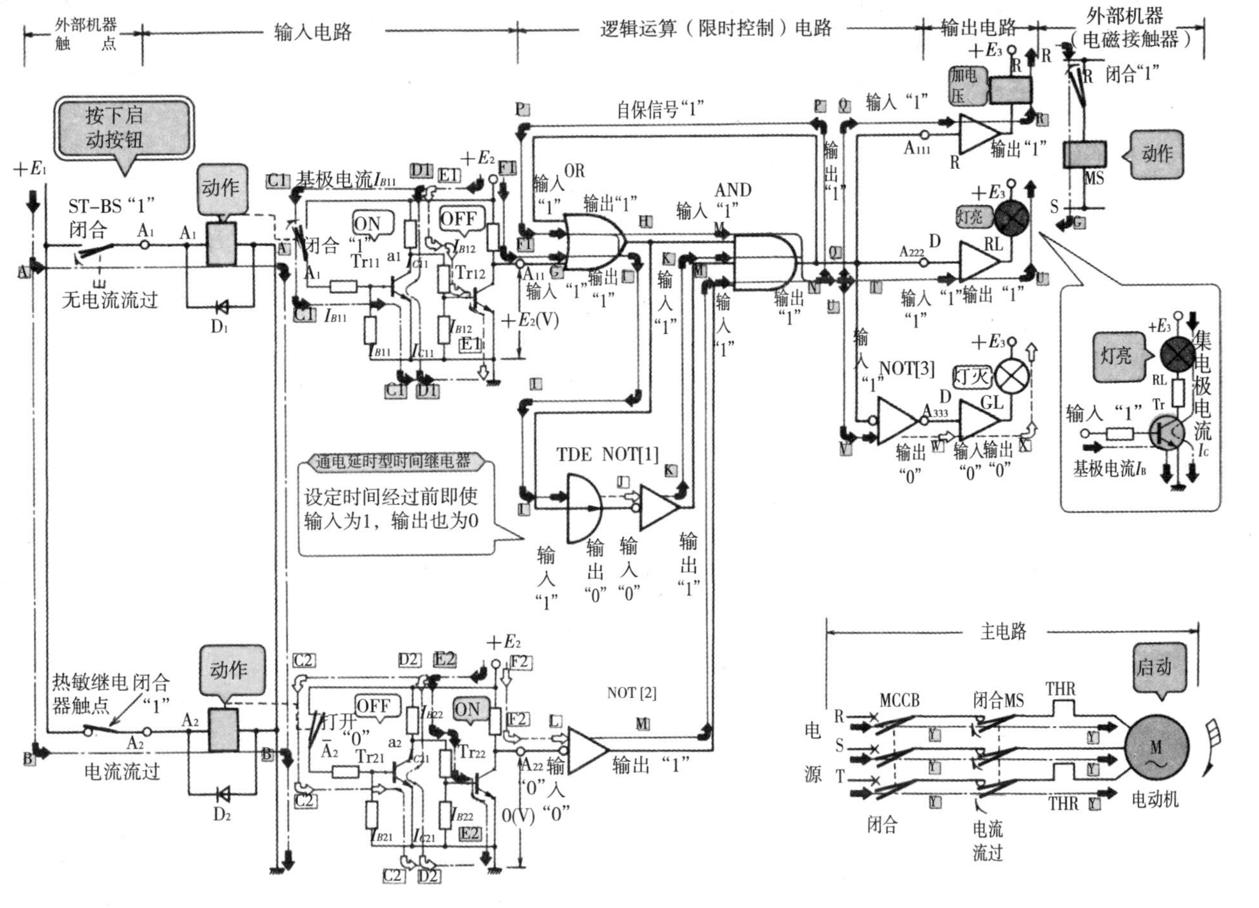

图 6.12　基于数字电路的电动机限时控制启动动作

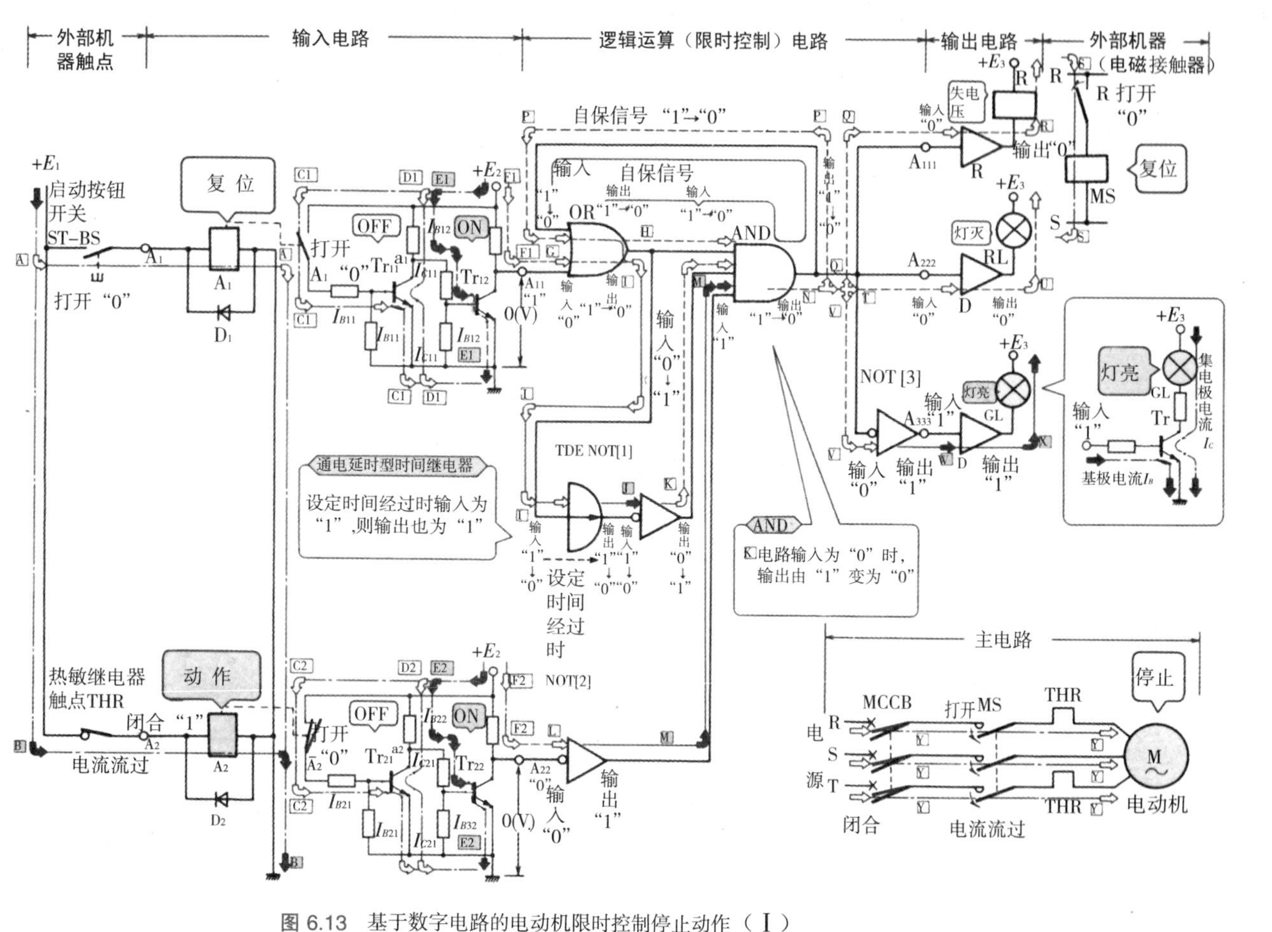

图 6.13 基于数字电路的电动机限时控制停止动作（Ⅰ）

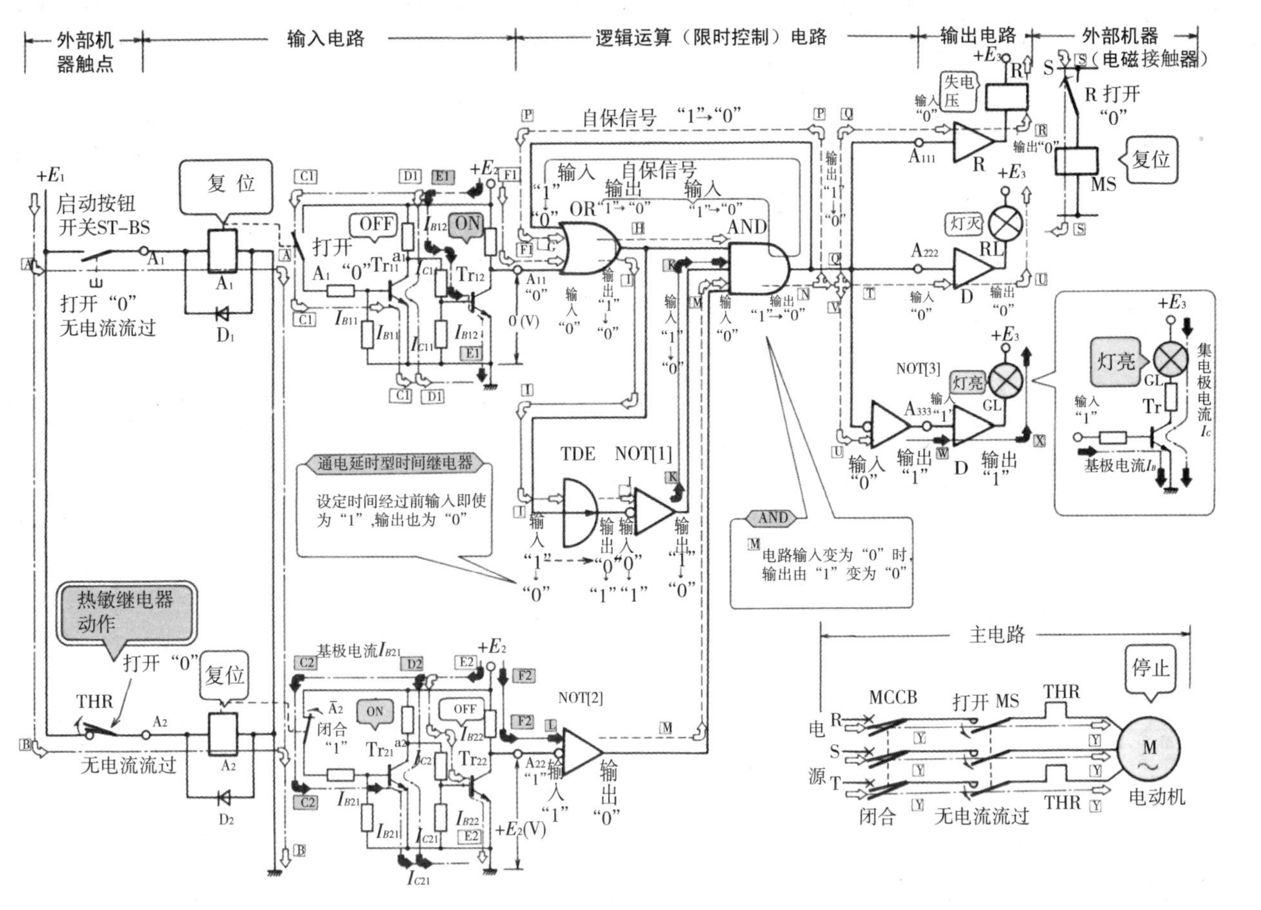

图 6.14　基于数字电路的电动机限时控制停止动作（Ⅱ）

第7章

电工常用经典电路

7.1 脚踏开关应用电路

脚踏开关(其外形见图 7.1)应用很广泛,特别是在医疗卫生、机械加工、塑料制品等行业更为突出,只要工作人员踏上开关 S,交流接触器 KM 线圈就会立即得电吸合,其三相主触点闭合,电动机运转,当工作完毕后,工作人员只要离开工作台,脚踏开关 S 就会自动断开,交流接触器 KM 线圈就会断电释放,其三相主触点断开,切断了电动机电源,电动机停止运转。采用上述方法,即简单、又方便实用。图 7.2 是砂轮机脚踏开关应用电路示例。

图 7.1　脚踏开关

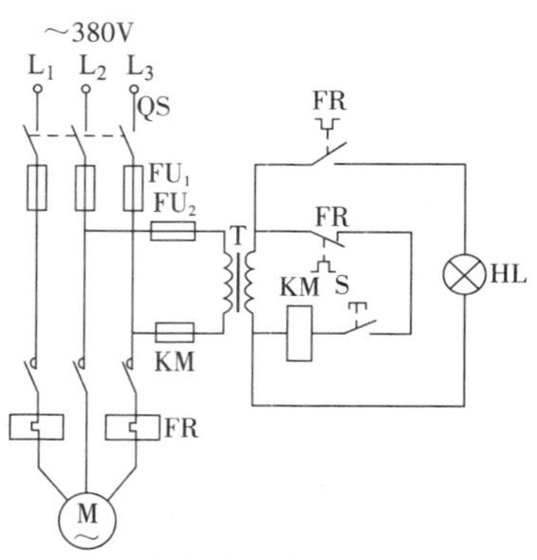

图 7.2　砂轮机脚踏开关应用电路

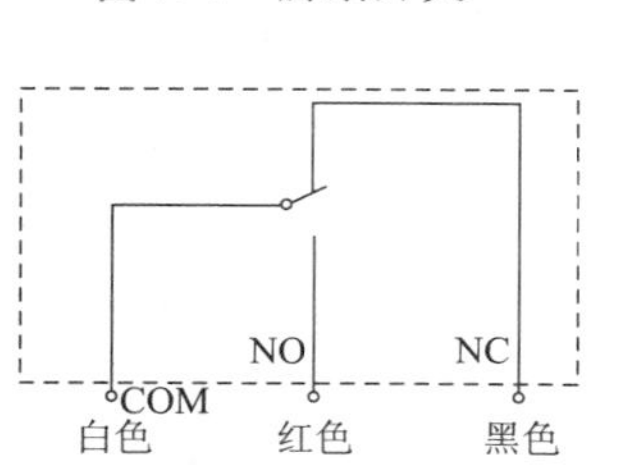

图 7.3　TFS201 型脚踏开关外引线图
(COM:公用线,NO:常开触点,NC:常闭触点)

图 7.2 中脚踏开关可选用 TFS201 型,其外引线如图 7.3 所示。

为了保证工作人员的安全,最好采用加装控制变压器的方法,这样,可使电压降至 36V 以下,是很安全的,也是很有必要的。

KG316T、KG316T-R、KG316TQ微电脑时控开关应用电路

目前，市场上出现的时控开关种类很多，但KG316T（其外形见图7.4）微电脑时控开关应用非常广泛。它的接线非常简单，左边两端子接电源，右边两端子接负载，若负载功率超过6kW时，可外接一只交流接触器进行控制。它设置简单、方便，分十次接通和分断，时间可任意调整。也可按星期等方式进行设置，是一种理想的时控装置。

1. 直接控制方式的接线

被控制的电器是单相供电，功耗不超过微电脑时控开关的额定容量（阻性负载25A），可直接通过微电脑时控开关进行控制，接线方法如图7.5所示。

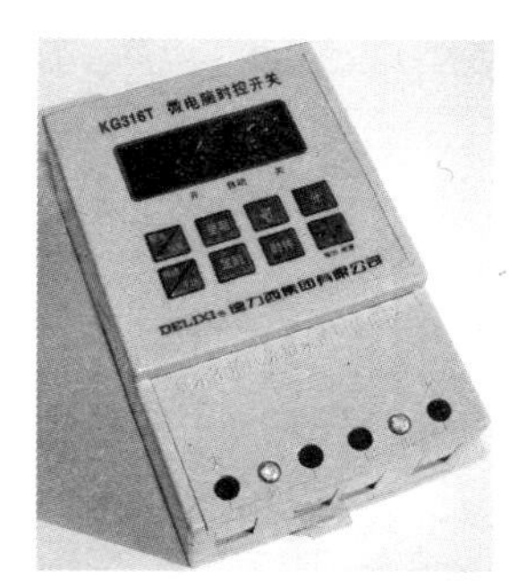

图7.4 KG316T微电脑时控开关

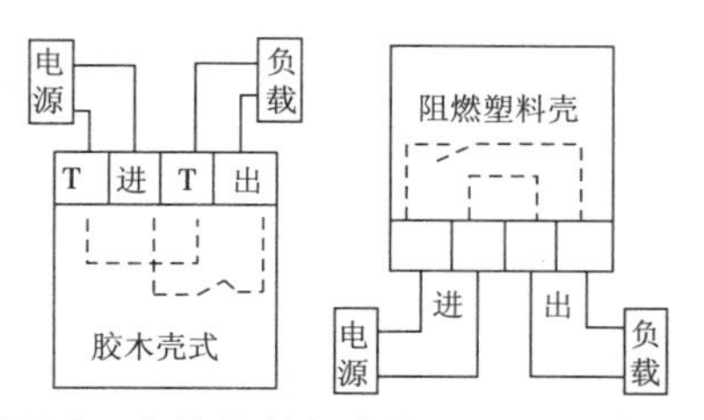

图7.5 直接控制方式的KG316T接线图

2. 单相扩容方式的接线

被控制的电器是单相供电，但功耗超过微电脑时控开关的额定容量（阻性负载25A），那么就需要一个容量超过该电器功耗的交流接触器来扩容。接线方法如图7.6所示。从图7.6中可以看出，时控开关内部接线也不相同，为保证正确控制，最好在使用前用万用表测量一下，以做到心中有数。

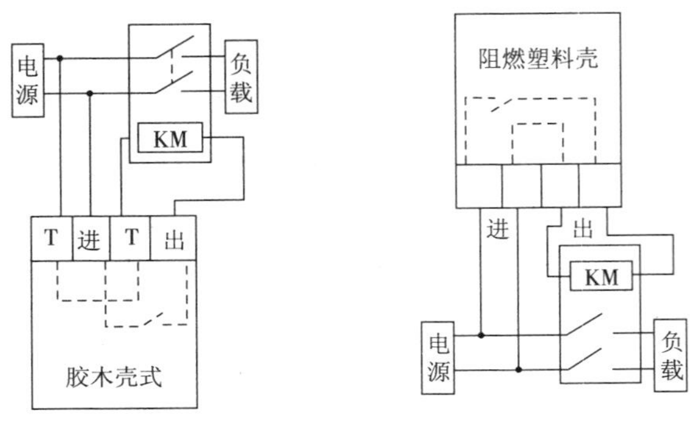

图 7.6　单相扩容方式的 KG316T 接线图

3. 三相工作方式的接线

被控制的电器三相供电，需要外接三相交流接触器。控制接触器的线圈电压为 AC220V、50Hz，接线方法如图7.7 所示。

控制接触器的线圈电压为 AC380V、50Hz，接线方法如图 7.8 所示。

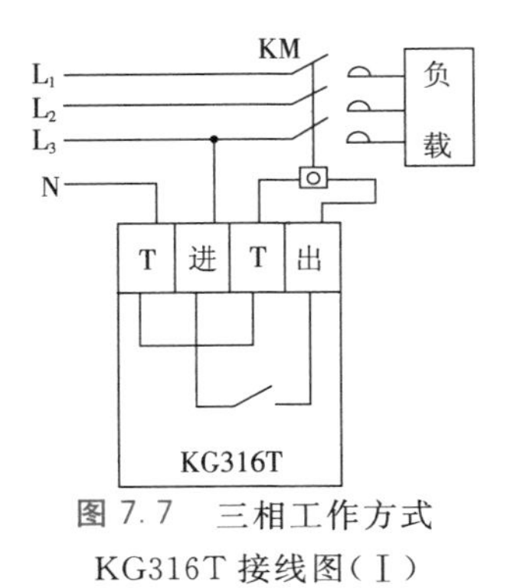

图 7.7　三相工作方式 KG316T 接线图（Ⅰ）

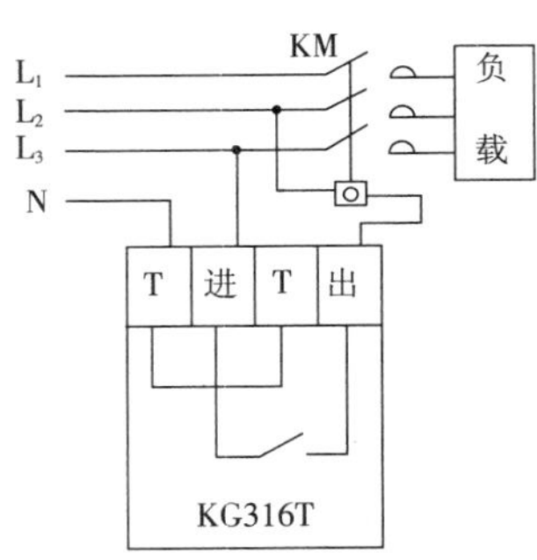

图 7.8　三相工作方式 KG316T 接线图（Ⅱ）

7.3 断相与相序保护器应用电路

1. XJ2 断相与相序保护器接线

XJ2 断相与相序保护器接线如图 7.9 所示。

2. XJ11 断相与相序保护器接线

XJ11 断相与相序保护器接线如图 7.10 所示。

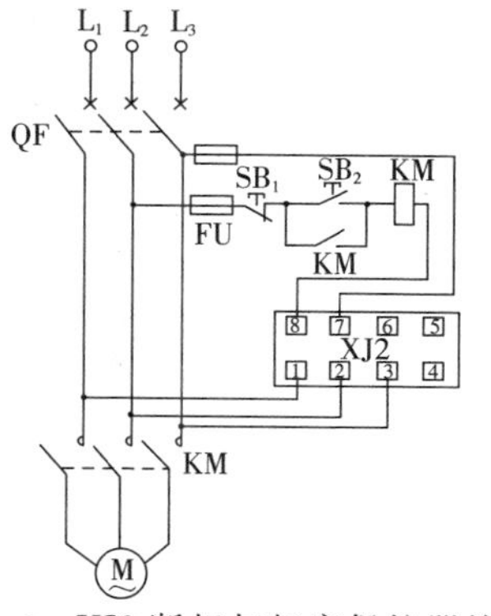

图 7.9 XJ2 断相与相序保护器接线

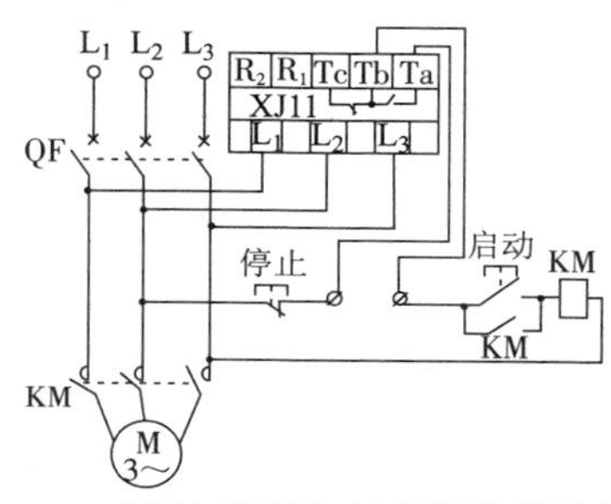

图 7.10 XJ11 断相与相序保护器接线图

3. XJ3-G、S 系列断相与相序保护器接线

XJ3-G、S 系列断相与相序保护器接线如图 7.11 所示。

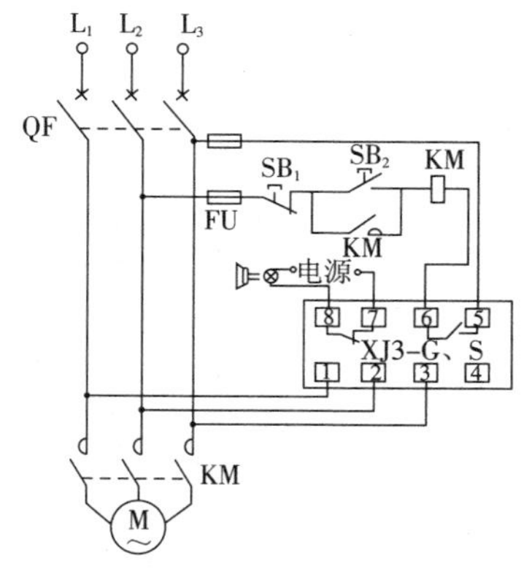

图 7.11 XJ3-G、S 系列断相与相序保护器接线图

7.4 简单的双路三相电源自投电路

图 7.12 所示是简单的双路三相电源自投电路。使用之前可同时合上闸刀开关 QF_1 和 QF_2，KM_1 线圈得电吸合，由于 KM_1 的吸合，KM_1 串联在 KT 时间线圈回路中的常闭触点又断开了 KT 时间继电器的电源，这时1[#] 电源向负载供电。当 1[#] 电源因故停电时，KM_1 接触器释放，这时 KM_1 常闭触点恢复常闭，接通时间继电器 KT 线圈的电源，时间继电器延时数秒钟后，使 KT 延时闭合的常开触点闭合，KM_2 线圈得电吸合并自锁。由于 KM_2 的吸合，其常闭触点一方面断开得电延时时间继电器线圈电源，另一方面又断开 KM_2 线圈的电源回路，使 1[#] 电源停止供电，保证 2[#] 电源正常供电。如果 2[#] 电源工作一段时间停电后，KM_2 常闭触点会自动接通线圈 KM_1 的电源转换为 1[#] 电源供电。

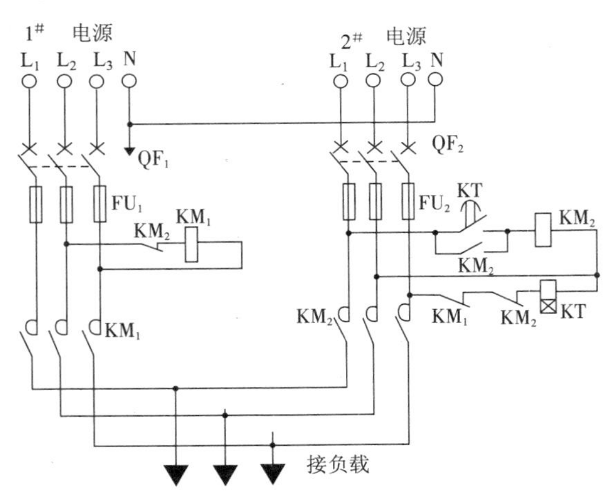

图 7.12　简单的双路三相电源自投装置

图 7.12 中接触器应根据负载大小确定；时间继电器选用 0～60s 的交流得电延时时间继电器，如 JS7-1A 或 JS7-2A 型产品，其线圈电压为 380V。

7.5 新基业 KY20 系列双电源自动切换电路

ATS 双电源自动切换开关，往往要求切换快速，联锁机构完善可靠，灭弧能力强。

现介绍 KY20 系列双电源自动切换开关，如图 7.13 所示，它的主触点采用耐弧能力极强的银钨合金和银碳化钨石墨材料制成，在带电切换时，因每组主触点相互隔离，均设有灭弧栅，所以灭弧能力极强。

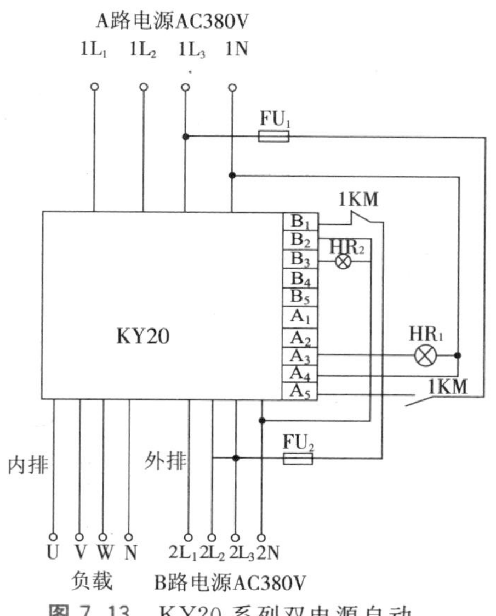

图 7.13 KY20 系列双电源自动切换开关应用电路（Ⅰ）

在操作系统方面，由于采用电磁驱动，双套定位，切换速度快，线圈瞬间通电，所以线圈就不会发热且寿命很长。

倘若供电电源侧电压信号发生变化（如出现欠电压或失电压）时，开关系统得到相关信号，使备用电源侧电压继电器、时间继电器线圈均吸合动作，经 KT 延时之后，将中间继电器线圈接通，中间继电器常开触点闭合，常用电路电磁线圈吸合使开关切换动作，断开常用回路，接通备用回路。而在常用电源恢复正常后，其电压继电器线圈又得电吸合动作，并延时接通中间继电器，使驱动电磁线圈动作，将备用电源切断，常用电源接通，从而恢复常用电源正常供电。

其中，A_1、A_2，B_1、B_2 为两组控制电源接线端子，同时提供两组辅助触点 A_1、A_3，B_3、B_4 或 4 组辅助触点，A_3、A_4、A_5，B_3、B_4、B_5 可作为其他信号控制之用。

图 7.14 和图 7.15 是 KY20 系列双电源自动切换开关应用电路举

例，供读者参考。

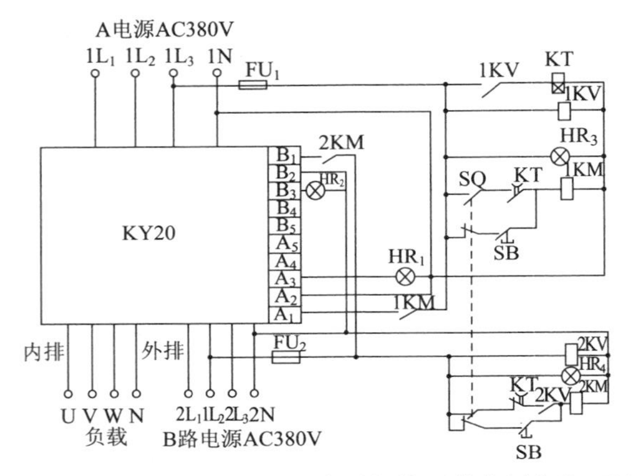

图 7.14　KY20 系列双电源自动切换开关应用电路（Ⅱ）

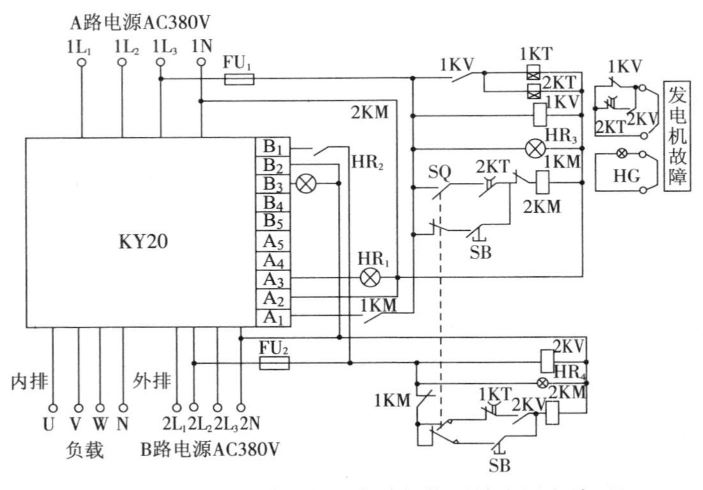

图 7.15　KY20 系列双电源自动切换开关应用电路（Ⅲ）

7.6 DSU-C 双电源智能控制器应用电路

如图 7.16 所示，DSU-C 型智能控制器是控制双接触器组装的双电源转换开关或同两只框架断路器拼装的 ATS，接线端子和 DSU-A 型相同，C_1、C_2 为接触器线圈或断路器电动机构，K_1、K_2 为接触器或断路器辅助触点。

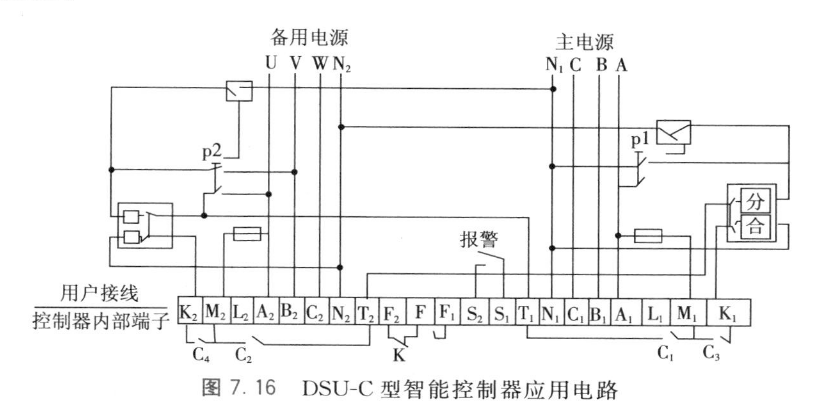

图 7.16　DSU-C 型智能控制器应用电路

7.7 用中间继电器作简易断相保护器电路

一般电动机控制电路使接触器线圈吸合的电源是从两个相线上引出的，往往会造成电动机两相运转。倘若在常用的电动机启停电路中加入一个中间继电器 K，其线圈电压为 380V，这使 K 在 C 相电源有电的情况下，其常开触点才能闭合，从而保证 A、B、C 三相都有电，接触器 KM 线圈才能得电工作，起到电动机断相保护的作用，如图 7.17 所示。

中间继电器是用来转换控制信号的中间元件。其输入是线圈的通电或断电信号，输出信号为触点的动作。其主要用途是当其他继电器的触点数或触点容量不够时，可借助中间继电器来扩大它们的触点数或触点容量。

中间继电器的基本结构和工作原理与小型交流接触器基本相同，由电磁线圈、动铁心、静铁心、触点系统、反作用弹簧和复位弹簧等组成，如图 7.18 所示。

中间继电器的触点数量较多，并且无主、辅触点之分。各对触点允许通过的电流大小也是相同的，额定电流约为 5A。在控制电动机额定电流不超过 5A 时，也可用中间继电器来代替接触器。

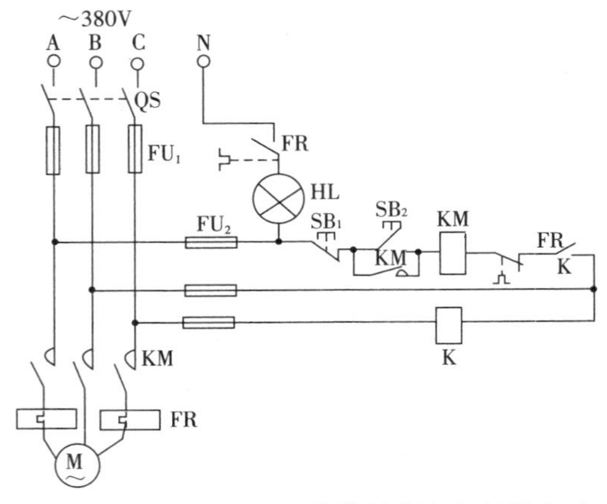

图 7.17　用中间继电器作简易断相保护器电路

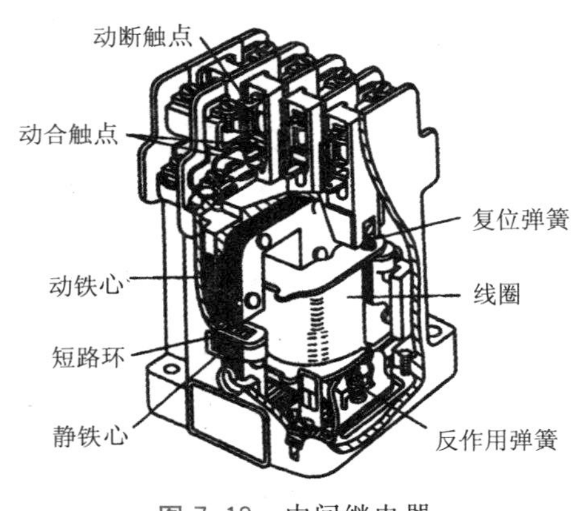

图 7.18　中间继电器

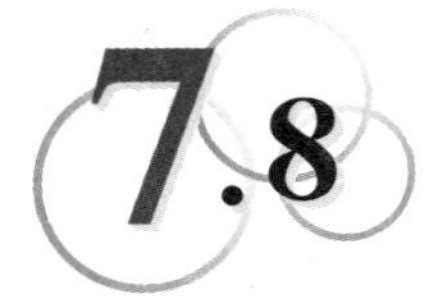

7.8 JYB714 型电子式液位继电器接线

德力西 JYB714 型电子式液位继电器的外形如图 7.19 所示。

1. 单相供水接线

JYB714 型电子式液位继电器单相供水接线如图 7.20 所示。

2. 三相供水接线

JYB714 型电子式液位继电器三相供水接线如图 7.21 所示。

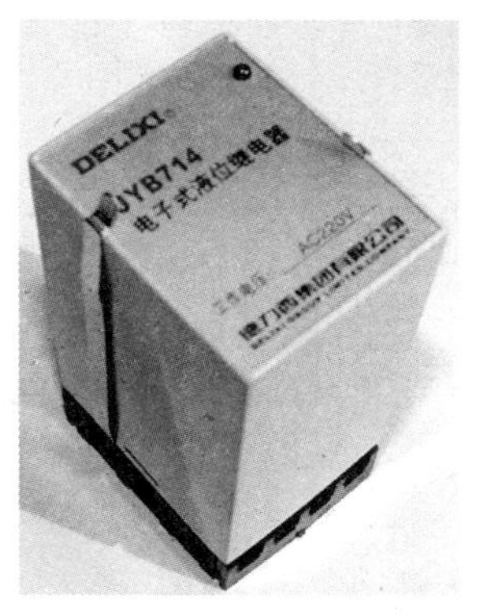

图 7.19　JYB714 型电子式液位继电器

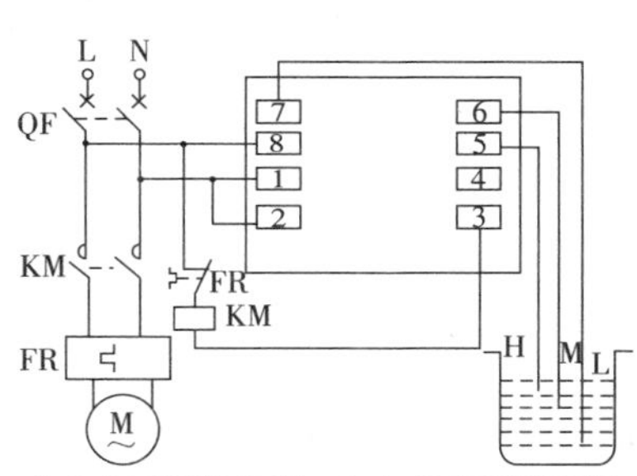

1,8:接 220V 电源　2,3:接内部继电器常开触点　5:接高水位 H 电极　6:接中水位 M 电极　7:接低水位 L 电极

图 7.20　供水方式(～220V 单相电动机接线)

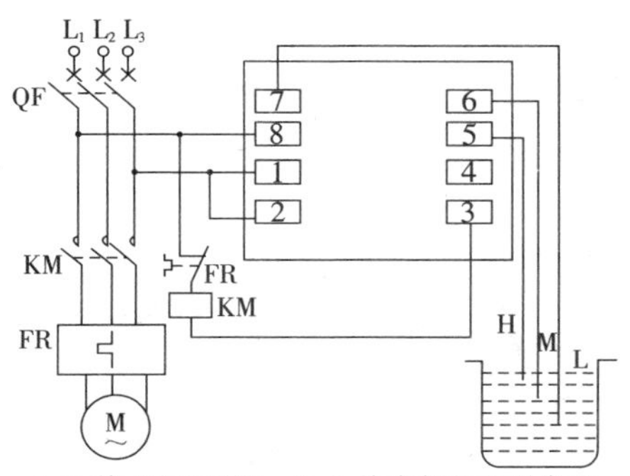

1,8:接 380V 电源　2,3:接内部继电器常开触点　5:接高水位 H 电极　6:接中水位 M 电极　7:接低水位 L 电极

图 7.21　供水方式(～380V 三相电动机接线)

3. 单相排水接线

JYB714 型电子式液位继电器单相排水接线如图 7.22 所示。在不通电时,端子 3 和 4 为常闭,2 和 1 为常开。

4. 三相排水接线

JYB714 型电子式液位继电器三相排水接线如图 7.23 所示。在不通电时,端子 3 和 4 为常闭,2 和 1 为常开。

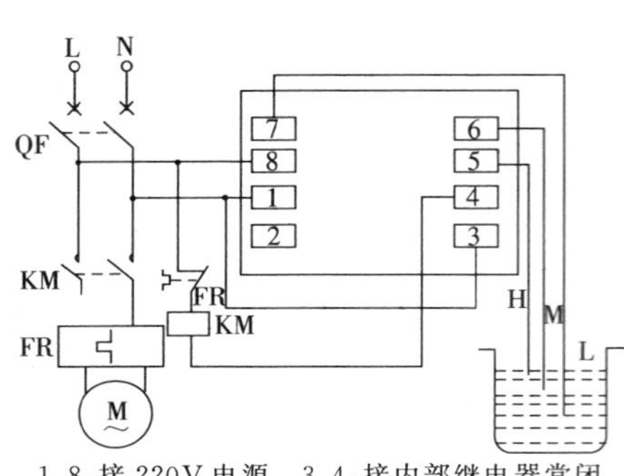

1,8:接 220V 电源　3,4:接内部继电器常闭触点　5:接高水位 H 电极　6:接中水位 M 电极　7:接低水位 L 电极

图 7.22　排水方式(～220V 单相电动机接线)

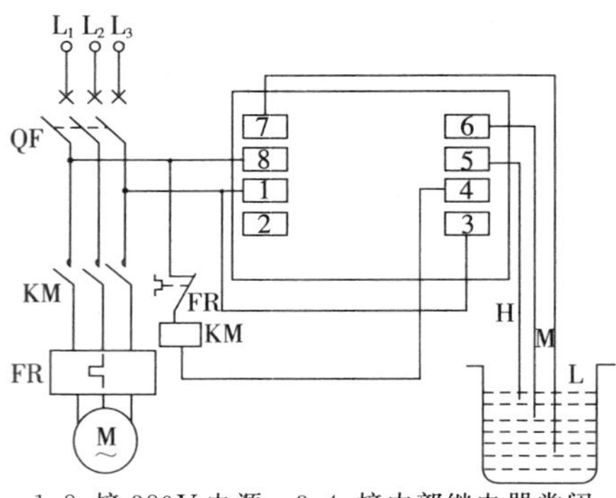

1,8:接 380V 电源　3,4:接内部继电器常闭触点　5:接高水位 H 电极　6:接中水位 M 电极　7:接低水位 L 电极

图 7.23　排水方式(～380V 三相电动机接线)

7.9 双速电动机控制电路

双速电动机的控制电路如图 7.24 所示。

按下低速启动按钮 SB_2,低速交流接触器线圈 KM 得电吸合,其三相主触点闭合,电动机低速运转。此时电动机的绕组为三角形连接,如图 7.24(b)所示。若需转换为高速运转,这时可按下高速启动按钮 SB_3,交流接触器线圈 KM 断电释放,高速接触器 KM_1 和 KM_2 线圈得电接通,电动机高速运转。此时电动机绕组为双星形接线,此种接线法的电动机应用最广泛,如图 7.24(c)所示。

图 7.24(b)中电动机的三相绕组接成三角形连接,三个电源线连接在接线端 U_1、V_1、W_1,每个绕组的中点引出的接线端 U_2、V_2、W_2 空着不接,此时电动机磁极为 4 极,同步转速为 1500r/min。要使电动机以高速工作时,只需把电动机绕组接线端 U_1、V_1、W_1 短接,U_2、V_2、W_2 的三个接线端接上电源,见图 7.24(c)。此时电动机定子绕组为双星形连接,磁极为 2 极,同步转速为 3000r/min。必须注意,从一种接法改为另一种接法时,为了保证旋转方向不变,应把电源相序反过来。

实际上单绕组双速电动机最常用的是△-YY连接方法的双速电动机，还有一种Y-YY连接方法的双速电动机，在实际使用时应认真仔细地阅读说明书，了解其连接方法，分别对待，做到接线安全无误。

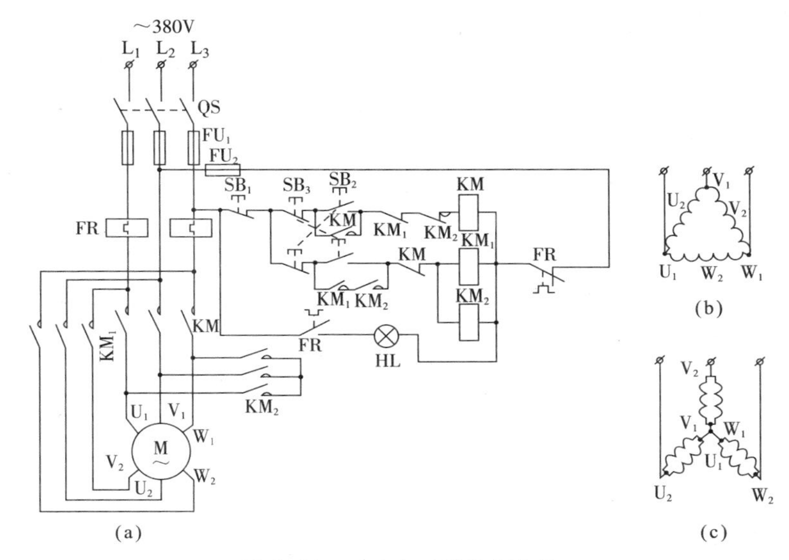

图 7.24 双速电动机控制电路

7.10 既能点动又能长期工作的电动机控制电路

为了操作方便，在实际生产工作中，有时需要手动点动操作电动机，有时也需要使电动机长时间运行。图 7.25 所示是既能点动又能长期工作的电动机控制电路。

点动时，按下点动按钮 SB_3，交流接触器线圈 KM 得电吸合，KM 常开触点闭合，电动机运行；松开按钮开关 SB_3 时，由于在点动接通接触器的同时，又断开了接触器 KM 的自锁常开触点，所以在 SB_3 按钮松开后，接触器 KM 线圈断电释放，KM 三相主触点断开，电动机失电停止运转。

当按下长期连续启动按钮 SB_2 时，KM 线圈得电吸合，KM 自锁触点自锁，故可以长期吸合使电动机继续得电运行。

这种电路有时会因接触器出现故障使其释放时间大于点动按钮的恢复时间造成点动控制失效。图 7.25 中，SB_1 是电动机停止按钮；FR 为热继电器，在电路中起过载保护作用；HL 为过载指示灯。

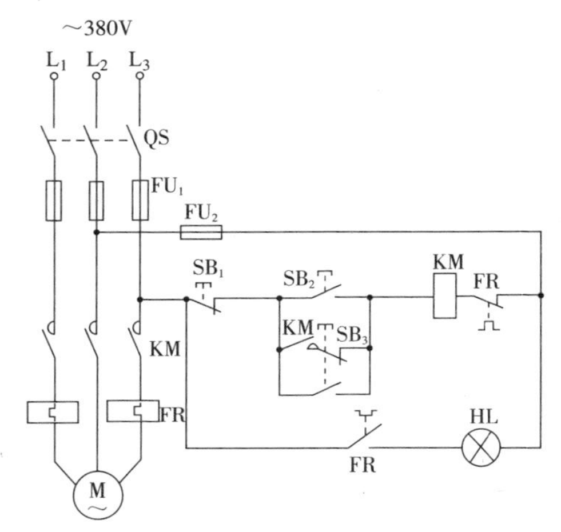

图 7.25　既能点动又能长期工作的电动机控制电路

7.11 用电接点压力表进行水位控制电路

用电接点压力表(其外形见图 7.26)进行水位控制，可有效防止由于金属电极表面氧化引起的导电不良，避免晶体管液位控制器失控。

YX-150型电接点压力表(图7.27)是由弹簧管、传动放大机构、刻度

图 7.26　电接点压力表外形

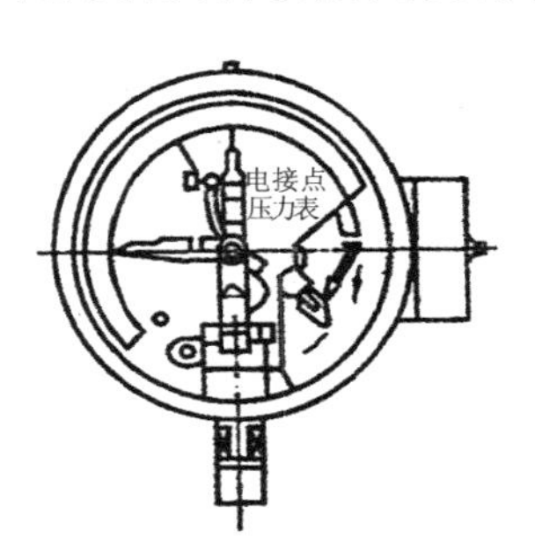

图 7.27　YX-150 型电接点压力表外形

盘指针以及电接点部分所组成，接线图如图7.28所示。

当管路中压力过低时（即低水位时），其下限电接点SP_1闭合，电动水泵补水，当水位升高至高水位时，压力达到预置的最高压力值，指针与SP_2闭合，电动水泵停止补水。当管路中压力降至下限时，SP_1又闭合，电动水泵又开始补水，重复上述工作。

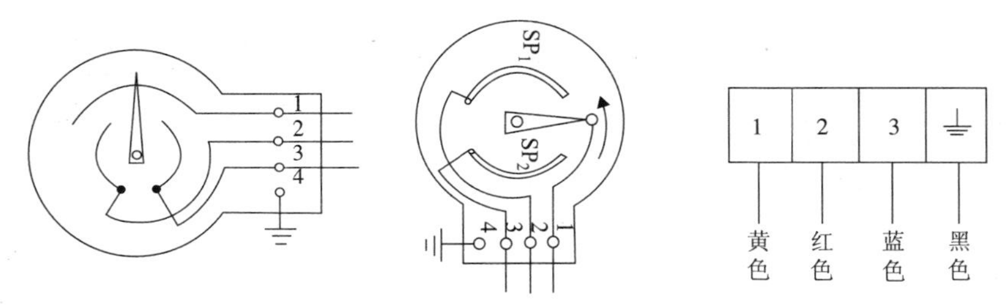

图7.28　YX-150型电接点压力表接线图

如图7.29所示，将电接点压力表安装在水箱底部附近，把电接点压力表的三根引线引出，接入电路中。当开关S拨到“自动”位置时，如果水箱里液面处于下限时，电接点动触点接通K_1继电器线圈电源，继电器K_1吸合，接触器KM得电动作，电动机水泵运转，向水箱供水。当水箱里液面达到上限时，电接点动触点与接触器K_2接通，K_2线圈得电吸合，其常闭触点断开KM线圈回路，使电动机停转，停止注水。待水箱里的液面下降到下限时，K_1再次吸合，接通接触器KM线圈电源，使水泵重新运转抽水，这样反复进行下去，达到自控水位的目的。如需人工操作时，可将

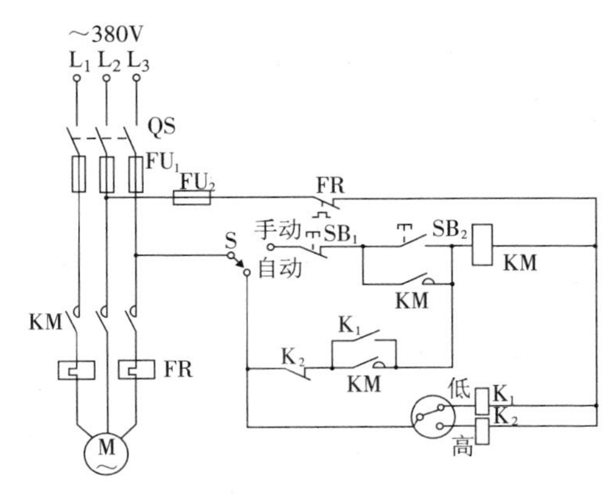

图7.29　用电接点压力表进行水位控制电路

电路中开关 S 拨到“手动”位置，按下按钮 SB_2，启动水泵向水箱供水；按下按钮 SB_1，使水泵停止向水箱供水。

电路中，K_1、K_2 继电器选用线圈电压为 380V 的 JZ7-44 型中间继电器，也用 CDC10 系列的交流接触器代替。

7.12 采用 JYB 晶体管液位继电器的供排水电路

在许多场合，需要通过水泵向水塔供水。也有很多地方，需要通过水泵向外排水，完成无人值守自动控制。这时，通常采有 JYB-714 系列液位继电器来进行控制，它工作可靠，接线简单方便，具体接线方法如图 7.30 和图 7.31 所示。

· JYB 晶体管液位继电器用在供水池的工作原理如下：

①在低水位出现时，三只电极中的长短两只暴露在空气中呈现断路状态，晶体三极管 VT_2 截止，VT_3 饱和导通，小型灵敏继电器 K 线圈得电吸合动作，K 的控制触点控制外接交流接触器 KM 线圈得电工作，其 KM 三相主触点闭合，使水泵电动机运转打水。

②在水位未到达高水位位置时，由于短电极处于断路状态，那么晶体

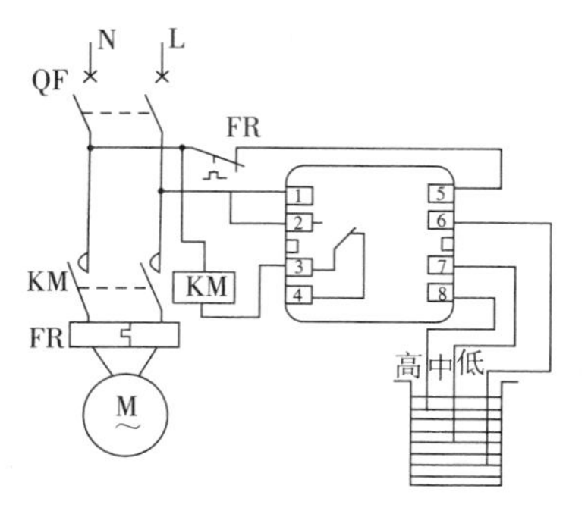

1、5接220V电源
2、3接内部继电器常开触点
6接低水位电极
7接中水位电极
8接高水位电极

(a) JYB-714B液位继电器供水方式

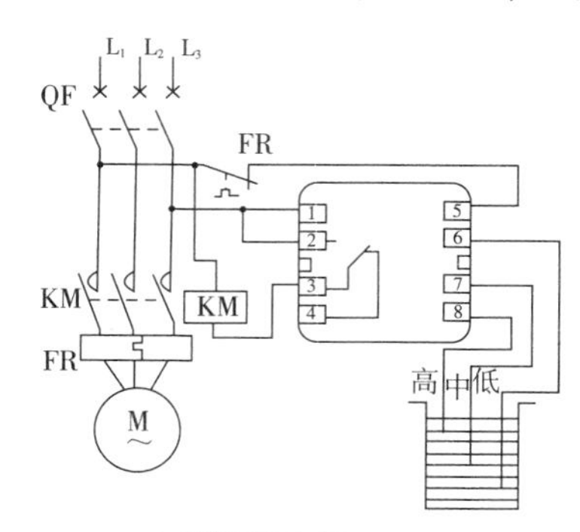

1、5接380V电源
2、3接内部继电器常开触点
6接低水位电极
7接中水位电极
8接高水位电极

(b) JYB-714液位继电器供水方式

图 7.30　JYB-714 系列液位继电器接线图(Ⅰ)

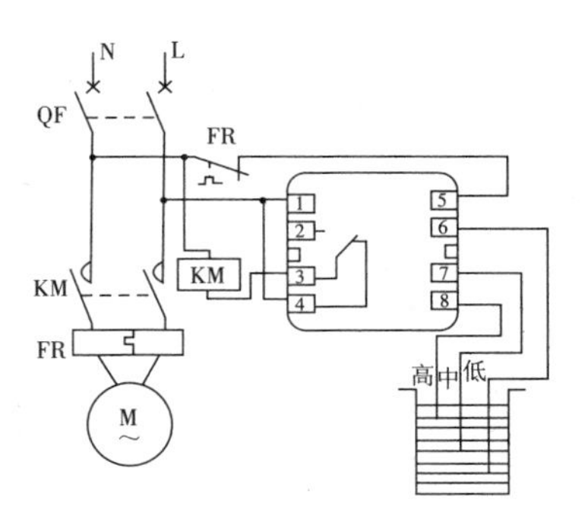

1、5接220V电源
3、4接内部继电器常闭触点
6接低水位电极
7接中水位电极
8接高水位电极

(a) JYB-714B液位继电器排水方式

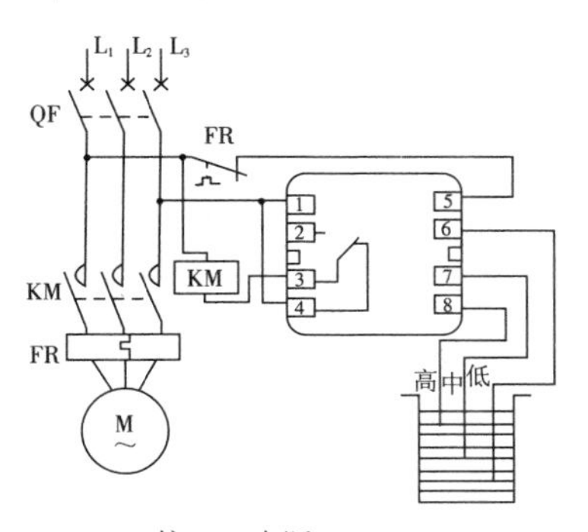

1、5接380V电源
3、4接内部继电器常闭触点
6接低水位电极
7接中水位电极
8接高水位电极

(b) JYB-714液位继电器排水方式

图 7.31　JYB-714 系列液位继电器接线图(Ⅱ)

管 VT_2 集电极仍然有电流流过,小型灵敏继电器线圈仍会继续得电吸合工作,交流接触器 KM 线圈也同样吸合,水泵电动机不停继续打水。

③当水位升至高水位时,由于三个电极全部被水淹没而导通,此时晶体管 VT_2 饱和导通,VT_3 截止,小型灵敏继电器 K 线圈断电释放,其常开触点断开,切断了外接交流接触器 KM 线圈控制电源,从而使水泵电动机断电停止工作。

此控制器最大的优点是:只要简单改变接线方法,就可以改变其供水、排水方式,也就是说需要供水时,用 JYB 液位继电器 2、3 端子(常开触点)与外接交流接触器线圈串联控制;需要排水时,用 JYB 液位继电器 3、4 端子(常闭触点)与外接交流接触器线圈串联控制。其余端子接线完全一样,无需改变,请读者在实际应用中尝试一下。

7.13 音频/射频转换器连接电路

1. 功　能

音频/射频转换器可将影碟机、卫星接收机、游戏机等设备输出的音频信号转换成射频信号。

2. 连接示意图

音频/视频转换器连接如图 7.32 所示。

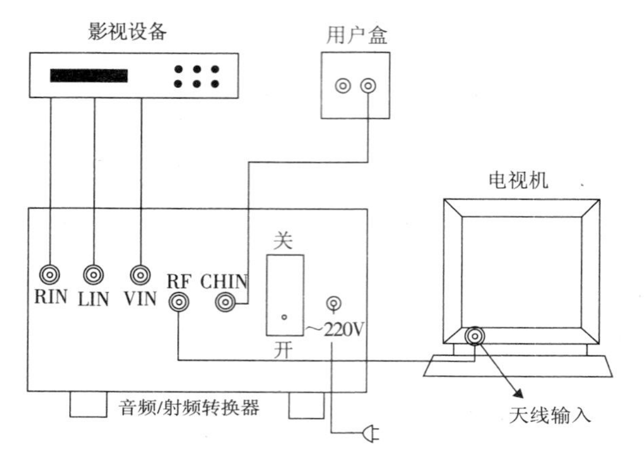

图 7.32　音频/视频转换器连接示意图

7.14 浪涌保护器(SPD)应用电路

由雷电而引起的线路过电压问题实在令人们头痛，由此引发的故障、火灾、经济损坏巨大。

为解决上述问题，人们想了很多方法，最有效的方法是在线路上加装浪涌保护器(其外形见图 7.33)。这样，当线路中出现过电压时，浪涌保护器动作，从而起到保护作用，浪涌保护器动作如图 7.34 所示。

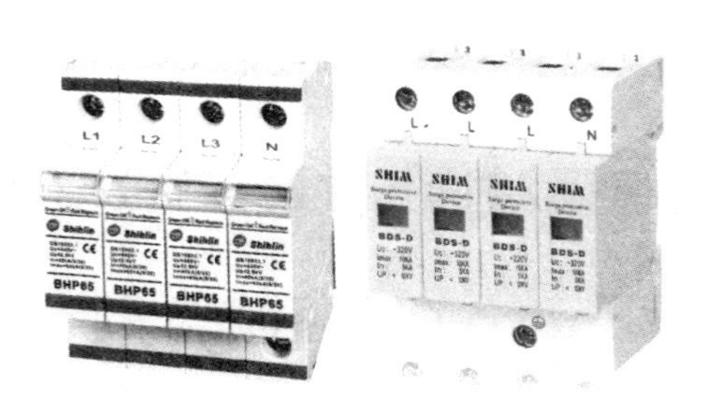

图 7.33　浪涌保护器

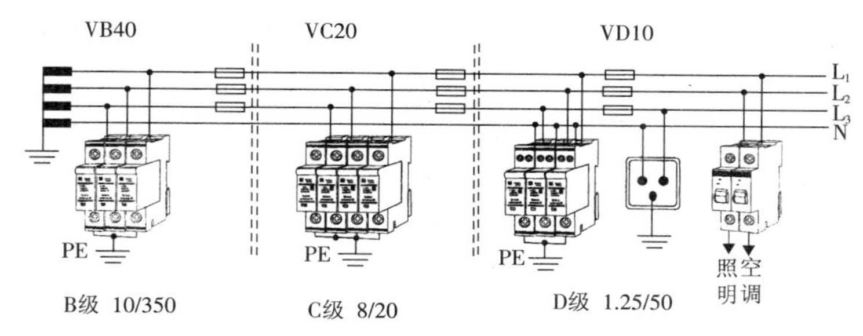

图 7.34 浪涌保护器动作

根据 GB 50057-1994《建筑物防雷设计规范》规定，浪涌保护器分为以下几类。

① Ⅰ类(D 级)：作为信息设备保护。

② Ⅱ类(C 级)：作为家用电器、仪器仪表保护。

③ Ⅲ类(B 级)：作为配电盘以及分支断路器保护。

④ Ⅳ类(A 级)：作为变压器出口总配电柜保护。

浪涌保护器的工作原理是在电路未出现过电压时，由于保护器内部采用非线性电子器件，所以保护器为高阻抗状态，只有在线路遭到雷击或电网电压过高时而出现过电压时，该保护器迅速导通(纳秒级)，使线路中浪涌电流通过 PE 线泄放至大地，从而保护了电气设备免受过电压危害。倘若施加在浪涌保护上的过电压消失后，此保护器又恢复到高阻抗状态，可继续作为线路保护，从而使电路正常工作。

通常采用 TH-35mm 导轨安装，装拆更换极为方便。当器件失效时，会及时显示出来，正常时为绿色，失效时为红色，以提醒及时更换。目前生产的浪涌保护器还附有故障遥控报警及声光报警等功能。

第8章

电动机软启动及变频调速控制电路

8.1 一台西普 STR 软启动器控制两台电动机电路

用一台软启动器控制两台电动机，并不指同时开机，而是开一台，另一台作为备用。

一台西普 STR 软启动器控制两台电动机电路如图 8.1 所示。电动机一开一备需要在软启动器外另接一条控制电路(见图 8.1，也叫二次电路)。S 为切换开关，S 往上，则 KM_1 动作，为启动电动机 M_1 做准备，指示灯 HL_1 亮，HL_2 灭；S 往下则 KM_1 不工作，KM_2 工作，指示灯 HL_2 亮，HL_1 灭。

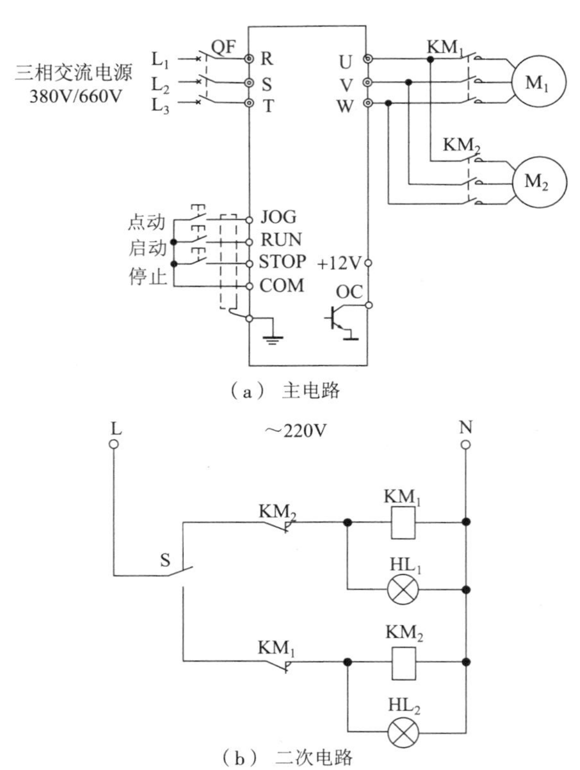

(a) 主电路

(b) 二次电路

图 8.1　一台西普 STR 软启动器控制两台电动机电路

电动机工作之前,需根据需要切换开关 S,然后在 STR 的操作键盘上按动 RUN 键启动电动机;按动 STOP 键则停止。JOG 是点动按钮,可根据需要自行设置安装。

8.2 一台西普 STR 软启动器启动两台电动机电路

一台西普STR软启动器启动两台电动机电路如图8.2所示。先操

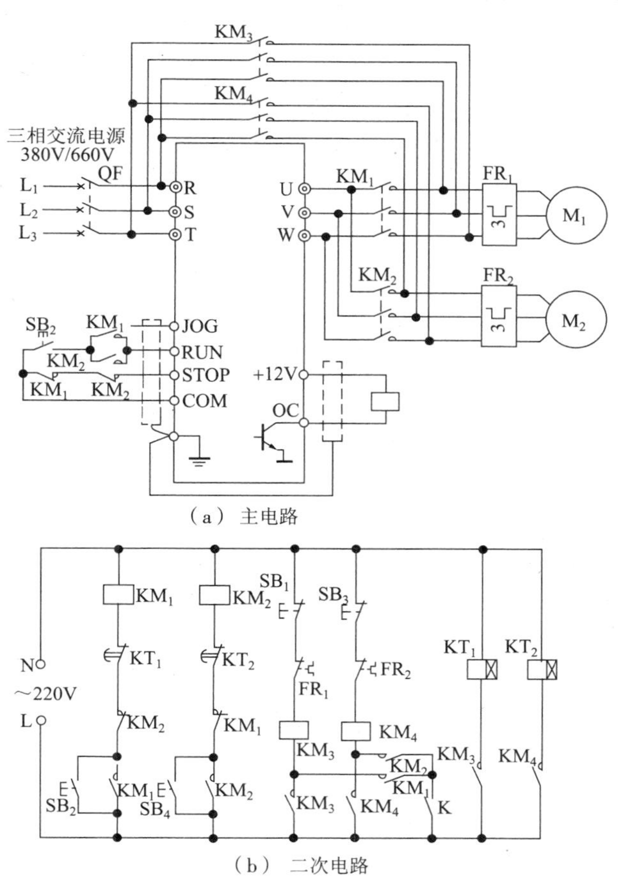

图 8.2　一台西普 STR 软启动器启动两台电动机电路

作二次电路，让 KM_1 吸合，为启动 M_1 做好准备，然后按下启动按钮 SB_2。因为只有 KM_1 吸合后，SB_2 才有效，在 KM_1 吸合后，旁路接触器 KM_3 吸合。时间继电器 KT_1 开始延时，延时结束后，KT_1 常闭触点断开，切断 KM_1。至此，由旁路接触器 KM_3 为 M_1 供电，而 STR 软启动器已退出运行状态。同样用上述方法启动 M_2。

按下二次电路中的 SB_1、SB_3，则 M_1、M_2 停止运行。

8.3 BCK 箔式绕组磁控式电动机软启动器应用电路

BCK 箔式绕组磁控式电动机软启动器是一种交流异步电动机软启动装置，可减轻电动机启动时对电网的冲击扰动，降低对电网容量的要求。它采用继电器、可编程序控制器(PLC)或单片机控制系统，实现对异步电动机启动过程和运行方式的手动与自动集中和就地控制，具有低耗节能、适应较重载启动等优点。BCK 箔式绕组磁控式电动机软启动器应用电路如图 8.3 所示。

BCK 箔式绕组磁控式电动机软启动器与电子式软启动器的主要区别在于，用无反馈箔式绕组磁放大器(也称可控电抗器)取代晶闸管作为主线路执行单元。它实现了磁电器件对磁电设备(电动机)的控制，使两者的抗过载能力处于同一水平，大幅度地提高了整机的可靠性和启动成功率；变晶闸管的斩波调压为磁控限幅调压，输出电压波形为正弦波，有效地抑制了电压波形畸变和高次谐波对电网的污染，而且大大简化了整机结构。此外，主线路与控制线路之间只有磁路的联系而无线路的直接联系，只需要控制直流励磁的变化即可实现软启动的功能。

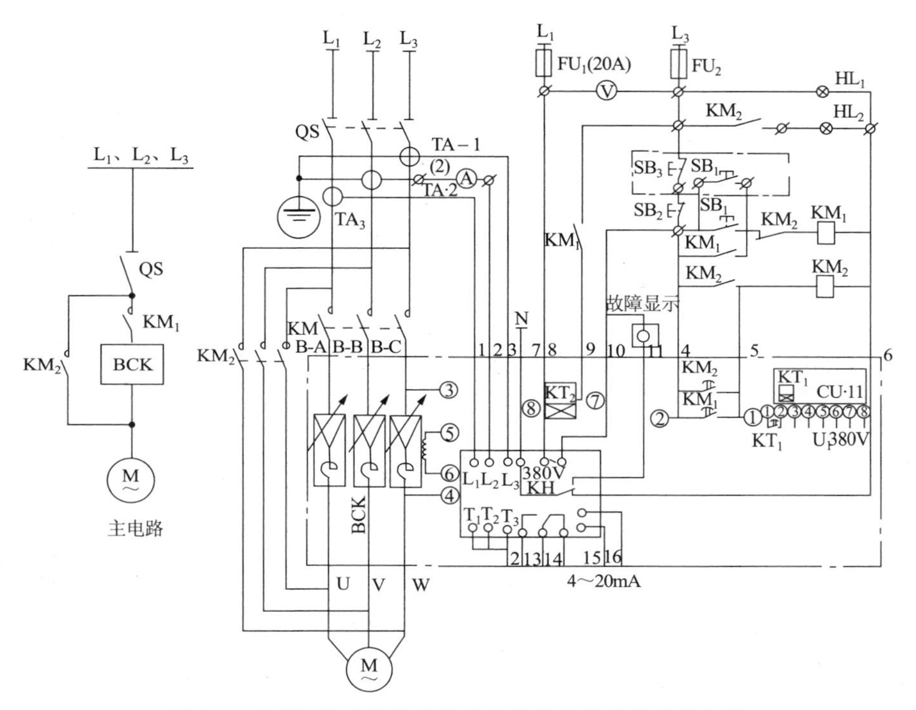

图 8.3 BCK 箔式绕组磁控式电动机软启动器应用电路

8.4 常熟 CR1 系列电动机软启动器带旁路接触器电路

常熟 CR1 系列电动机软启动器带旁路接触器电路如图 8.4 所示。图中 QF 为断路器；FU 为快速熔断器；KM_1、KM_2 为交流接触器，KM_2 为旁路接触器；SB_1 为启动按钮；SB_2 为软停按钮，SB_3 为电动机急停按钮；SB_4 为控制电源复位按钮；HL_1 为电源指示灯；HL_2 为旁路指示灯；HL_3 为故障指示灯。

合上断路器 QF，HL_1 点亮，表明电源接通。按动 SB_1，KM_1 闭合，软启动器工作，电动机 M 软启动，转速逐渐上升。当 M 转速到达额定值时，KM_2 自动闭合，将软启动器内部的主线路（晶闸管）短路，从而使晶闸管等不致长期工作而发热损坏。工作完毕，按动 SB_2 使 KM_2 关断，软启动器实现 M 软停车（逐渐减速）。若是线路或 M 发生事故，按动 SB_3，M 则急停车。在因事故停车时，HL_3 点亮；M 运转时，HL_2 点亮。

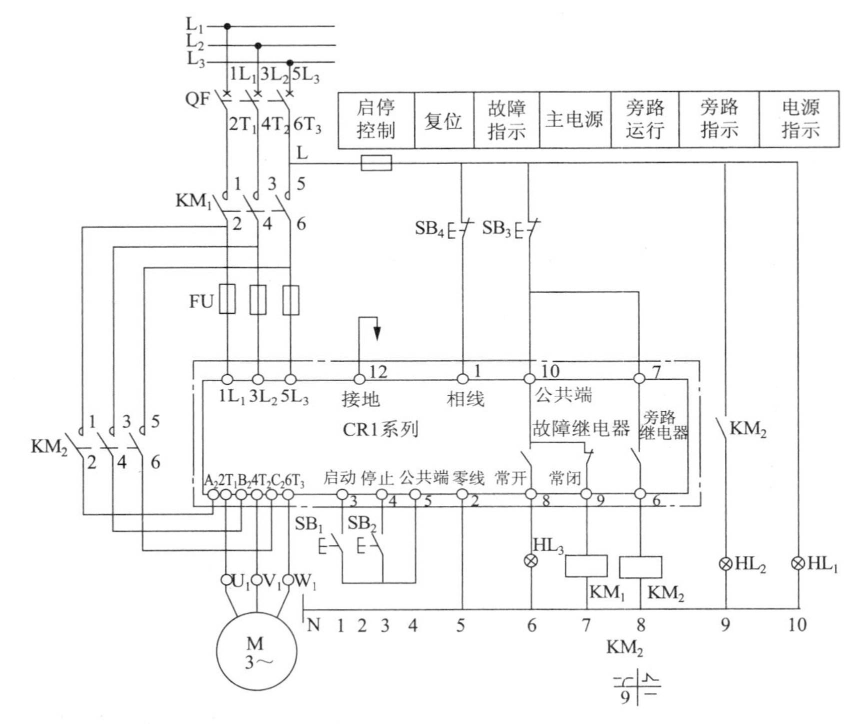

图 8.4　常熟 CR1 系列电动机软启动器带旁路接触器电路

8.5 雷诺尔 JJR5000 系列智能型软启动器应用电路

雷诺尔 JJR5000 系列智能型软启动器应用电路如图 8.5 所示，JJR5000 系列智能型软启动器有以下特点：

① JJR5000 系列智能型软启动器适用于交流 380V（50Hz），5.5～600kW 各种负载的笼型电动机。

② 三种启动方式，电压斜坡启动方式可得到最大的输出转矩；恒流软启动方式有最大的限制启动电流；重载启动方式可输出最大的启动转矩。

③ 停车方式包括电压斜坡软停车方式及自由停车方式。

④ 具有可编程延时启动方式、可编程联锁控制及可编程故障接点输出。

⑤ 对输入电源无相序要求。

⑥ 启动时间、停车时间均可通过编程修改。

⑦ 具有多种保护功能,对过电流、三相电流不平衡、过热、缺相、电动机过载等进行保护。

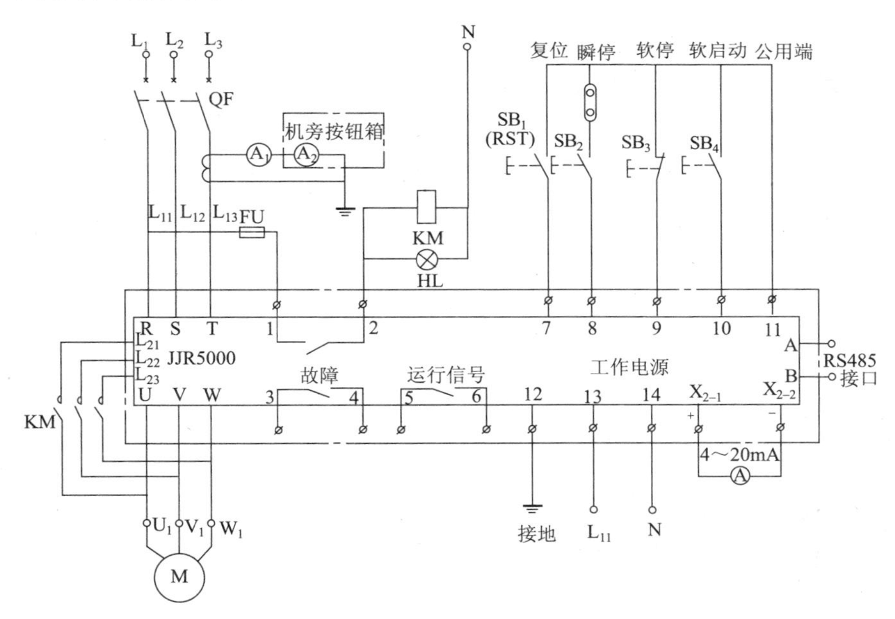

图 8.5 雷诺尔 JJR5000 系列智能型软启动器应用电路

8.6 具有遥控设定箱的变频器调速电路

具有遥控设定箱的变频器调速电路如图 8.6 所示。它适合在变频器不能就地操作或无法实现集中控制时采用,图中 FR-FK 为遥控设定箱。遥控设定箱外接加速、减速、设定消除三个按钮和一个启动开关。操作时先合上启动开关,然后根据需要按动其他按钮。变频器不仅可调速,而且可换向，将 SF 合上时，电动机 M 正转；扳下 SF，合上 SR 开关，电动机 M 反转。

FR-FK 的 M_1、M_2 端子用来连接频率计。其②、⑤端子与变频器的②、⑤端子用屏蔽线相连。

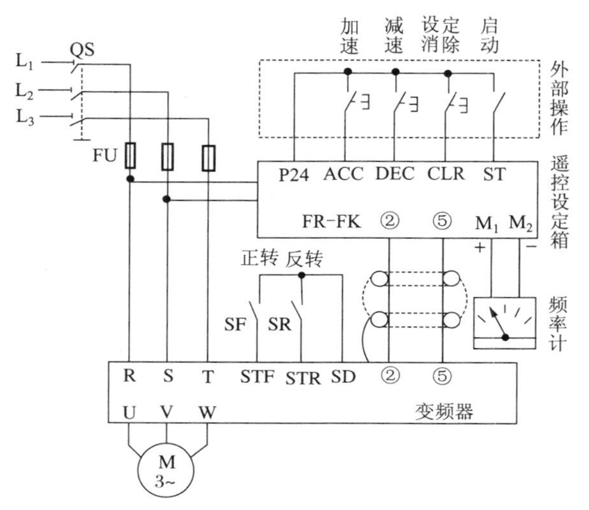

图 8.6　具有遥控设定箱的变频器调速电路

8.7 具有三速设定操作箱的变频器调速电路

具有三速设定操作箱的变频器调速电路如图 8.7 所示。它适合在抛光、研磨、搅拌、脱水、离心、甩干、清洗等机械设备需要多段速度的工序中采用，图中 FR-AT 为三速设定操作箱，它与变频器之间必须用屏蔽线连接。通过 S_1、S_2、S_3 三个手动开关控制，可以实现三速选择。

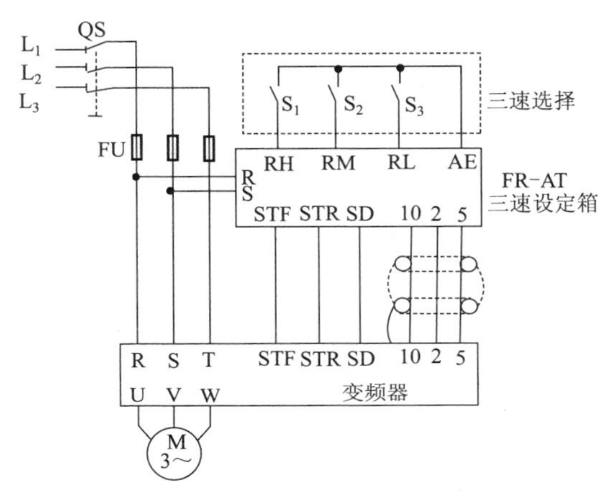

图 8.7　具有三速设定操作箱的变频器调速电路

8.8 电动机变频器的步进运行及点动运行电路

电动机变频器的步进运行及点动运行电路如图 8.8 所示。此线路电动机在未运行时点动有效。运行/停止由 REV、FWD 端的状态(即开关)来控制。其中,REV、FWD表示运行/停止与运转方向,当它们同时闭合

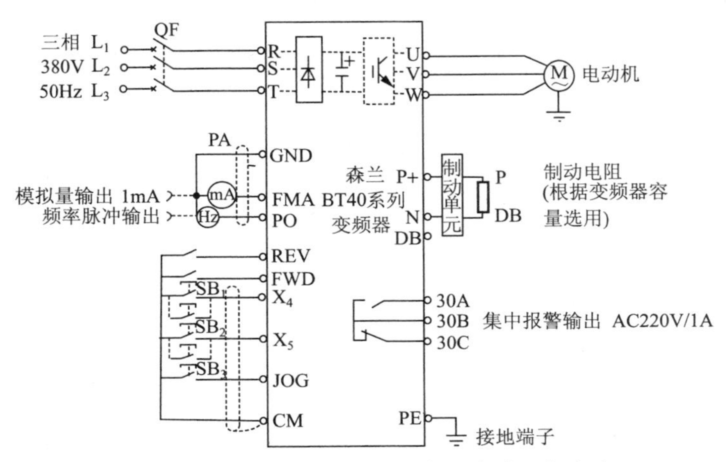

图 8.8　电动变频器的步进运行及点动运行电路

时无效。

转速上升/转速下降可通过并联开关来实现在不同的地点控制同一台电动机运行。由 X_4、X_5 端的状态(开关 SB_1、SB_2)确定,虚线即为设在不同地点的控制开关。

JOG 端为点动输入端子。当变频器处于停止状态时,短接 JOG 端与公共端(CM)(即按下 SB_3),再闭合 FWD 端与 CM 端之间连接的开关,或闭合 REV 端与 CM 端之间连接的开关,则会使电动机 M 实现点动正转或反转。

8.9 用单相电源变频控制三相电动机电路

变频控制有很多好处,例如三相变频器通入单相电源,可以方便地为三相电动机提供三相变频电源,用单相电源变频控制三相电动机电路如图 8.9 所示。

8.10 有正反转功能变频器控制电动机正反转调速电路

对于有正反转功能的变频器,可以采用继电器来构成正转、反转、外接信号,有正反转功能变频器控制电动机正反转调速电路如图 8.10 所示。

正转时,按下按钮 SB_1,继电器 K_1 得电吸合并自锁,其常开触点闭合,FR-COM 连接,电动机正转运行;停止时,按下按钮 SB_3,K_1 失电释放,电动机停止。

反转时,按下按钮 SB_2,继电器 K_2 得电吸合并自锁,其常开触点闭合,RR-COM 连接,电动机反转运行;停止时,按下按钮 SB_3,K_2 失电释放,电动机停止。

事故停机或正常停机时,复位端子 RST-COM 断开,发出报警信号。按下复位按钮 SB_4,使 RST-COM 连接,报警解除。

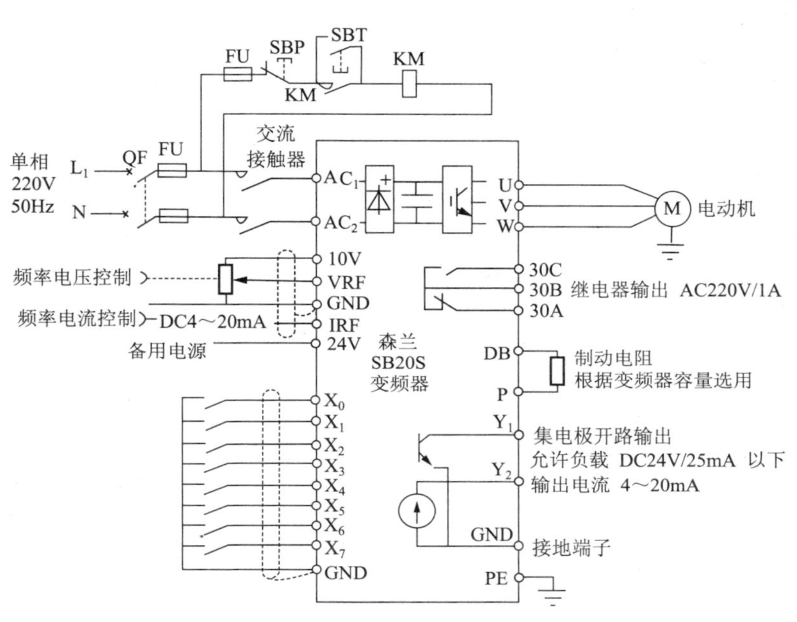

图 8.9 用单相电源变频控制三相电动机电路

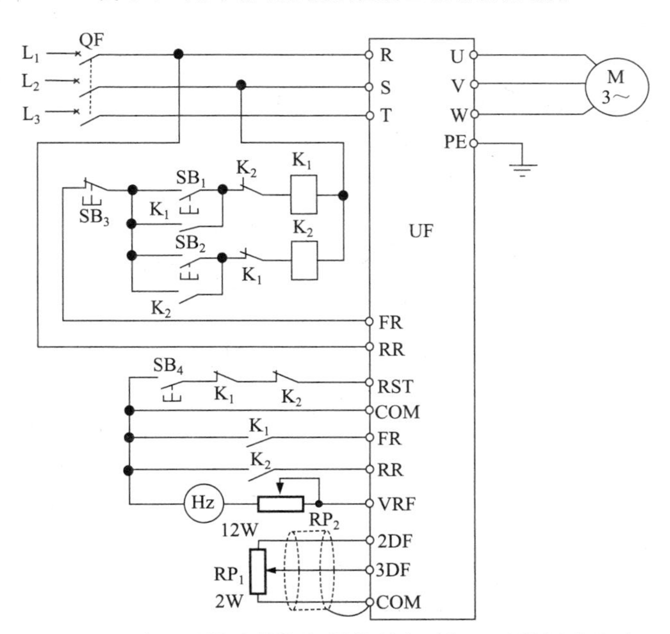

图 8.10 有正反转功能变频器控制电动机正反转调速电路

图中 Hz 为频率表，RP_1 为 2W、1kΩ 线绕式频率给定电位器，RP_2 为 12W、10kΩ 校正电阻，构成频率调整回路。

8.11 无正反转功能变频器控制电动机正反转调速电路

有些变频器无正反转功能，只能使电动机向一个方向旋转，这时采用本例电路可实现电动机正反转运行，无正反转功能变频器控制电动机正反转调速电路如图 8.11 所示。

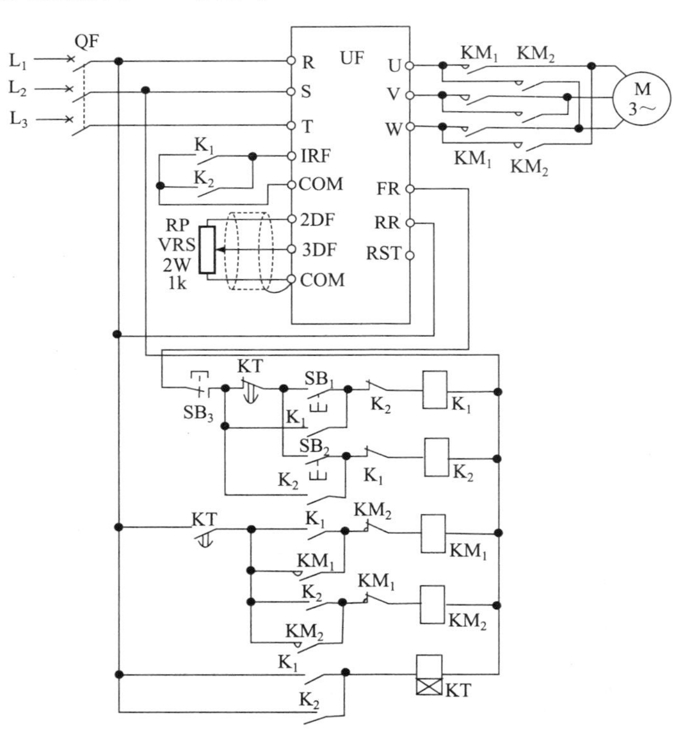

图 8.11　无正反转功能变频器控制电动机正反转调速电路

正转时，按下按钮 SB_1，中间继电器 K_1 得电吸合并自锁，其两副常开触点闭合，IRF-COM 接通，同时时间继电器 KT 得电进入延时工作状态，待延时结束后，KT 延时闭合触点动作，使交流接触器 KM_1 得电吸合并自锁，电动机正转运行。

欲使 M 反转，在 IRF-COM 接通后，变频器 UF 开始运行，其输出频率按预置的升速时间上升至与给定相对应的数值。当按下停止按钮 SB_3 后，K_1 失电释放，IRF-COM 断开，变频器 UF 输出频率按预置频率下降至 0，M 停转。按下反转按钮 SB_2，则反转继电器 K_2 得电吸合，使接触器 KM_2 吸合，电动机反转运行。

为了防止误操作，K_1、K_2 互锁。

RP 为频率给定电位器，必须用屏蔽线连接。时间继电器 KT 的整定时间要超过电动机停止时间或变频器的减速时间。在正转或反转运行中，不可关断接触器 KM_1 或 KM_2。

第9章

电工常用机床电气控制电路

9.1 C620 型车床电气控制电路

C620 型车床是普通车床的一种。它有主线路、控制线路和照明线路三部分。主线路共有两台电动机，其中 M_1 是主轴电动机，拖动主轴旋转和刀架做进给运动。由于主轴是通过摩擦离合器实现正反转的，所以主轴电动机不要求有正反转。主轴电动机 M_1 是用按钮和接触器控制的。M_2 是冷却泵电动机，直接用转换开关 QS_2 控制，如图 9.1 所示。

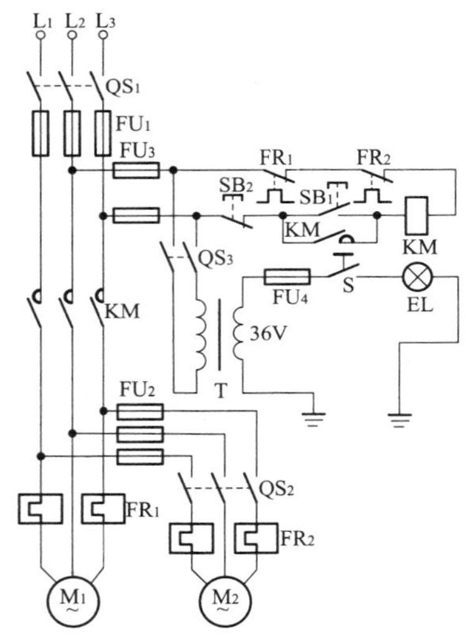

图 9.1　C620 型车床电气控制电路

当合上转换开关 QS_1，按下启动按钮 SB_1 时，接触器 KM 线圈得电动作，其主触点和自锁触点闭合，电动机 M_1 启动运转。需要停止时，按下停止按钮 SB_2，接触器 KM 线圈断电释放，电动机停转。

当 M_1 接通电源旋转后，合上转换开关 QS_2，冷却泵电动机 M_2 即启动运转。M_2 与 M_1 是联动的。

照明线路由一台 380V/36V 变压器供给 36V 电压，使用时合上开关 S 即可。

9.2 Z35 型摇臂钻床电气控制电路

Z35 型摇臂钻床电气控制电路主要由主线路、控制线路及照明线路等组成。主线路主要有四台电动机，其中主轴电动机 M_2 由接触器 KM_1 控制单方向开停工作。电动机 M_3 是摇臂升降所用的电动机，由接触器 KM_2 和 KM_3 进行换相，控制电动机正反转运转。M_4 为主轴的紧松电动机，是用接触器 KM_4 和 KM_5 实现正反转运转，来操纵控制立柱的夹紧与松开，M_1 是为了在工作时给切削工件输送冷却液所用的冷却泵电动机，它由开关 SA_2 来控制，如图 9.2 所示。

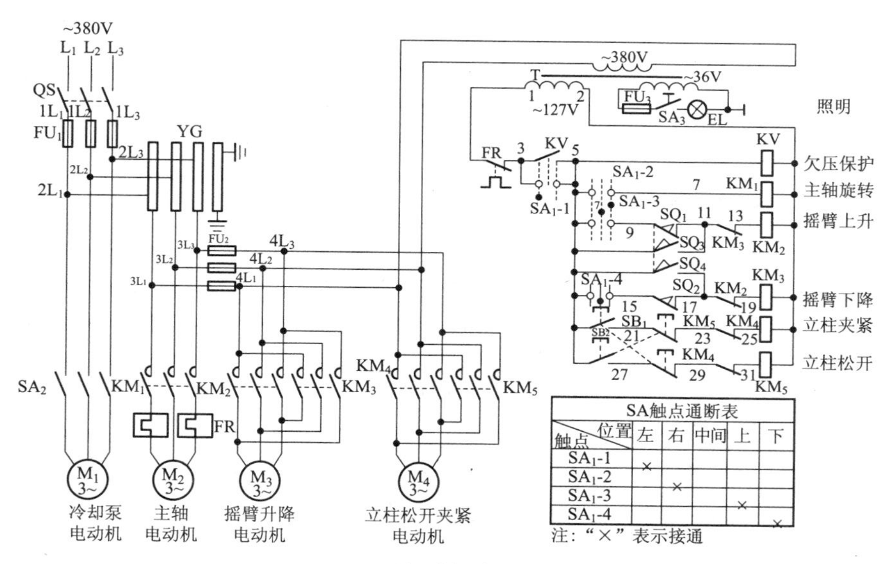

SA触点通断表

触点＼位置	左	右	中间	上	下
SA1-1	×				
SA1-2		×			
SA1-3				×	
SA1-4					×

图 9.2 Z35 型摇臂钻床电气控制电路

加工工件时，操纵十字开关 SA_1 扳向左方向位置，SA_1 左方面触点闭合，零压继电器 KV 线圈得电动作，其常开触点闭合自锁，然后再将十字转换开关扳向右边位置，触点接通接触器 KM_1 线圈，从而使主轴电动机 M_2 通电工作运转，其主轴方向由主轴箱上的摩擦离合器手柄位置来决定正反方向。如果将十字转换开关 SA_1 手柄拨向中间位置时，接触器

KM_1 线圈断电，主轴停车。摇臂升降也同样由十字开关来完成，SA_1 位置向上时，接触器 KM_2 得电吸合，M_3 正向运转，摇臂上升，但升到一定程度时，由限位开关 SQ_1 来限位，停止上升。当需摇臂下降时，拨动 SA_1 向下，接触器 KM_3 线圈得电，从而使摇臂下降，当下降到极限值时由行程开关限位停止运行。立柱夹紧与松开由复合按钮 SB_1 和 SB_2 来完成，按下 SB_2 时立柱松开，如果只按下 SB_1 时，立柱夹紧，当松开按钮后，电动机 M_4 停止工作。如在工作时向工件上送冷却液，操作冷却泵开关 SA_2 即可控制冷却泵 M_1 开停。

9.3 Z525 型立式钻床电气控制电路

Z525 型立式钻床有两台电动机，一台为主轴电动机 M_1，另一台是冷却泵电动机 M_2。主轴电动机 M_1 为正反转控制，而电动机 M_2 是通过转换开关控制正转运行，如图 9.3 所示。

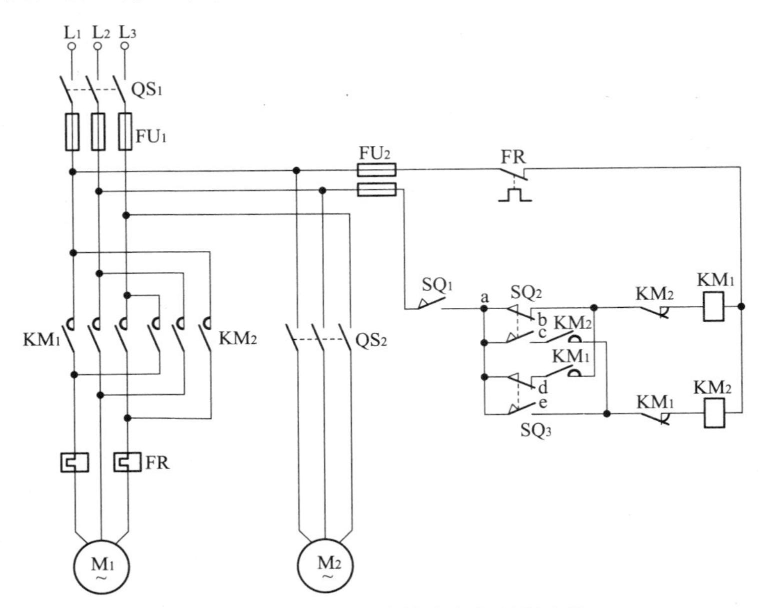

图 9.3　Z525 型立式钻床电气控制电路

工作时，合上 QS_1 开关，380V 电源经过熔断器 FU_1 送入接触器 KM_1 和 KM_2 上桩头和 QS_2 转换开关上桩头，为电动机通电运行做好准备。控制线路是把 380V 电源通过熔断器 FU_2 后送入控制线路中，当需操作钻床主轴电动机正转时，把操作手柄置于向右位置，这时行程开关 SQ_1 闭合，SQ_2(a 与 b)和 SQ_3(a 与 d)触点闭合，KM_1 线圈得电吸合，主轴电动机 M_1 得电正转。需停止电动机运行时，操作手柄处于停止位置，行程开关 SQ_1 触点断开，使主轴电动机停止运行。如果欲使主轴电动机反转，操作手柄拨向向左位置后行程开关 SQ_1 触点闭合，行程开关 SQ_2(a 与 c)和 SQ_3(a 与 e)触点闭合，从而接通接触器 KM_2 线圈回路，使 KM_2 得电吸合，电动机反转运行。如果需操作冷却泵电动机时，拨通转换开关 QS_2 即可使电动机运行。整个线路中有短路保护和过流保护装置，并使换相接触器线圈触点进行互锁，以防接触器同时吸合造成短路。

9.4 M7120型平面磨床电气控制电路

M7120 型平面磨床主要由主线路、控制线路、照明及指示灯线路，以及电磁工作台线路等组成，如图 9.4 所示。下面按线路的几大组成部分分别对其工作原理及用途进行简单介绍。

M7120 型平面磨床的主线路有四台电动机，M_1 为液压泵电动机，它在工作中起到工作台往复运动的作用；M_2 是砂轮电动机，可带动砂轮旋转起磨削加工工件作用；M_3 电动机做辅助工作，它是冷却泵电动机，为砂轮磨削工作起冷却作用；M_4 为砂轮机升降电动机，用于调整砂轮与工作件的位置。M_1、M_2 及 M_3 电动机在工作中只要求正转，其中对冷却泵电动机还要求在砂轮电动机转动工作后才能使它工作，否则没有意义。对升降电动机要求它正反方向均能旋转。

控制线路对 M_1、M_2、M_3 电动机有过载保护和欠压保护能力，由热继电器 FR_1、FR_2、FR_3 和欠压继电器 KA 完成保护，而四台电动机则需 FU_1 进行短路保护。电磁工作台控制线路首先由变压器 T_1 进行变压后，再经整流提供 110V 的直流电压，供电磁工作台用，它的保护线路是由欠压继电器、放电电容和电阻组成。

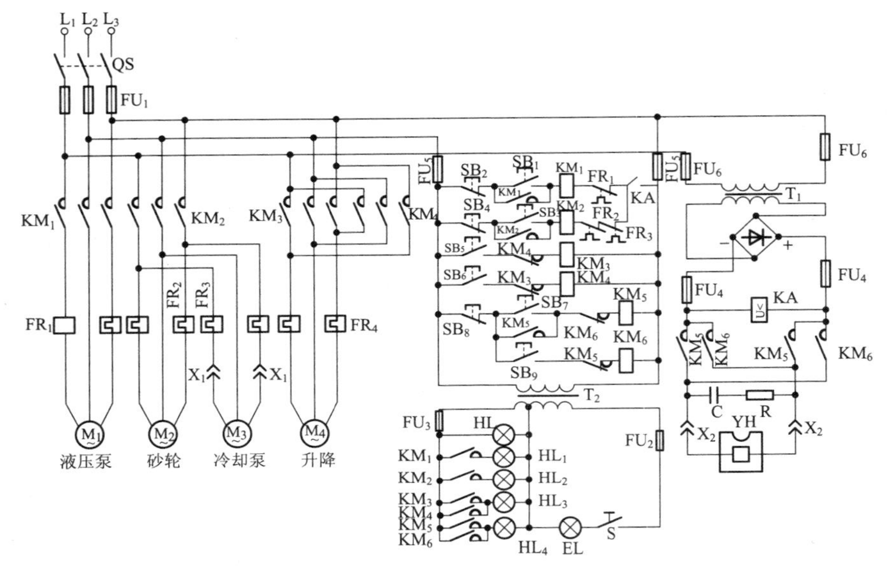

图 9.4 M7120 型平面磨床的电气控制电路

线路中的照明灯电路由变压器提供 36V 电压，由低压灯泡进行照明。另外还有 5 个指示灯，HL 亮证明工作台通入电源；HL_1 亮表示液压泵电动机已运行；HL_2 亮表示砂轮机电动机及冷却泵电动机已工作；HL_3 亮表示升降电动机工作；HL_4 亮表示电磁吸盘工作。

M7120 型平面磨床的工作原理是，当 380V 电源正常通入磨床后，线路无故障时，欠压继电器动作，其常开触点 KA 闭合，为 KM_1、KM_2 接触器吸合做好准备，当按下 SB_1 按钮后，接触器 KM_1 的线圈得电吸合，液压泵电动机开始运转，由于接触器 KM_1 的吸合，自锁触点自锁使 M_1 电动机在松开按钮后继续运行，如工作完毕按下停止按钮，KM_1 断电释放，M_1 便停止运行。如需砂轮电动机以及冷却泵电动机工作时，按下按钮 SB_3 后，接触器 KM_2 便得电吸合，此时砂轮机和冷却泵电动机可同时工作，正向运转。停车时只需按下停止按钮 SB_4，即可使这两台电动机停止工作。在工作中，如果需操作升降电动机做升降运动时，按下点动按钮 SB_5 或 SB_6 即可升降；停止升降时，只要松开按钮即可停止工作。如需操动电磁工作台时，把工件放在工作台上，按下按钮 SB_7 后接触器 KM_5 吸合，从而把直流电 110V 电压接入工作台内部线圈中，使磁通与工件形成封闭回路，因此就把工件牢牢地吸住，以便对工件进行加工。当按下 SB_8

后，电磁工作台便失去吸力。有时其本身存在剩磁，为了去磁可按下按钮 SB_9，使接触器 KM_6 得电吸合，把反向直流电通入工作台，进行退磁，待退完磁后松开 SB_9 按钮即可将工件拿出。

9.5 M1432A 型外圆磨床电气控制电路

M1432A 型外圆磨床有 5 台电动机协作工作，电动机 M_1 为油泵电动机，M_2 为双速电动机是带动工件旋转的主轴电动机，M_3 和 M_4 分别为内圆砂轮和外圆砂轮电动机，M_5 是给砂轮和工件供给冷却液的冷却泵电动机，如图 9.5 所示。

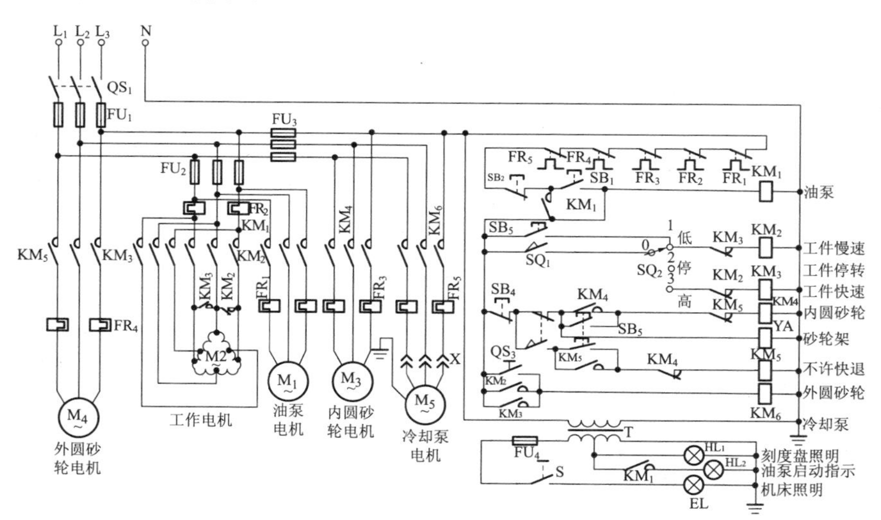

图 9.5　M1432A 型外圆磨床电气控制电路

M1432A 型外圆磨床控制电路由主线路、控制线路和照明线路三大部分组成。主线路有 5 台电动机，均有过载和短路保护。它的控制电源是经过热继电器常闭触点串接过来的电源，在热继电器不动作的情况下，首先只能开动油泵电动机，而后才能操作其他电动机。拨动 QS_2 转换开关后，可控制工作主轴双速电动机快速、慢速转换。如果 QS_2 的 0、3 触点接通，按下 SB_5 后，接触器 KM_3 得电吸合，M_2 工件电动机快速工作。

内外圆电动机 M_3 和 M_4 由接触器 KM_4 和 KM_5 来控制，只要按下接触器按钮开关 SB_3，内外圆电动机便通电工作(或内圆工作，或外圆工作)，它是由行程开关 SQ_2 来选定，但在内圆砂轮机工作时，由于电磁铁 YA 得电吸合，可防止砂轮架快退的可能。另外，在操作工件电动机 M_2 后，接触器 KM_2 或 KM_3 吸合，接触器 KM_6 便得电吸合，在工作时使冷却泵电动机自动启动，为加工砂轮机输送冷却液。低压照明只要操作开关 S 低压灯即点亮。

9.6 简易导轨磨床电气控制电路

简易导轨磨床有三台电动机工作，其中 M_1 为工作台电动机，M_2 为右砂轮电动机，M_3 为左砂轮电动机，如图 9.6 所示。

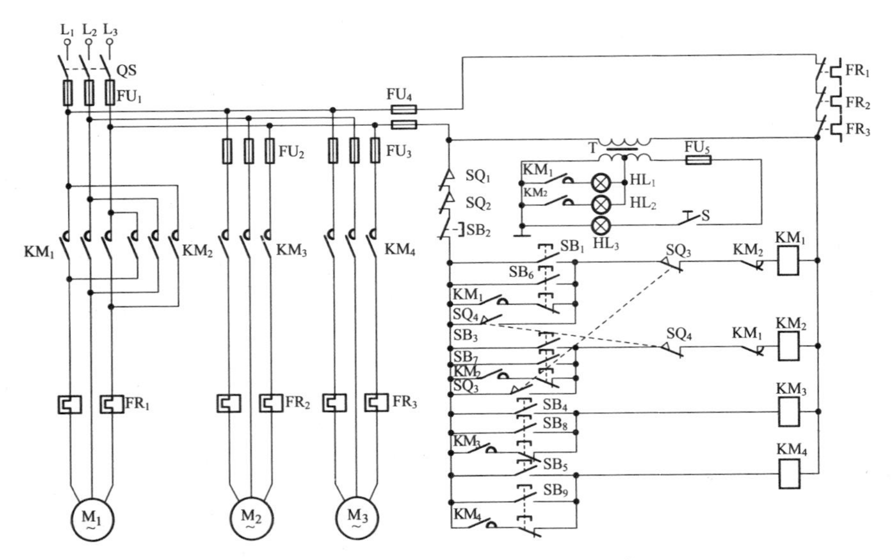

图 9.6　简易导轨磨床电气控制电路

需要工作时合上 QS 开关，按下按钮开关 SB_1 后，接触器 KM_1 便得电吸合，M_1 电动机带动工作台向右运动，当工作台移动到挡铁碰触行程开关 SQ_3 后，KM_1 便断开电源，同时行程开关的另一组触点接通 KM_2 线圈回路，使 KM_2 得电吸合，主电动机向左运转。M_1 电动机也可点动运行，由 SB_6 和 SB_7 按钮来完成点动动作。为了防止误动作，由 SQ_1 和 SQ_2 行程开关做最后一级保护。对于左右砂轮机的操作，由正常启动按钮 SB_4 和 SB_5 来完成。当按下 SB_4 后，接触器 KM_3 得电吸合，左砂轮机运转，当按下 SB_5 后，接触器 KM_4 得电吸合，右砂轮机得电运转。停车时按下 SB_2 按钮即可停止所有电动机的工作。如需点动左右砂轮机运行，按下 SB_8 和 SB_9 即可实现。

9.7 T68 型卧式镗床电气控制电路

T68 卧式镗床共有两台电动机，M_1 为双速电动机，它可通过变速箱来带动平旋盘及主轴转动，同时还要润滑油泵转动；电动机 M_2 用来带动主轴上的拖板做快速运动，如图 9.7 所示。

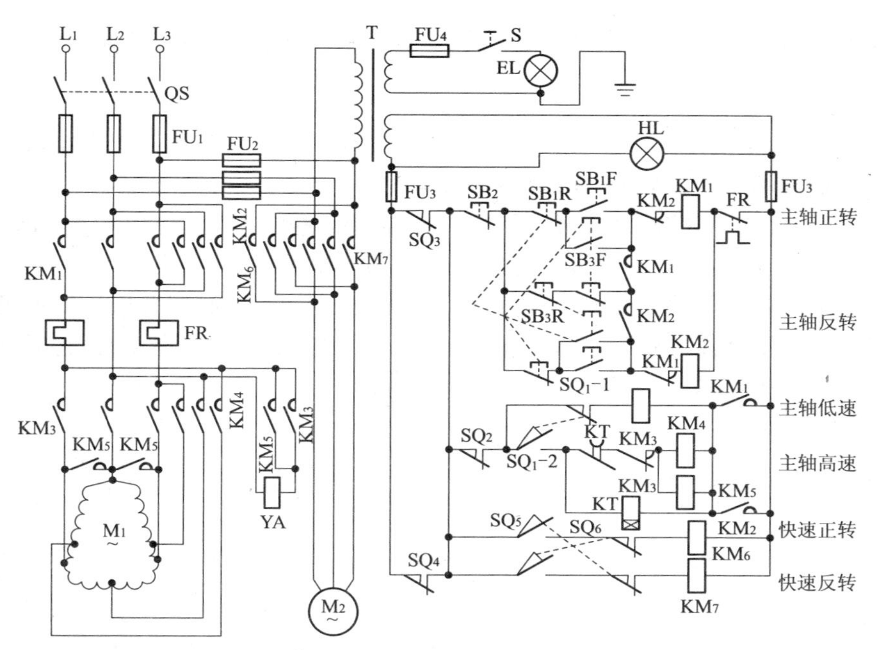

图 9.7 T68 型卧式镗床电气控制电路

主轴正反转控制与点动控制可操作 SB_1F 按钮和 SB_1R 按钮，操作后 KM_1、KM_2 或 KM_3 得电吸合，电动机 M_1 运转，停车时操作 SB_2 即可。如需点动应操作 SB_3F 和 SB_3R 按钮，即可实现 M_1 电动机点动。当需要主轴制动时，按下停止按钮后，接触器 KM_3 和 KM_5 释放，断开电磁铁的电源，电磁铁制动装置在弹簧的作用下通过杠杆将制动轮拉紧，使电动机尽快停转。若想在工作中使主轴电动机由低速改变为高速运转，则可通过调速联动机构使 SQ_1 行程开关动作，经时间继电器延时后，闭合接触器 KM_4 和 KM_5 线圈，使 M_1 由△形改变成YY形连接高速运转。SQ_2 是与机床变速手柄相连的变速联动行程开关，当拉出机床变速手柄后，SQ_2 断开接触器 KM_3、KM_4 或 KM_5 电路，从而使电动机停转。对于给进部件快速移动控制是由操作手柄操纵行程开关 SQ_5 和 SQ_6 来完成，通过开关来使 KM_6 或 KM_7 通电，从而启动电动机 M_2 做上拖板、下拖板等快速运动。

9.8 X62W 型万能铣床电气控制电路

X62W 型万能铣床有三台电动机，M_1 为主轴电动机，M_2 为工作给进电动机，M_3 是冷却泵电动机如图 9.8 所示。

主轴电动机是通过换向开关 QS_5 以及接触器 KM_2 和 KM_3 来完成正反转、反接制动及瞬动控制，并可通过机械机构进行变速。M_2 的功能就更为全面，它能进行正反转控制、快慢速控制、限位控制，并通过机械机构使工作台进行上下、左右、前后方向运动。M_3 为冷却泵电动机，它通过 KM_1 来控制操作开停。

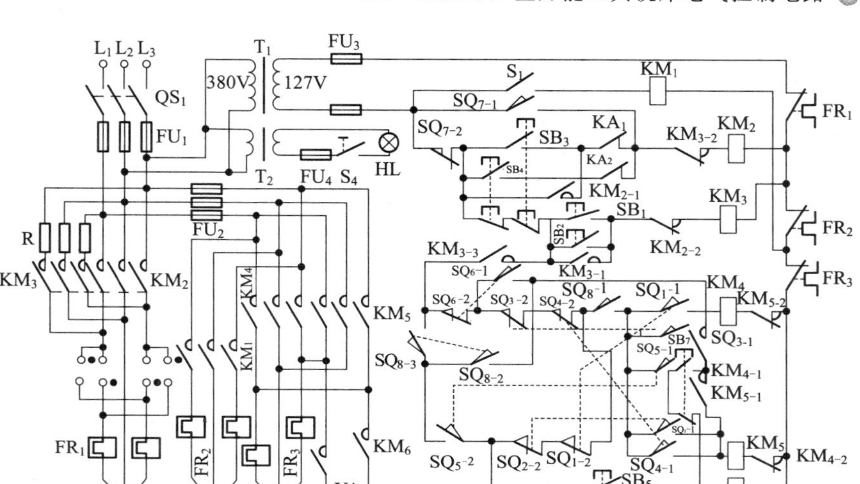

图 9.8 X62 型万能铣床电气控制电路

9.9 X8120W 型万能工具铣床电气控制电路

X8120W 型万能工具铣床有两台电动机，一台是主机铣头电动机，为双速式，高速时电动机线圈为双星形接法，并且铣头电动机需正反方向运转；另一台为冷却泵电动机 M_1，它由转换开关 QS_2 来做通断控制，如图 9.9 所示。

铣床需要工作时可合上刀闸 QS_1，这时，拨动双速开关，若欲进行高速运转时需将开关 SK 的 1、2 接通，欲进行低速运转时可将双速开关 SK 的 1、3 接通，然后按下 SB_1 按钮，接触器 KM_3 得电吸合，电动机开始正转运行。若需停止电动机，可按下 SB_2，若需要反转工作，按下 SB_3 按钮，接触器 KM_4 与接触器 KM_1 闭合，使电动机 M_2 高速反转运行，停车时按下 SB_2 即可停止电动机运行。若想改变为低速运行，只要把双速开关转向 1、3 接通，即可操纵按钮正反转工作均为低速运行。低压灯工作时开动开关 S 即可；M_1 冷却泵电动机工作时，只要将转换开关 QS_2 拨向接通位置便能开始运转工作。

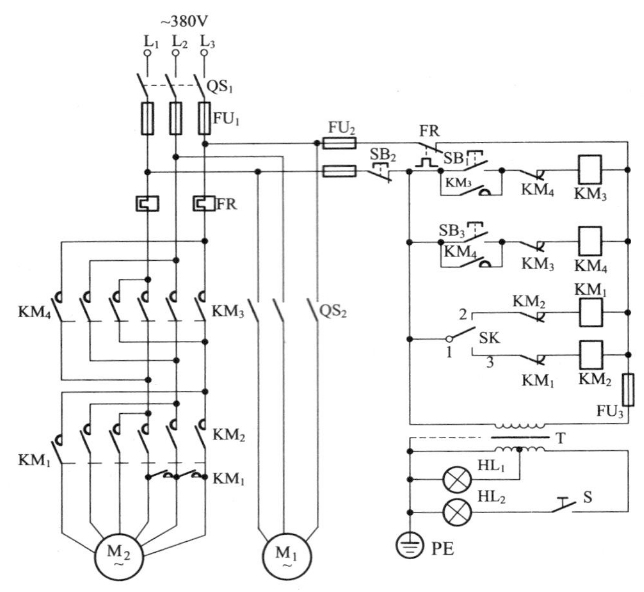

图 9.9　X8120W 型万能工具铣床电气控制电路

9.10 Y3150 型滚齿机电气控制电路

Y3150 型滚齿机主要有两台电动机，M_1 是刀架电动机，为正反转点动和单向启动运行；M_2 为冷却泵电动机，由转换开关控制正转开停。它的控制线路中带有正反转到位限位开关，并附有低压照明线路和指示灯线路，如图 9.10 所示。

需要工作时按下启动按钮 SB_1，此时接触器 KM_1 得电吸合，其主触点闭合，使电动机 M_1 带动刀架向下移动工作，到达终点与行程开关 SQ_2 相碰后电动机即停止运转。如果要求刀架向上移动，按下启动按钮 SB_4 即可使电动机反转向上移动。如需刀架主电动机点动向下，按下点动按钮 SB_3 即可实现点动。

操作冷却泵电动机时，只要在主机电动机运行后拨动转换开关即可使冷却泵电动机工作。如果在工作时，限位开关 SQ_1 动作后，机床便无法工作，只要用机械手柄把滚刀架移开限位开关与挡铁接触处，机床便能工作。

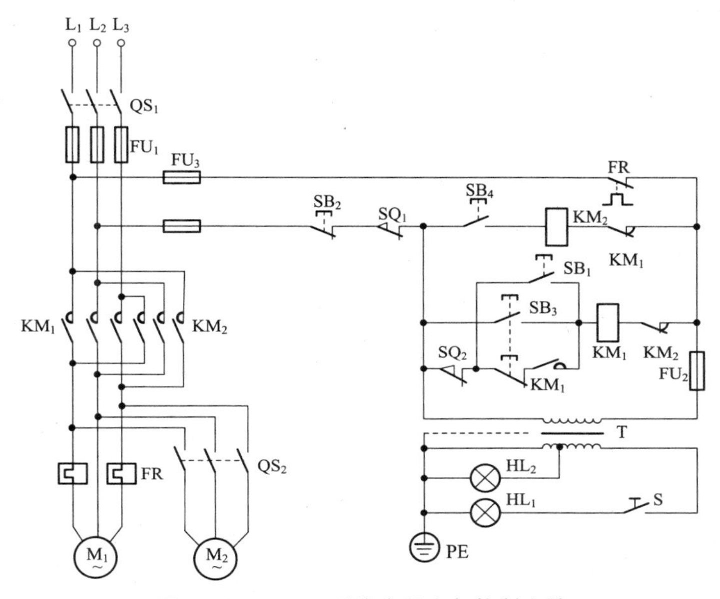

图 9.10　Y3150 型滚齿机电气控制电路

第10章

电工常用照明电路

10.1 延长白炽灯寿命的简单电路

在楼梯、走廊、卫生间等场所使用的照明灯，照明度要求不高，但由于电源电压升高或在点亮瞬间受到电流冲击的影响，很容易烧坏灯泡，给维修工作带来许多不便。现介绍一种延长寿命的一个简便的方法，是采用两只功率相同、电压均为 220V 的白炽灯相串联，一起连接在电压为 220V 的电源回路里，如图 10.1 所示。因为每只灯泡的电压降低了，灯泡寿命延长了，但发光效率却降低了。

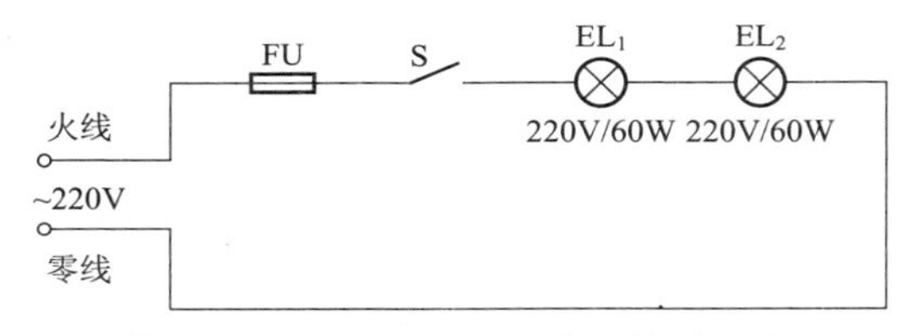

图 10.1 延长白炽灯寿命的简单电路

上述电路还有很多应用场所，是一种要求照度不高又无人管理的理想电路。对使用者来说，它的寿命是可以保证的，几乎灯泡损坏不了，因为供给它的电压只有灯泡工作电压的一半。

另外一种方法就是采用整流二极管，即在开关盒内加装一只耐压大于 400V、电流为 1A 的整流二极管。

其工作原理是：220V 交流电源通过半波整流，使灯泡只有半个周期中有电流通过，从而达到延长白炽灯寿命的目的，但灯泡亮度将会降低，如图 10.2 所示。

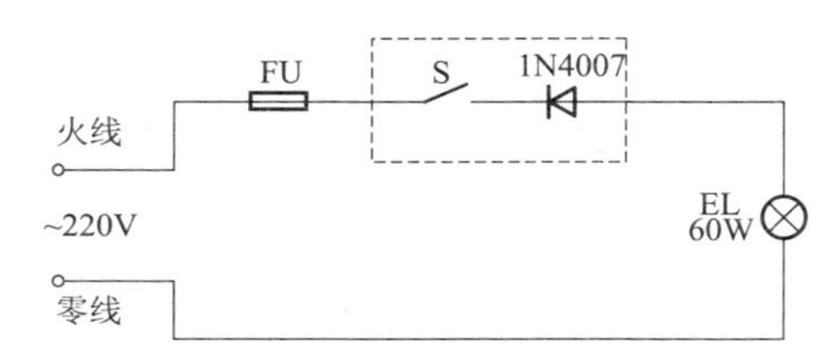

图 10.2 用整流二极管延长白炽灯寿命的方法

整流二极管参数的简单计算如下所示。

输出电流电压为

$$U_d \approx 2 \times 1.2U_2 = 2.4U_2$$

流经二极管上的电流等于流经负载 R_{fz} 上的电流，在串联回路中电流处处相等，所以为 $2.4U_2/R_{fz}$。

10.2 日光灯的一般连接电路

日光灯大量应用于家庭以及公共场所的照明，具有发光效率高、寿命长等优点。图 10.3 为日光灯的一般连接电路图。

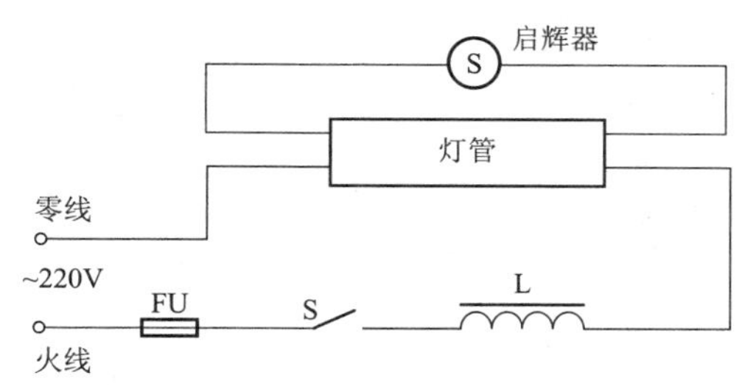

图 10.3　日光灯的一般连接电路图

当开关闭合、电源接通后，灯管尚未放电，电源电压通过灯丝全部加在启辉器内的两个双金属触片上，使氖管中产生辉光放电发热，两触片接通，于是电流通过镇流器和灯管两端的灯丝，使灯丝加热并发射电子。此时，由于氖管被双金属触片短路停止辉光放电，双金属片也因温度降低而分开，在此瞬间，镇流器产生相当高的自感电动势，与电源电压串联后加在灯管两端引起弧光放电，使日光灯发光。

电路中镇流器若采用电感式镇流器，其功率因数很低，无功损耗很大。如一只 40W 日光灯采用电感式镇流器，其工作电流为 0.43A，那么其功率为

$$\begin{aligned} P &= IU = 0.43 \times 220 \\ &= 94.6(\text{W}) \end{aligned}$$

常见日光灯的线路如图 10.4 所示，其安装图参见图 10.5。

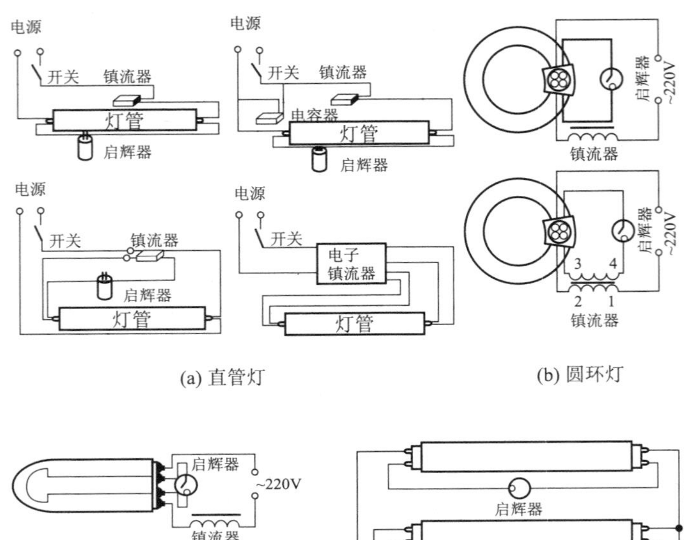

(a) 直管灯　　(b) 圆环灯

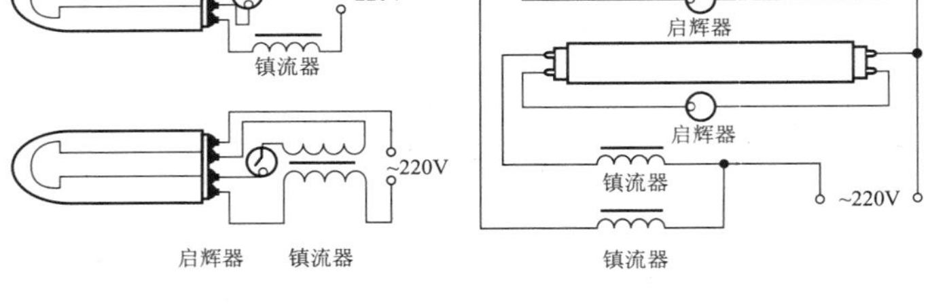

(c) U形灯　　(d) 双管灯

图 10.4　日光灯的常用线路

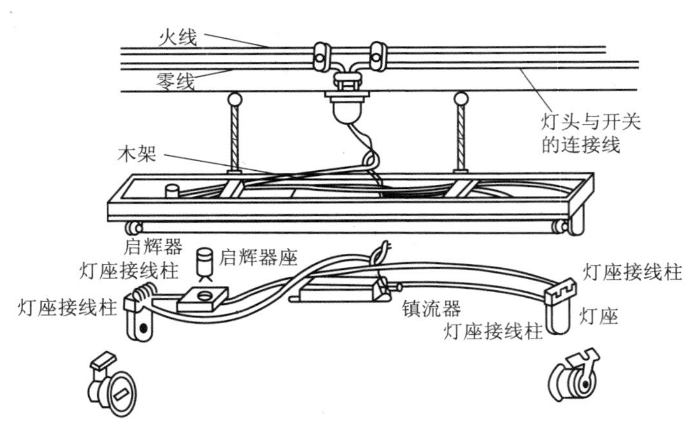

图 10.5　日光灯的安装

10.3 室外广告双日光灯电路

室外广告双日光灯电路如图 10.6 所示。一般在接线时，尽可能减少外部接头。安装日光灯时，镇流器、启辉器必须和电源电压、灯管功率相配合，如 40W 日光灯管要配 40W 的镇流器并配接 40W 启辉器。

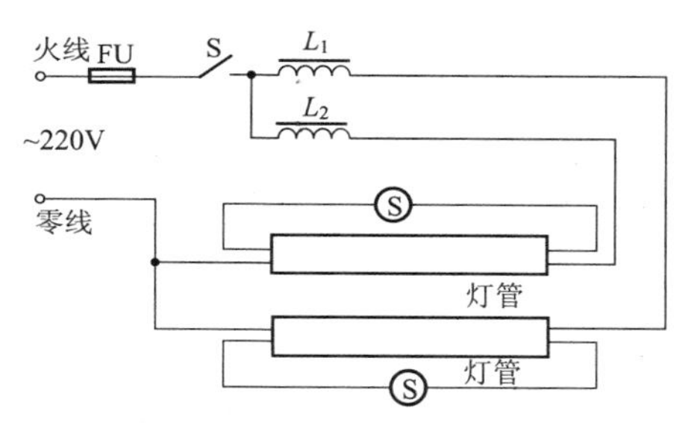

图 10.6 室外广告双日光灯电路

10.4 用直流电点亮日光灯电路

图 10.7 为直流电点亮日光灯电路，可用来直接启动 6～8W 的日光灯。它是由一个 NPN 型晶体三极管 VT 组成的共发射极间歇振荡器，通过变压器在次级感应出间歇高压振荡波启动日光灯。

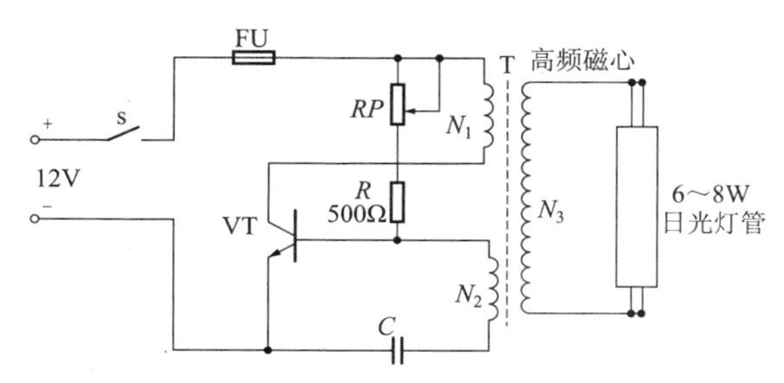

图 10.7 用直流电点亮日光灯电路

10.5 日光灯节能电子镇流器电路

图 10.8 所示是日光灯节能电子镇流器电路。图中，$VD_1 \sim VD_4$、C_1、C_2 构成桥式整流滤波电路，完成交流 220V 到直流 300V 的转换。R_7、R_6 是起振电阻，为 VT_2 提供起始导通偏置电压，从而激发 VT_1、VT_2 形成高频自激振荡。B_1 为高压产生自感扼流圈，C_3、VD_5、VD_6、C_7 组成软启动电路，使电路工作点的建立得以延时，使日光灯管的灯丝预热加长，以利于灯管的迅速启动，延长其使用寿命。

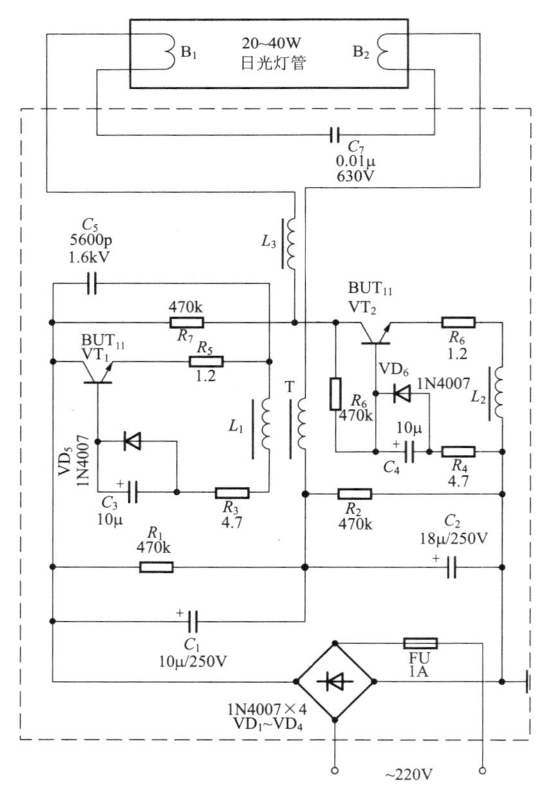

图 10.8 日光灯节能电子镇流器电路

10.6 应急照明灯电路(Ⅰ)

图 10.9 为应急照明灯电路(Ⅰ)。三极管 VT 与变压器 T 的初级绕组构成电感三点式振荡器,将蓄电池的直流电压转换为交流电压,然后再经变压器的升压作用,在 L_3 上得到较高的交流电压,从而点燃 12W 以下日光灯,作为应急照明灯使用。

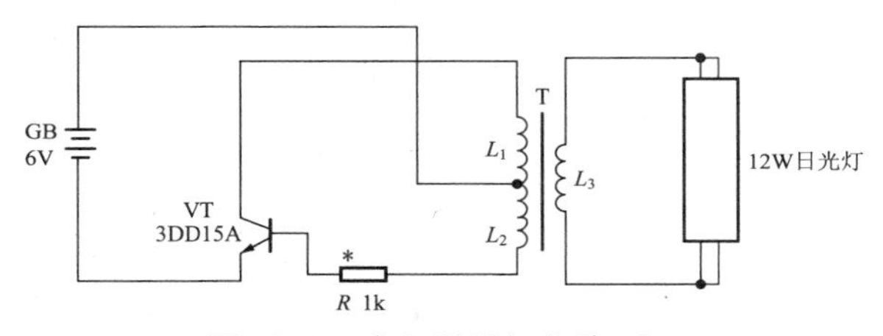

图 10.9　应急照明灯电路(Ⅰ)

电阻 R 为三极管 VT 的基极偏置电阻,适当调整其阻值可改变逆变输出功率。

制作时,变压器的磁心可用电视机的行输出变压器的磁心,L_1 用 ϕ0.35mm 的漆包线绕 40 圈,L_2 用 ϕ0.35mm 的漆包线绕 40 圈,L_3 用 ϕ0.16mm 的漆包线绕 300 圈。三极管 VT 选用 3DD15A,电阻的阻值为 1kΩ 左右,功率为 1/8W。

调试时,如不起振,可将 L_1 或 L_2 两线头对调一下即可。

10.7 应急照明灯电路(Ⅱ)

应急照明灯电路(Ⅱ)如图 10.10 所示。当开关 S 在①的位置时,220V 的交流电源经变压器 T_1 降压、VD_1～VD_4 整流后向蓄电池 GB 充电。当停止交流供电时,可把开关 S 拨向②的位置,此时蓄电池向逆变变压器 T_2 次级输出高压电,使灯管启辉。

逆变变压器采用铁氧体罐形磁心绕制,规格为 GU26×16。绕制时,

要注意高压绕组 L_3 的绝缘。电池组可根据条件选用。电源变压器可用 10V·A 铁心绕制。灯管可选用 7W 的 H 形或 U 形节能灯。

电路安装无误后，如通电不起振，则有可能是反馈线圈接反，一般来讲，将 L_1 两端对调，即可正常工作。调整 C_1 的容量可改变振荡频率，C_1 的容量越大，振荡频率越低。

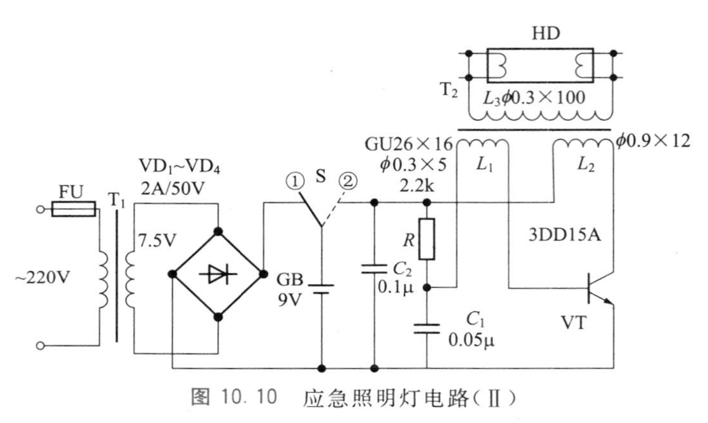

图 10.10　应急照明灯电路(Ⅱ)

10.8 晶闸管自动延时照明开关电路

图 10.11 是晶闸管自动延时照明开关电路。二极管 $VD_2 \sim VD_5$ 组成电桥，其中一条对角线上的两个接点引出接晶闸管 SCR，另一个对角线上的两个接点引出接在原来的照明开关上。当 S 闭合时，在交流电源的一个半周时间，晶闸管 SCR 导通，使电桥的对角线短接，因而照明灯亮；当 S 打开时，由于电容 C_1 经 R_1、VD_1 向晶闸管控制极放电，使得通过晶闸管控制极的电流继续保持，这样照明灯在电容放电的一段时间内延时点亮，然后熄灭。

在调试电路时，若按下开关 S 时，照明灯不亮，则可重新选择电阻 R_1 的阻值。电路中，晶闸管与二极管的型号由负载电流大小决定。

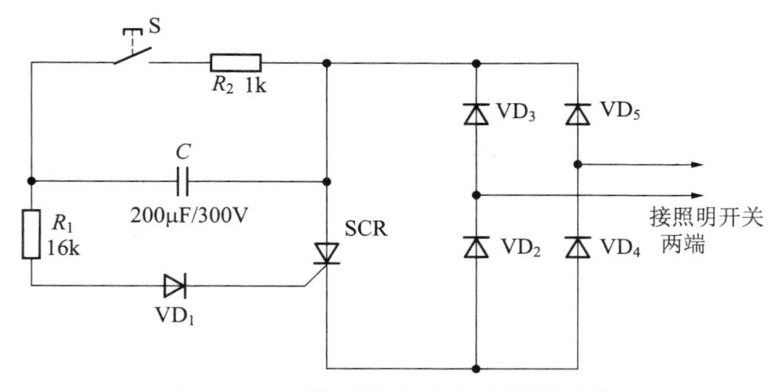

图 10.11 晶闸管自动延时照明开关

10.9 楼房走廊照明灯自动延时关灯电路

图 10.12 为楼房走廊照明灯自动延时关灯电路。当人走进楼房走廊时，瞬时按下任何一只按钮后松开复位，KT 断电延时时间继电器线圈得电吸合，使 KT 延时断开的常开触点闭合，照明灯点亮。延时常开触点经过一段时间后打开，使走廊的灯自动熄灭。

电路中，延时时间继电器选用 JS7-3A 或 JS7-4A 型断电延时时间继电器，线圈电压为 220V。这种延时时间继电器在线圈得电后所有触点立即转态动作即常开立即变成常闭，常闭立即变成常开，使 KT 吸合，然后在线圈失电后延迟一段时间触点才恢复原来状态。此电路采用的是失电延时断开的常开触点。

断电延时时间继电器触点动作原理比得电延时时间继电器稍难理解一些，由断电延时时间继电器原理可知，它实际上的延时触点在未通电前已受力转态了，而通电后由于电磁部分的作用使它瞬间恢复未受力状态（但不延时），只有在电磁线圈失电后，通过延时气囊调节进气孔的大小来改变其延时时间，从而达到延时的目的。

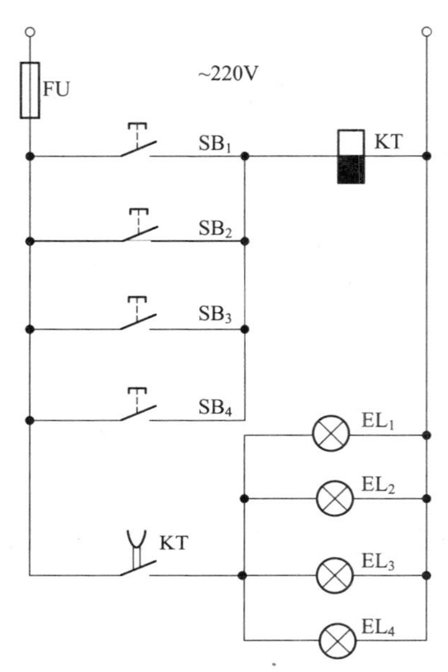

图 10.12　楼房走廊照明灯自动延时关灯电路

10.10 光控声控节能楼梯开关电路

该电路采用一片六反相器集成电路 CD4069，工作稳定，调试简便，体积小，便于安装，是目前楼梯广泛使用的节能产品。

图 10.13 是光控声控节能楼梯开关电路。220V 交流电经 VD_1～VD_4 桥式整流，电阻 R_1 降压，C_1 滤波，VS 稳压，得到＋5V 直流电供控制电路使用。白天光电管 2CU 受光照呈低阻，将 IC⑬脚限定为低电平，音频信号不能通过，⑧脚为低电平，晶闸管得不到触发电压而截止，灯泡不亮。晚上，2CU 因无光照而呈高阻，⑬脚的电平不再受 2CU 的限制，此时，当楼道有人走动、说话或击掌时，压电陶瓷片拾取微弱的声音信号，经 U_1 的线性放大，U_2 整形，由 C_4 耦合给⑬脚，经 U_3、U_4 的进一步整形，使⑩脚瞬时输出高电平，经二极管 VD_5 迅速对电容器 C_3 充电，⑤脚呈高电平，⑥脚呈低电平，⑧脚呈高电平，晶闸管触发导通，灯亮。此后，IC 靠 C_1 上的电荷维持供电。声音消失后，⑩脚变为低电平，但由于 VD_5 的反偏

隔离作用，C_3 上的电荷能过 R_3 缓慢泄放，维持⑤脚高电平 15s 左右，期间晶闸管导通，灯泡一直亮，待 15s 后，⑤脚变为低电平，⑧脚也为低电平，晶闸管关断，照明灯自动熄灭，整个电路等待下一次的声波触发。使用环境较脏时，应定期对声控节能开关进行表面灰尘清理以免损坏内部电子元器件。

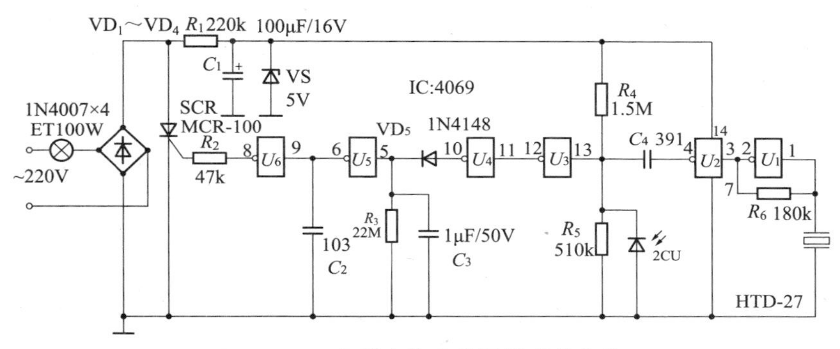

图 10.13 光控声控节能楼梯开关电路

10.11 用两只双联开关在两地控制一盏灯电路

有时为了方便，需要在两地控制一盏照明灯。例如，楼梯上使用的照明灯，要求在楼上、楼下都能控制其亮、灭。它需要多用一根连线，如图 10.14 所示。

在实际应用楼梯或楼道照明电灯时，需要在楼梯的上、下两个位置能控制一盏灯。当上楼梯时，能用下面的开关开灯，人上完楼梯后，又能用上面的开关关灯；当下楼梯时，能用上面的开关开灯，用下面的开关关灯。这就称为两地控制一盏灯，如图 10.15 所示。同样，在卧室的床头与门边也可各安装一个开关，对室内照明电灯进行两地控制。该电路应用很广，且非常实用，也可应用于卧室照明控制。

两地控制一盏灯是通过两个双联开关实现的。

图 10.14 中双联开关的动片可以绕轴 1 转动，可以使 1 与触点 2 接通，也可以使 1 与触点 3 接通。当双联开关 S_1 的触点 1 与 2 接通时，电路是关断的，灯熄灭；当开关 S_1 触点 1 与 3 接通时，电路通路，灯亮；如果

想在另一处关灯时，扳动 S_2 开关将 1、3 接通，电路关断，灯熄灭；再扳动 S_2 开关将 1、2 接通，电路通路，灯又亮；同样，再扳动 S_1 开关将 1、2 接通，电路关断，灯熄灭。这样就实现了两地控制一盏灯。

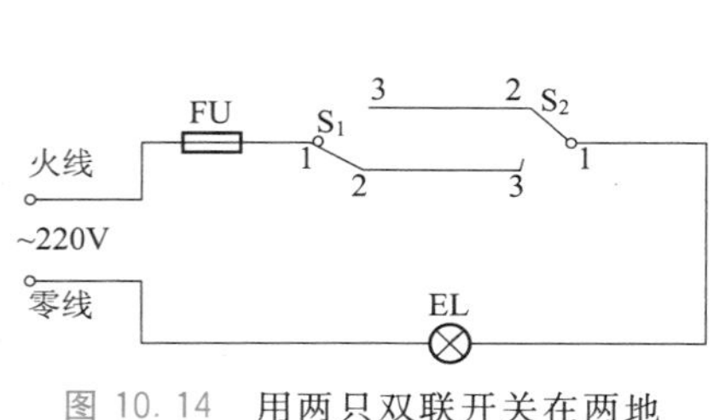

图 10.14　用两只双联开关在两地控制一盏灯电路

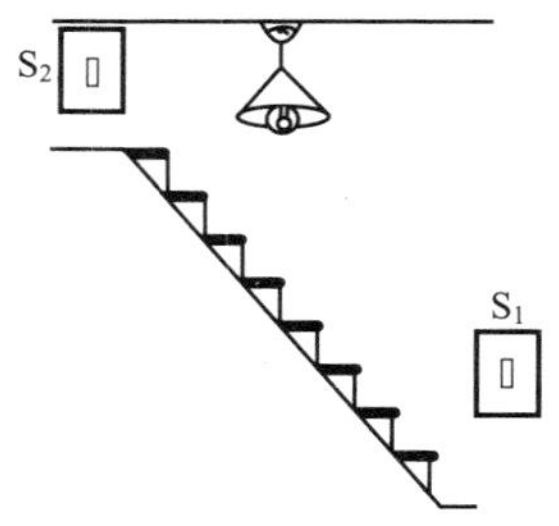

图 10.15　两地控制一盏灯（S_1、S_2 为开关）

两地控制一盏灯需要下列电气元件：暗装双联开关或拉线双联开关 2 只、灯座 1 只、灯泡 1 只、塑料电线、绝缘胶布等。

安装前应将所需器材准备好。双联开关进行编号，图 10.16 所示为暗装双联开关内部接线图。双联开关有三个接线柱，中间接线柱编号为“1”，另外两个接线柱分别为“2”、“3”。接线柱“2”、“3”之间在任何状态下都是不导通的，可用万用表电阻挡进行检验。注意两个双联开关编号位置要相同。

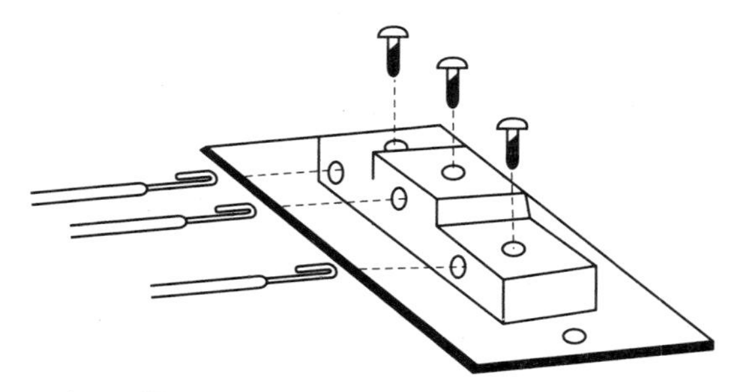

图 10.16　暗装双联开关内部线路

10.12 钠灯电路

钠灯常用于路灯照明，它具有光线柔和、发光效率高等优点。钠灯又分为低压钠灯和高压钠灯两种。低压钠灯发出的是单色荧光，它的发光效率很高，一般一个 90W 的钠灯，相当于一个 250W 的高压水银灯泡。另一种则为高压钠灯，它是将钠的蒸气压力提高，并充进少量的水银，光谱线为黄色或红色，其特点是发光效率高、寿命长，广泛适用于道路、车站、广场、厂矿企业照明。

高压钠灯线路如图 10.17 所示。图 10.17(a)为高压钠灯的一种常用接线线路。它的特点是在灯的制造过程中，在外玻璃壳内有一种启动用的热控开关。启动时，电流流过热控开关和加热线圈，当热控开关受热打开时，镇流器产生脉冲高压，使灯击穿放电，在启动后，热控开关靠放电管的高温保持继续断开位置。图 10.17(b)为高压钠灯带电子启动器的接线图。高压钠灯结构如图 10.18 所示。

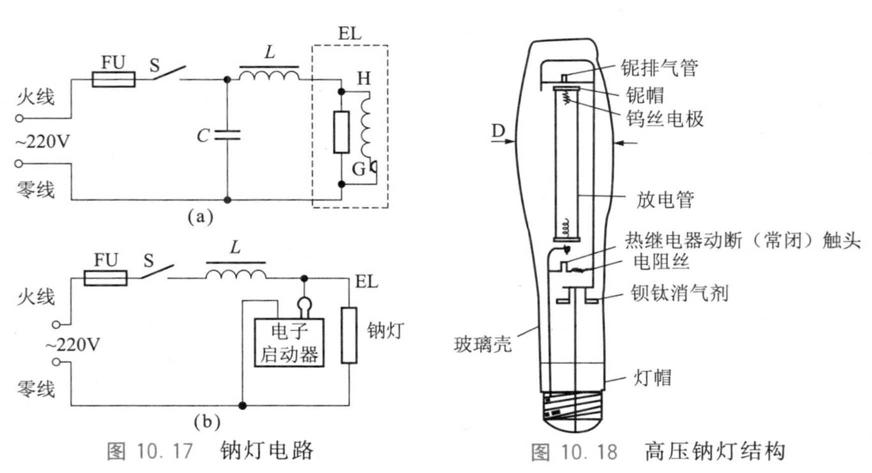

图 10.17 钠灯电路

图 10.18 高压钠灯结构

10.13 自镇流荧光高压汞灯电路

自镇流荧光高压汞灯是一种气体放电灯，灯泡内的限流钨丝和石英弧管相串联。限流钨丝不仅能起到镇流作用，而且有一定的光输出。因此，它具有光色好、启动快、使用方便以及可省去外接镇流器等优点，适合街道、场院等场所的照明。灯泡的外形与接线方式如图 10.19 所示。

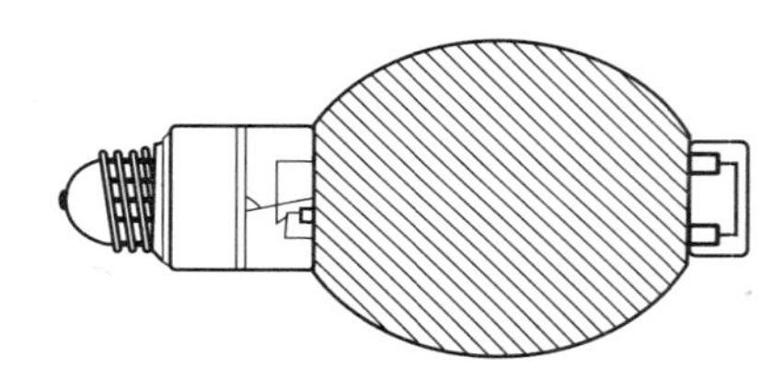

（a）自镇流萤光高压汞灯外形

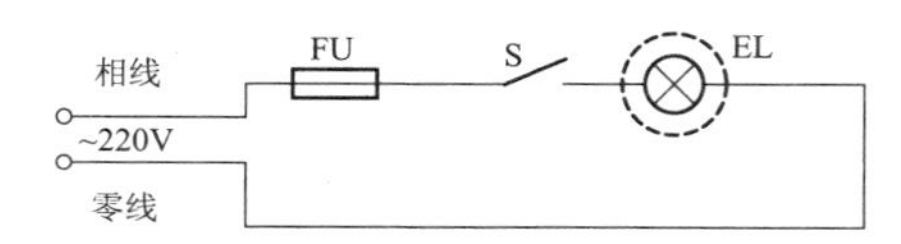

（b）自镇流萤光高压汞灯接线

图 10.19　自镇流荧光高压汞灯电路

使用自镇流荧光高压汞灯要注意以下几点：

① 自镇流荧光高压汞灯的启动电流较大，这就要求电源线的额定电流与保险丝要与灯泡功率相符。电线接头要接触牢靠，以免松动造成灯泡点亮困难或自动熄灭。

② 灯泡采用的是螺旋式灯头，安装灯泡时不要用力过猛，以防损坏灯泡。维修时应断开电源，并使灯泡冷却后进行。

③ 灯泡的火线应与螺口灯头的舌头触点连接，以防触电。

④ 电源电压不应波动太大，超过±5%额定电压时，可能引起灯泡自动熄灭。

⑤ 灯泡在点亮中突然断电，如再通电点亮，灯泡需待 10～15min 后自行点亮，这是正常现象。如果电源电压正常，又无线路接触不良，灯泡仍有熄灭和自行点亮现象反复出现，则说明灯泡需要更换。

⑥ 灯泡启辉后,4～8min 才能正常发光。

高压汞灯的构造如图 10.20 所示。

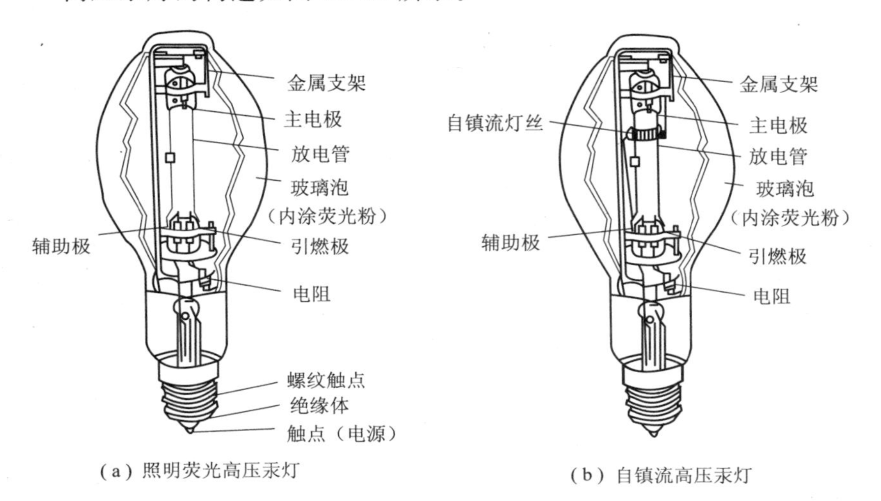

(a) 照明荧光高压汞灯　　(b) 自镇流高压汞灯

图 10.20 高压汞灯构造

第11章

电工常用电度计量表电路

11.1 单相电度表接线电路

单相电度表共有 4 个接线桩头，从左到右按 1、2、3、4 编号。我国电度表常用的接线方式是号码 1、3 接进线，2、4 接出线，如图 11.1(a)所示。在接线时可参照电度表接线桩头盖子上的线路图。如果负载电流超过电度表电流线圈的额定值，则应通过电流互感器接入电度表，使电流互感器的初级与负载串联，次级与电度表电流线圈串联，如图 11.1(b)所示。

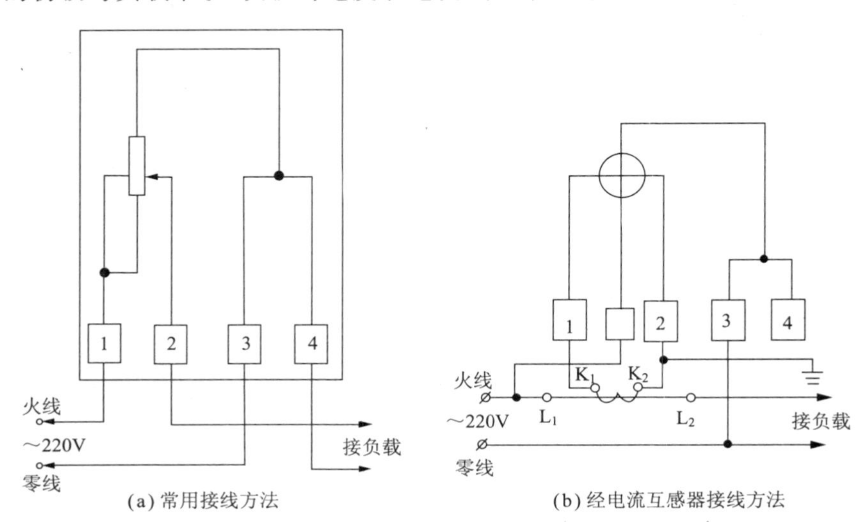

图 11.1　单相电度表的接线

11.2 三相有功电度表接线电路

三相三线制有功电度表的额定电压一般为 380V，额定电流有 5A、10A、15A、20A、25A 等数种。三相四线有功电度表用于动力和照明混合供电的三相四线制线路中，它的额定电压一般为 220V，额定电流有 5A、10A、15A、20A、25A 等数种。

① 三相三线有功电度表直接接线如图 11.2 所示。直接式三相三线电度表共有 8 个接线端头，其中，1、4、6 是电源相线进线端头；3、5、8 是相线出线端头；2、7 两个端头可空着。

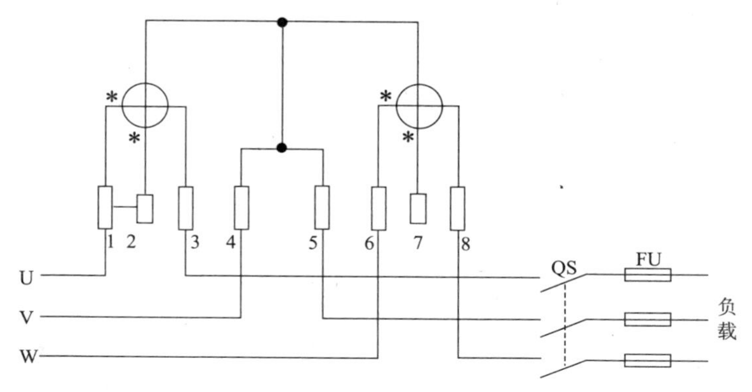

图 11.2　三相三线有功电度表直接接线

② 三相三线有功电度表经电流互感器接线如图 11.3 所示。间接式三相三线式电度表需配两只相同规格的电流互感器。电源进线中的两根相线分别与两只电流互感器一次侧的“+”标记接线端头相连接，并分别接到电度表的 2 和 7 号接线端头(2 和 7 号接线端头上的小铜片需拆除)；电流互感器二次侧的“+”标记接线端头分别与电度表的 1 和 6 号端头相连；两个“－”接线端头相连后接到电度表的 3 和 8 号端头并同时接地。电源进线中的最后一根相线与电度表的 4 号端头相连接并作为这根相线的出线。互感器一次侧的两个“－”标记接线端头作为另两相的出线。

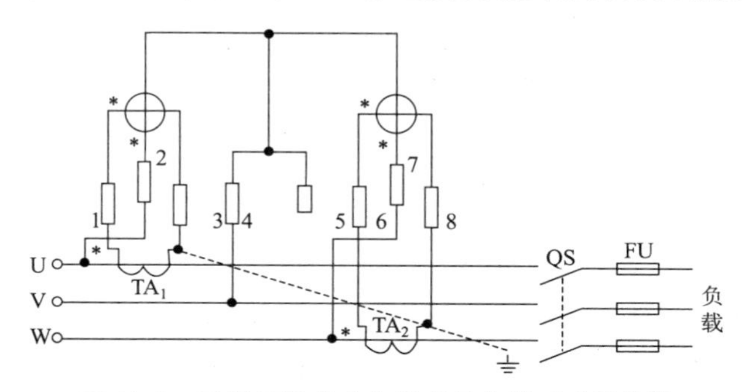

图 11.3　三相三线有功电度表经电流互感器接线

③ 三相四线有功电度表直接接线如图 11.4 所示。直接式三相四线式电度表共有 11 个接线端头，从左至右按 1、2、3、4、5、6、7、8、9、10、11 编号，其中，1、4、7 号是电源相线的进线端头；3、6、9 号是相线的出线端头；10、11 号是电源中性线的进线和出线端头；2、5、8 号三个接线端头可不接。

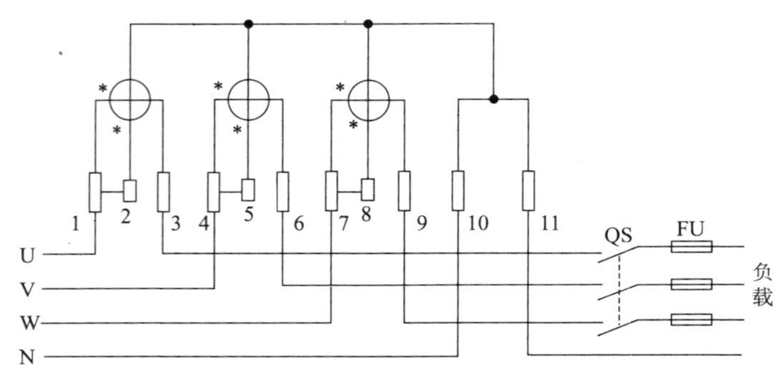

图 11.4　三相四线有功电度表直接接线

④ 三相四线有功电度表经电流互感器接线如图 11.5 所示。间接式三相四线式电度表需三只相同规格的电流互感器。三相电源进线分别与电流互感器一次侧的"＋"标记接线端头及电度表的 2、5、8 号接线端头相连（2、5、8 号接线端上连接的小铜片需拆除）；三只电流互感器二次侧的"＋"标记接线端头分别与电度表的 1、4、7 号接线端头相连，"－"标记接线端头相并联再与电度表的 3、6、9 号接线端头相连接后接地。三只电流互感器的一次侧"－"标记接线端头分别作为三相的出线。中性线与电度表的 10 号接线端头相连并从接线端 11 号引出。

三相电度表接线时应注意以下几点：

① 电度表应按规定的相序（正相序）接入线路，并按照端子盖子背面上的接线图进行接线。最好采用铜导线，避免端子盒中的铜接头因接触不良而使计量不准确，甚至烧毁电度表。

② 当经电流互感器接线时应注意以下几点：

· 与电流互感器初级接线桩头（L_1、L_2）连接可采用铝导线或铝排，但与次级接线桩头（K_1、K_2）连接必须采用单股铜心绝缘电线，且铜心线截面不得小于 1.5mm^2。电线中间不得有接头。

· 电流互感器宜装在电度表的上方，以免抄表、操作时碰触带电部分。

· 电流互感器次级（即二次）标有“K_1”或“＋”的接线桩要与电度表电流线圈的进线桩连接，标有“K_2”或“－”的接线桩要与电度表的出线桩连接，不可接反；电流互感器的初级（即一次）标有“L_1”或“＋”的接线桩，应接电源进线，标有“L_2”或“－”的接线桩应接出线。

· 电流互感器次级的“K_2”或“－”接线桩、外壳和铁心都必须可靠的接地。

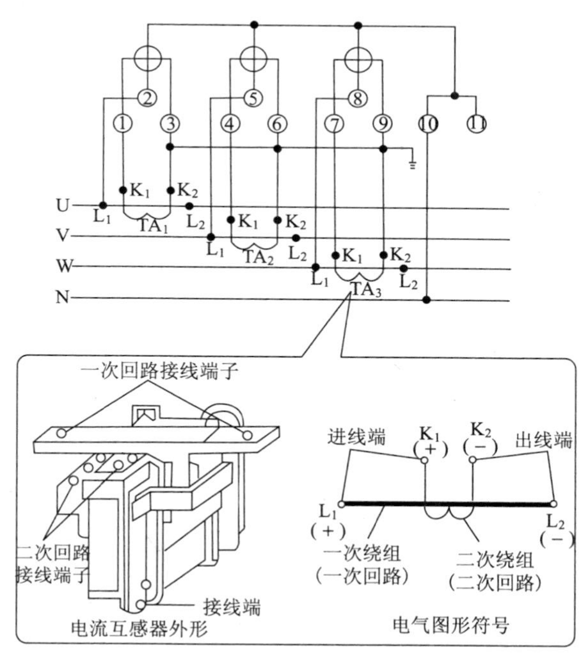

图 11.5　三相四线有功电度表经电流互感器接线

第12章

电工常用保护电路

12.1 配电变压器防雷保护接地电路(Ⅰ)

配电变压器防雷保护接地电路如图 12.1 所示，用于变压器雷电防护。

高压侧装设避雷器 F，采用避雷器单独接地方式。

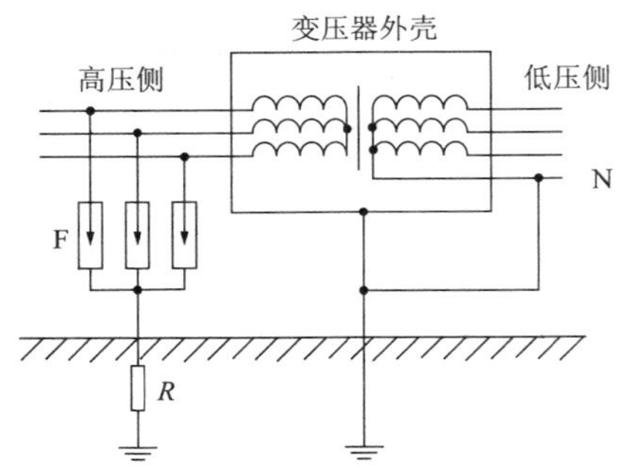

图 12.1　配电变压器防雷保护接地电路(Ⅰ)

当雷击高压侧(10kV)时，避雷器对地放电。

发生雷击时，作用在变压器高压绕组上的电压是避雷器 F 的残压和雷电流经接地电阻 R 而产生的压降 IR 的叠加，该电压往往超出配电变压器的试验标准，因此雷击有可能造成变压器绝缘被击穿。所以这种防雷方式虽然简单但不是非常可靠，应经常检查变压器的绝缘情况。

12.2 配电变压器防雷保护接地电路(Ⅱ)

配电变压器防雷保护接地电路(Ⅱ)如图 12.2 所示，高压侧装设避雷器 F，采用三点共同接地方式。所谓三点共同接地，就是将避雷器 F 的接地线、变压器低压侧中性点及变压器外壳接在一起，然后接地。

这种保护方式目前使用较普遍，假使雷击高压侧避雷器对地放电时，因三点成一点接地，低压侧中性点及变压器外壳的电位相应提高，所以作用在高压绕组上的过电压仅是避雷器的残电压，高压绕组减少了危害，使变压器得以保护。

由于高压绕组出线端的电压受到避雷器限制，所以高电压沿高压绕组分布在中性点上达到最大值，可能把中性点附近的绝缘击穿。此高压沿高压绕组产生的纵向电压也很大，可能将高压绕组的层间或匝间的绝缘击穿。另外当雷击低压侧时，因低压侧没有避雷器，雷电可能击穿低压绝缘，同时作用在低压侧的雷电冲击波按变压比感应到高压侧，可能将高压侧绝缘击穿。故应经常检查高压线圈和中性点的绝缘情况。

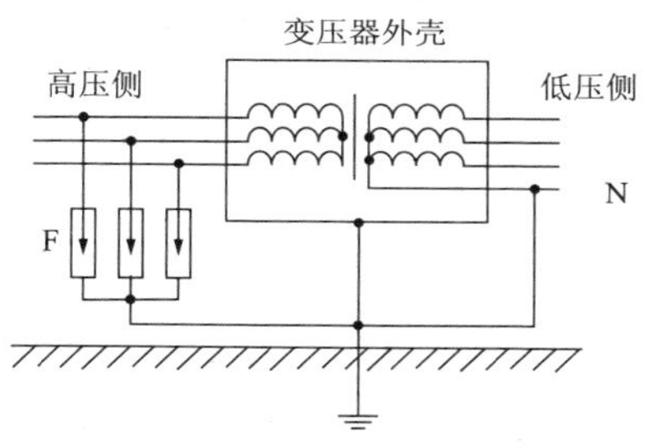

图 12.2　配电变压器防雷保护接地电路(Ⅱ)

12.3 配电变压器防雷保护接地电路(Ⅲ)

配电变压器防雷保护接地电路(Ⅲ)如图 12.3 所示。

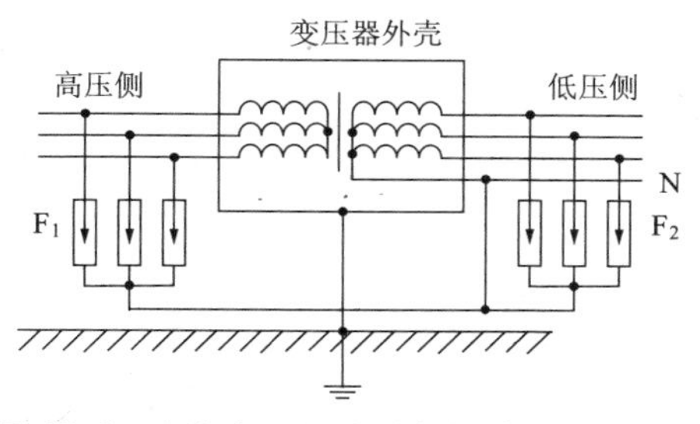

图 12.3　配电变压器防雷保护接地电路(Ⅲ)

高压、低压侧均装设避雷器，采用三点共同接地方式。这种接线方式避免了前两种方式的缺点。这样无论雷击高压侧还是低压侧，作用在变压器绕组上的过电压，都限制在避雷器的残电压，从而保护了变压器。因此这种方法最为合理、完善。

如果发生雷击时，及时检查避雷器性能是否正常，接地是否良好。

12.4 漏电保护器电路

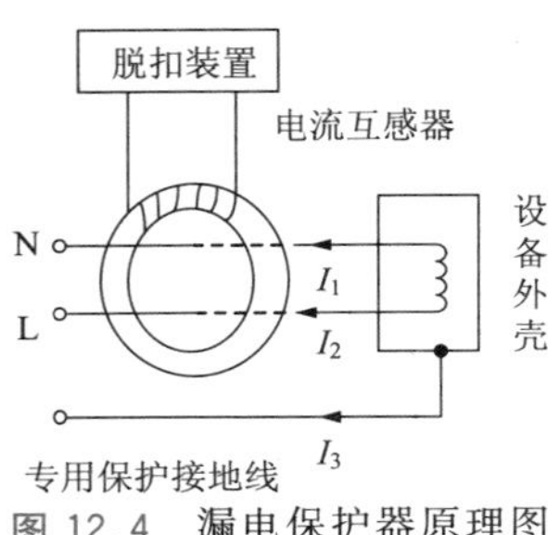

图 12.4　漏电保护器原理图

漏电保护器原理如图 12.4 所示。漏电保护器是安全用电中常用的一种装置，当用电线路发生漏电时，能够自动跳闸切断电源。

当正常工作时，相线 L 与中性线 N 中的电流相等($I_1=I_2$)，在铁心中产生方向相反、大小相等的磁通，因而相互抵消，电流互感器无输出。一旦发生漏电(存在 I_3)，使流经相线 L 与中线 N 的电流不等，电流互感器副边有输出，直接(或经放大)使脱扣装置动作切断电源，起到保护作用。在环型铁心里可以放置 2 根、3 根或 4 根导体，分别称之为单极二线、二极二线、二极三线、三极三线、三极四线等型。

若认为装了漏电保护器便可防止人身触电的看法是不正确的。由于 $I_1=I_2$，因此当人在同时触及相线及中性线时，漏电保护器却根本不会动作。因此漏电保护器的作用在于大部分电器设备出现漏电或碰壳故障时，一旦漏电电流达到规定值时，漏电保护器便动作，切断电源，从而避免漏电引起的火灾或人因碰故障设备的外壳而引起的人身事故。

图 12.5 所示几种漏电保护器的接法是不正确的。图 12.5(a)中设备外壳未接专用保护地线而悬浮，图 12.5(b)设备外壳接中线。在这两种情况下，即使设备出现故障而碰壳，由于仍有 $I_1=I_2$，会造成漏电保护器不会动作。图 12.5(c)中未采用漏电保护器的设备 A 与采用漏电保护器的设备 B 共用一根接地干线，若 A 设备外壳因故带电而又未切除时，则 B 设备外壳将带电而漏电保护器却不动作。上述三种情况下，人若触及带电的外壳仍会有触电的危险。因此装有漏电保护器和未装有漏电保护器

的用电设备不得共用一根接地干线。

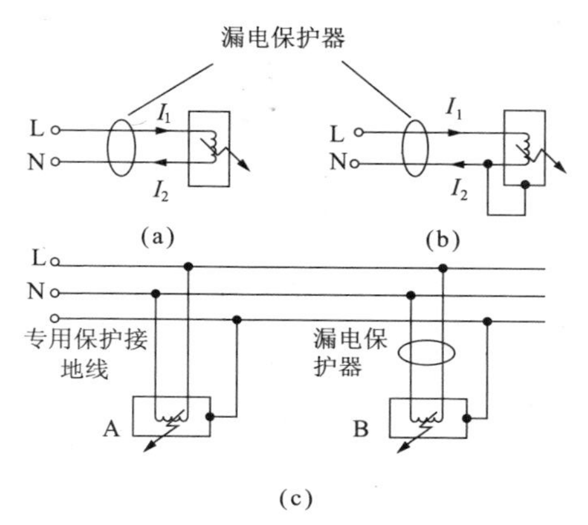

图 12.5 漏电保护器几种错误接法

12.5 羊角间隙避雷器电路

羊角间隙避雷器电路如图 12.6 所示。可防止电器设备遭雷电的侵袭。这种避雷器制作简单、经济、装置容易、效果良好。

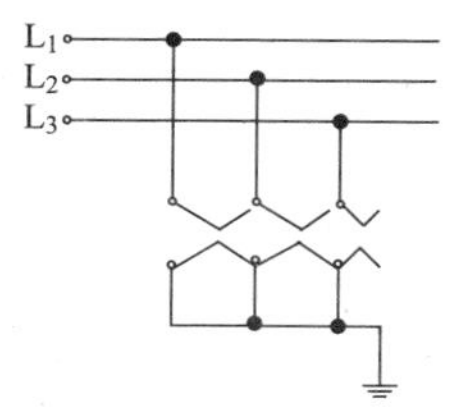

图 12.6 羊角间隙避雷器电路

当有过电压侵入时，羊角间隙放电，将雷电引入大地，保护了电器设备。

图 12.6 中折线方框表示应用铁箱罩住，内部可以采用直径为 0.71mm 的铜线弯成羊角状间隙，其间隙距离 2.5mm 左右，铜线长度可以任意决定。羊角间隙应用瓷夹板固定，每次雷雨过后需要检查维护。

12.6 阀式避雷器电路

阀式避雷器电路如图 12.7 所示。

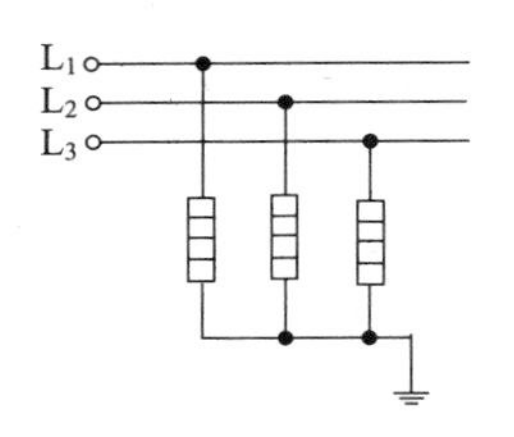

图 12.7　阀式避雷器电路

当雷电来临时，防止电器设备被雷电侵袭而造成损坏。

当电路有过压发生时，火花间隙被击穿而放电，阀片电阻下降，将雷电引入大地。在正常情况下，火花间隙不会被交流电压所击穿，阀片电阻较高。它与阀门相似，能够自动限制电流。根据放电间隙有无并联电阻，可分为没有并联电阻的 FS 型、有并联电阻的 FZ 型以及有并联电阻和并联电容的 LJ 型三种。

每次雷雨过后需要及时检查维护。

12.7 安全隔离变压器电路

安全隔离变压器电路如图 12.8 所示。

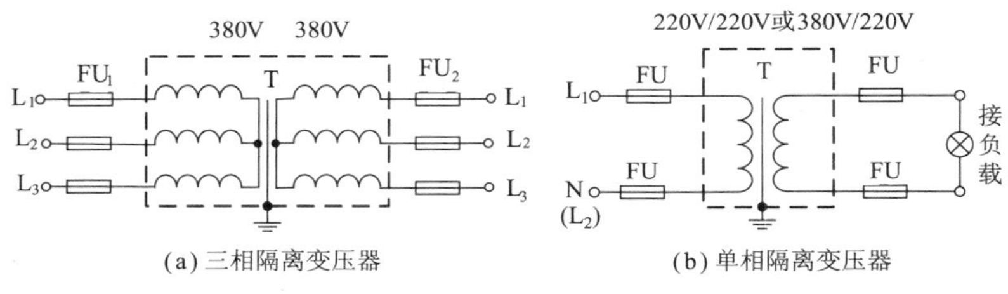

(a) 三相隔离变压器　(b) 单相隔离变压器

图 12.8　安全隔离变压器电路

在工农业生产中，往往要用手持移动工具，例如电剪刀、潜水泵、脱粒机、电工实验台等。但由于种种原因，可能造成这些用电工具设备漏电，给人身安全造成危险。这种情况下采用隔离变压器可以在局部范围内避免触电事故。

隔离变压器有一、二次线圈，它通过磁路使二次侧带电。二次侧不直接与一次侧的中性点接地系统发生电的联系，因此具有良好的对地隔离性能。当电气设备外壳漏电时，无论次级线圈的哪一端与电器外壳接触，都不会造成人身触电。人体不能同时接触两根带电导线，否则仍会有触电危险。

变压器的电压可根据需要来选，一般规格有单相 220/220V、220/36V、380/220V；三相 380/380V、380/220V、380/36V。

12.8 安全低压变压器电路

安全低压变压器电路如图 12.9 所示。

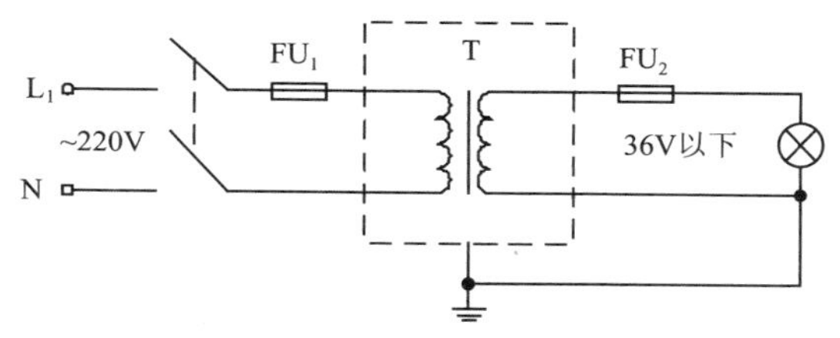

图 12.9 安全低压变压器电路

为避免触电事故，保障人身安全，一般在人经常接触到的地方采用低压变压器提供的安全电压进行供电。常用的有 6V、12V、24V、36V 等，大都用于照明、理发用具等家用电器。采用降压变压器对交流 220V 的交流电进行降压时要注意以下两点：

① 变压器的原边和副边不能接错。

② 副边所接负载大小要根据所用变压器的型号决定。

12.9 电源通断指示灯电路

电源通断指示灯电路如图 12.10 所示。

在开关损坏时，能够给用电者提示，防止触电事故的发生。

当电源开关 S 断开时，经 C 降压，R 限流，红色发光二极管 VL_1 亮，表示负载没有加电。当 S 闭合后，经 C、R 降压限流，VL_1（红）、VL_2（绿）同时亮。

制作时，C 用 0.1μF/400V 电容器，R 用 150Ω、1/8W 电阻，VD_1、VD_2 用 1N4007 二极管、VL_1 用红色发光二极管，VL_2 用绿色发光二极管。

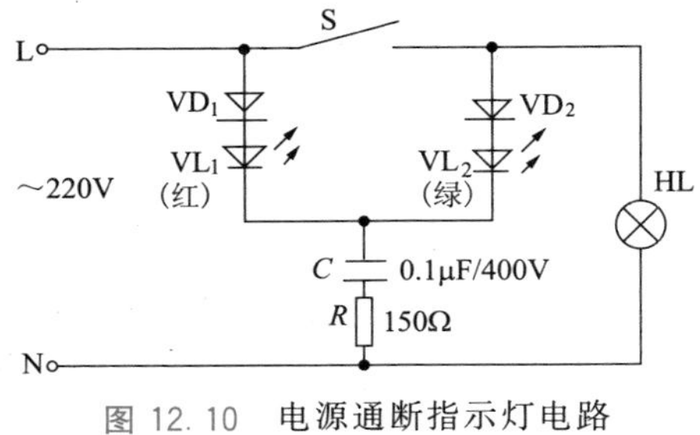

图 12.10　电源通断指示灯电路

第13章

趣味电工电路

13.1 湿手烘干器电路

湿手烘干器电路如图 13.1 所示。

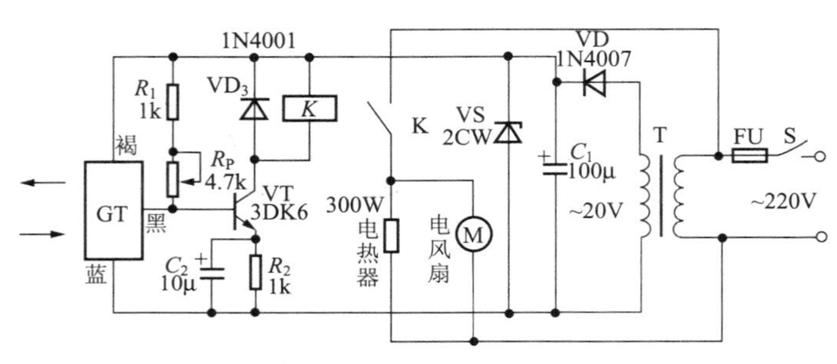

图 13.1　湿手烘干器电路

光电传感器 GT 内部由发射管和接收管组成。无人洗手时，光电传感器 GT 中发射管发出的脉冲光因无移动物体(手)反射回 GT 的接收管，所以 GT 输出极(黑线)呈现低电平，开关三极管 VT 截止，继电器 K 不动作，电热丝、电吹风风扇不工作，整个电路处于待机状态。

当有人烘手时，靠近光电传感器的手将 GT 发射管发出的脉冲光反射给 GT 内的接收管，经传感器内部判断，GT 输出极呈现高电平，开关三极管 VT 饱和导通，继电器 K 动作，继电器的常开触点闭合，接通控制主电路，电热丝发出的热量，经电风扇 M 吹出热风把湿手吹干，手离开烘干器后，电路又恢复待机状态。

13.2 音效驱鸟器电路

本例介绍的音效驱鸟器，在检测到鸟叫声时，能发出鞭炮声，将田地里的鸟吓走。音效驱鸟器电路如图 13.2 所示。

在传声器 BM 未检测到鸟叫声时，VS 处于截止状态，继电器 K 不动作，其常开触点断开，常闭触点闭合，音效电路和音频放大电路均不工作，扬声器无声。

当鸟类着陆发出叫声时，传声器 BM 将检测到的鸟叫声转换成电信号，该信号经前置放大和选频放大处理后，通过 C_5 加至 VS 的门极上，使 VS 受触发而导通，继电器 K 通电吸合，其常开触点接通，使音效电路和音频放大电路工作，扬声器 B 发出响亮的鞭炮声。继电器 K 吸合后，其常闭触点虽已断开，但由于 C_6 经 K 放电，继电器 K 仍能维持吸合一段时间。C_6 放电结束后，K 断电释放，其常开触点断开，音效电路和音频放大器停止工作，扬声器 B 停止发声。

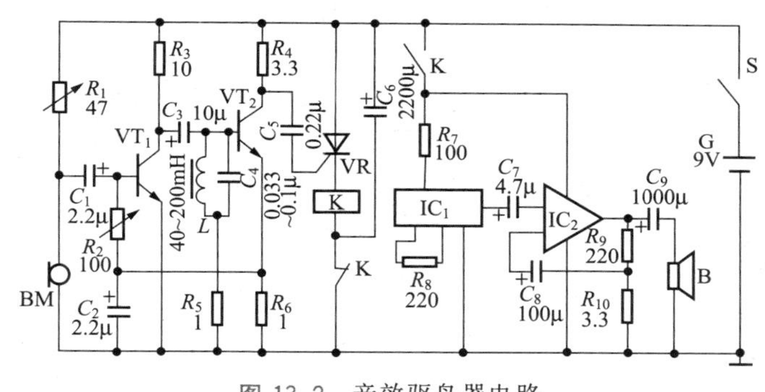

图 13.2 音效驱鸟器电路

改变电感器 L 的电感量与电容器 C_4 的容量，可改变选频电路的谐振频率（C_4 的容量越小，频率越高；L 的电感量越大，频率越低），使电路的动作更灵敏。

IC_1 选用内储鞭炮声的音效集成电路；IC_2 选用 TDA2030 音频放大集成电路。

13.3 家电提前工作遥控电路

家电提前工作遥控电路的发射机电路如图 13.3 所示。

集成电路 IC_1（NE555）与外围元件 R_1、R_2、C_1、C_2 构成脉冲振荡器，IC_2 为固定载频无线发射组件。IC_2 根据 IC_1 调制频率信号，经发射天线发射出去，控制接收机双路电源插座（即欲遥控开启电路的电源插座）。

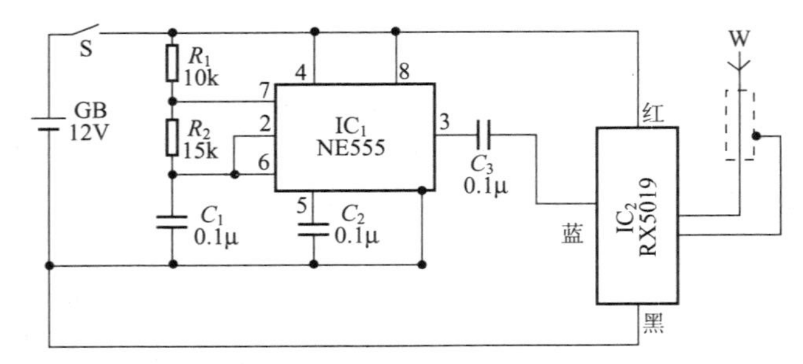

图 13.3　家电提前工作遥控电路的发射机电路

家电提前工作遥控电路的接收机电路如图 13.4 所示。

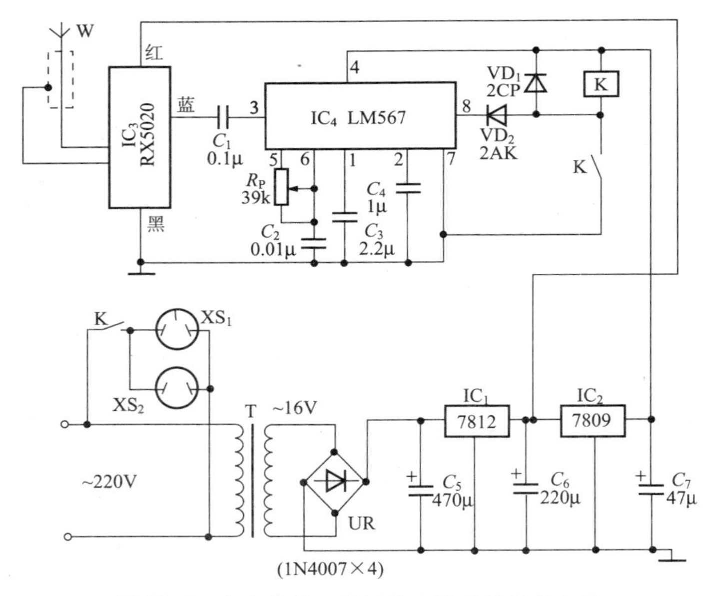

图 13.4　家电提前工作遥控电路的接收机电路

图 13.4 中，IC_3 为无线接收组件；IC_4 为锁相环音频译码器 LM567，其 5、6 脚外接电阻、电容器，确定内部压控振荡器的中心频率。因此 IC_4 作为单频率信号检测仪，检测信号由 3 脚输入。当输入信号频率与中心振荡频率一致时，其 8 脚就由高电平变成低电平。IC_4 中心频率与发射机的调制频率一致，此时按一下发射机按钮 S，IC_4 的 8 脚变成低电平，继电器 K 线圈得电吸合，其常开触点闭合，接通 XS_1、XS_2 插座电源。

在下班前半小时，只需按一下发射机电路中 S，电路就能自动接通并

联的 XS_1、XS_2 插座的电源(根据需要,可多并联几个插座),实现远距离遥控家电。

13.4 家用电器遥控调速电路

本例采用超声波对家用电器如电风扇(吊扇、台扇、落地扇)等实现调速。其主要特点是发送端采用亚超声发射器,无方向性限制,无需电源,操作方便;接收部分由电压元件等组成,结构简单,成本低廉。

家用电器遥控调速电路如图 13.5 所示。

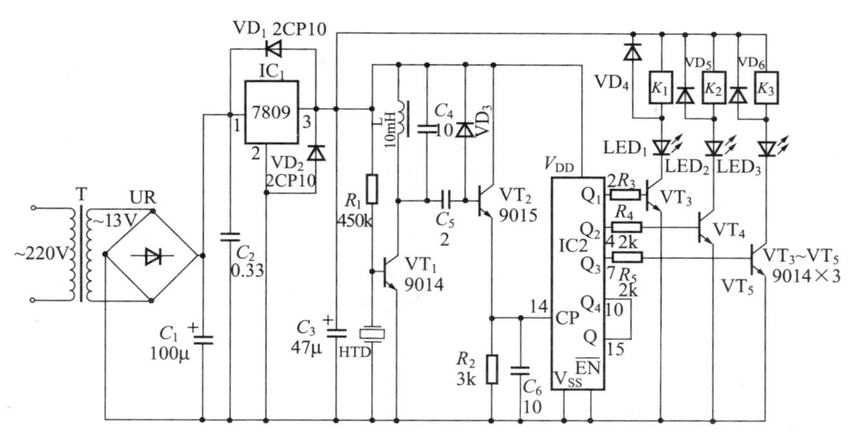

图 13.5 家用电器遥控调速电路

220V 交流电源经变压器 T 降压及整流桥 UR 全波整流,再经 C_1、C_3 滤波,由三端稳压器 IC_1 7809 稳压后得到+9V 直流工作电压。

当压电蜂鸣片 HTD 接收到亚超声信号时,先经三极管 VT_1 放大,由电感 L、电容器 C_4 组成的选频回路选出亚超声信号,再经电容器 C_5 耦合、二极管 VD_3 限幅、三极管 VT_2 放大并输出脉冲。每次操作时,手按一下发射器,VT_2 集电极就输出一个正脉冲触发信号,由十进制计数器 IC_2(CD4017B)计数。由于一般电扇仅需控制三挡调速,因此可采用 CD4017B 的 Q_1、Q_2、Q_3 挡位。当第四次遥控信号到来时,Q_4 输出“1”,通过 IC 置“0”端使 IC 清零,从而保证信号每发出一次,控制器均能自动跳挡。当 Q_1、Q_2、Q_3 依次输出“1”时分别推动 VT_3、VT_4、VT_5 导通，LED_1～LED_3 依次发光，继电器 K_1～K_3 依次吸合导通。这样就实现了电扇控制按 0 挡、1 挡、2 挡、3 挡的先后顺序变化。

13.5 火灾报警器电路

本例介绍的火灾报警器，在检测到烟雾时能及时发出报警声，有利于及早扑灭火灾。该装置既可用于家庭，也可用于单位宿舍、办公楼、影剧院、歌舞厅等公共场所。

火灾报警器电路如图 13.6 所示。

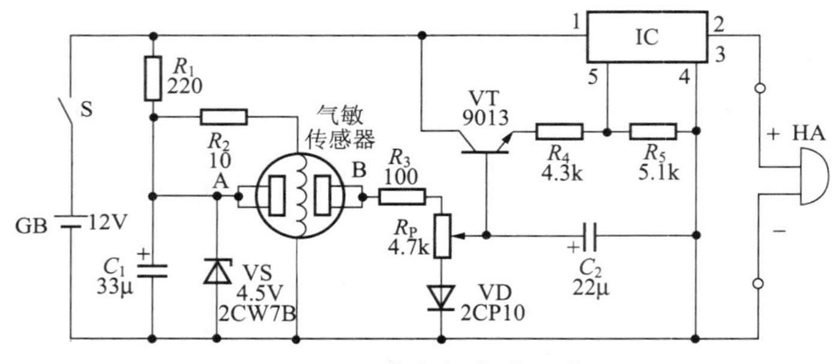

图 13.6 火灾报警器电路

QM-N5 型气敏传感器在未检测到烟雾时，其 A、B 两极间的导电率很低，呈高电阻状态，VT 处于截止状态，IC（TWH8778）内部的电子开关不导通，HA 不发声。

当发生火灾，气敏传感器检测到烟雾时，QM-N5 型气敏传感器 A、B 两极间的电阻值变小，VT 因基极电位升高而导通，IC 的 5 脚电压高于 1.6V，IC 内部的电子开关导通，HA 通电工作，发出报警声。

13.6 气体烟雾检测报警器电路

气体烟雾检测报警器电路如图 13.7 所示。

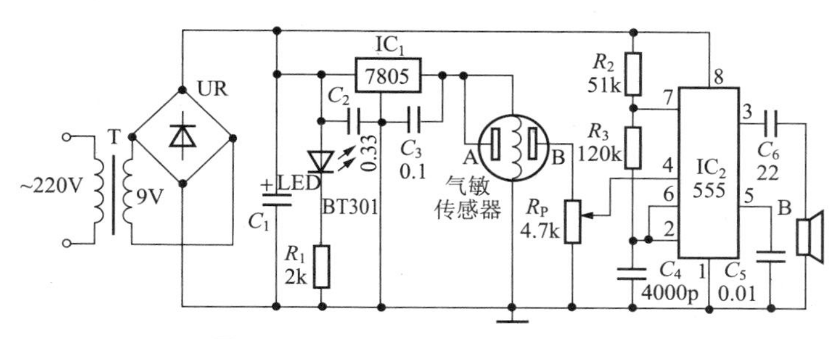

图 13.7 气体烟雾检测报警器电路

电路采用 QM-N5 型半导体气敏元件作为传感器，实现“气-电”转换，555 时基集成电路及周围元件组成触发电路和报警音响电路。由于气敏元件工作时要求其加热电压相当稳定，所以利用三端集成稳压器 7805 对气敏元件加热灯丝进行稳压，报警器就能稳定地工作在 180～260V 的范围内。电路工作时，由 555 时基电路组成自激多谐振荡器，利用它的复位端进行触发。当气敏元件接触到可燃性气体和纸张、塑料、橡胶等燃烧生成的烟雾时，其阻值降低，使 555 时基电路复位端 4 脚电压上升，当电压达到 555 时基电路电源电压的 1/3 时，输出端 3 脚输出高电平，驱动扬声器发出报警声。

13.7 湿度测量报警器电路

本例电路适用于有湿度限制的仓库，当湿度超过规定值时发光二极管 LED 发光报警。

湿度测量报警器电路如图 13.8 所示。

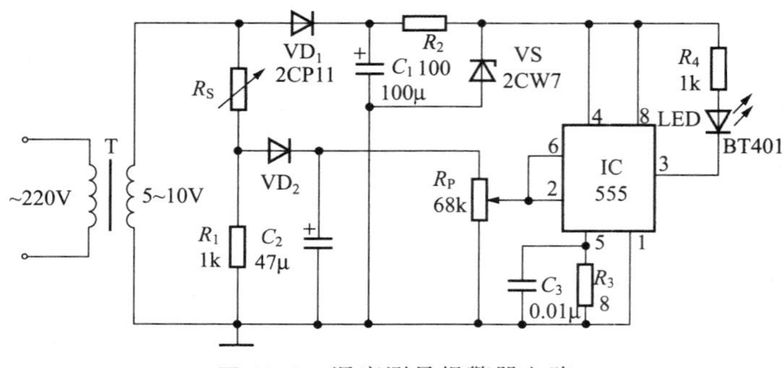

图 13.8　湿度测量报警器电路

当湿度上升时，湿敏电阻 R_S(塑料封装 MS01-A 片状湿敏电阻)阻值下降，电阻 R_1 上交流电压增大，经 VD_2 整流后在电位器 R_P 上产生的直流电压就升高。当湿度升高到限定值以上时，555 时基电路的触发端 2 脚和阈值端 6 脚电压升高到电源电压的 1/3，其输出端 3 脚输出变为低电平，发光二极管 LED 发光报警，这时应进行去湿。当湿度低于一定值时，R_S 阻值升高，则 R_1 上电压降低，555 时基电路的 2、6 脚电压低于电源电压的 1/6 时，输出端 3 脚输出变成高电平，LED 熄灭。555 时基电路控制端 5 脚的外接电阻 R_3 可改变 555 的输入电平阈值。

13.8 温度控制器电路

本例介绍的温度控制器，具有取材方便、性能可靠等特点，可用于种子催芽、食用菌培养、幼畜饲养及禽蛋卵化等方面的温度控制，也可用于控制电热毯、小功率电暖器等家用电器。

温度控制器电路如图 13.9 所示。

220V 交流电压经 C_1 降压、VD_1 和 VD_2 整流、C_2 滤波及 VS 稳压后，一路作为 IC(TL431 型三端稳压集成电路)的输入直流电压；另一路经 R_T、R_3 和 R_P 分压后，为 IC 提供控制电压。

在被测温度低于 R_P 的设定温度时，NTC502 型负温度系数热敏电阻器 R_T 的电阻值较大，IC 的控制电压高于其开启电压，IC 导通，使 LED 点亮，VS 受触发而导通，电热器 EH 通电开始加热。

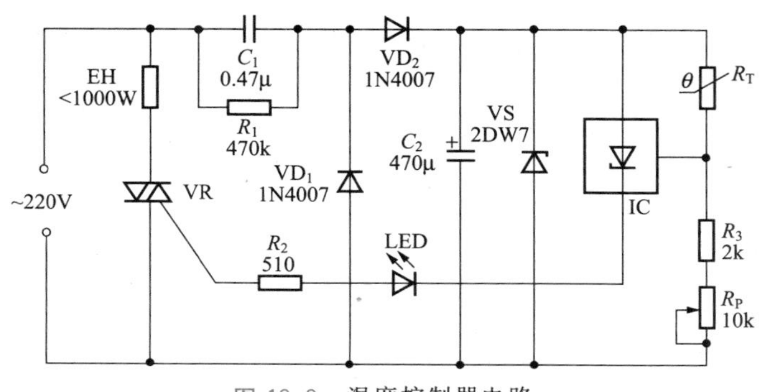

图 13.9 温度控制器电路

随着温度的不断上升，R_T 的电阻值逐渐减小，同时 IC 的控制电压也随之下降。当被测温度高于设定温度时，IC 截止，使 LED 熄灭，VS 关断，EH 断电而停止加热。随后温度又开始缓慢下降，当被测温度低于设定温度时，IC 又导通，EH 又开始通电加热。如此循环不止，将被测温度控制在设定的范围内。

13.9 鸡舍自动光控、温控电路

本例介绍一种用于鸡舍及其他产蛋家禽的自动光控、温控装置。该装置具有光照变暗自动开启照明灯、舍内温度下降自动启动加热器的功能。

鸡舍自动光控、温控电路如图 13.10 所示。

1. 光控电路

光控电路传感器由光敏电阻 R_G 担任，当有光照时，其阻值变小，小于 10kΩ，当其压降降低到 1.6V 时，IC_1 不导通，其 2 脚输出低电平，继电器 K_1 不工作，灯泡 EL 不亮。当天变暗后，光敏电阻阻值变大，其压降升高至 1.6V 以上时，IC_1 导通，2 脚输出高电平，继电器 K_1 吸合，电灯 EL 发光，为鸡舍增大照度，同时，发光二极管 LED_1 发光，指示处于增加照度状态。当光线变强后，继电器 K_1 又释放，灯泡 EL 也随之熄灭。

2. 温控电路

温控电路由 IC_2（TWH8778）等元器件组成。传感器用的热敏电阻

R_T 采用负温度系数热敏电阻器，当温度上升时，其阻值变小，热敏电阻的压降低于 1.6V，IC_2 不导通，继电器 K_2 不工作，加热器也无电源。当温度下降时，热敏电阻的阻值上升，其压降也上升，当升高到 1.6V 以上时，IC_2 导通，继电器 K_2 得电动作，接通加热器 R_6 的工作电源，为鸡舍加热，同时，LED_2 发光，指示处于加热状态。当温度又升高到一定值时，IC_2 又截止，加热器停止加热。如此不断循环，可保证鸡舍内温度恒定。

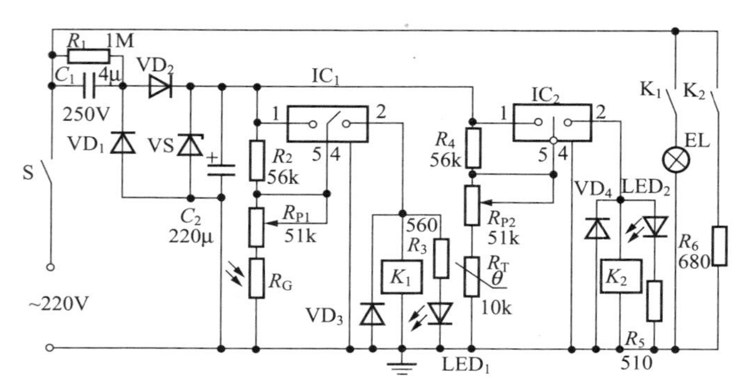

图 13.10 鸡舍自动光控、温控电路

13.10 自动传输线堵料监视电路

自动传输线堵料遥控监视电路如图 13.11 所示。

当光路被物料挡住时，光电三极管 VT_1 截止，三极管 VT_2 截止，VT_3、VT_4 组成的射耦双稳态触发器翻转成 VT_3 导通、VT_4 截止的状态，二极管 VD_1 不能导通，由 VT_5 和电位器 R_P 组成的恒流源向 C_2 充电，C_2 上电压上升到一定值后复合管 VT_6、VT_7 导通，K_1 吸合，控制外电路工作或报警。

如果 C_2 上电压还没升高到使 VT_6 导通的程度。光路又通了，则射耦双稳态触发器翻转成 VT_3 截止，VT_4 导通的状态，VD_1 导通，将电容 C_2 正端钳制在低电位，K_1 不能吸合。调整 R_P 可改变电路允许的最大堵料时间(也即短时间堵料电路不报警)。

VT_8 组成光源自动切换及报警电路。HL_1 正常工作时，其两端电压为 6V 左右，VS 的击穿电压在 8V 左右，所以 VT_8 不能导通。而当 HL_1 损坏时，12V 电压通过 R_1 和 R_2 使 VS 击穿导通，VT_8 导通，备用电灯 HL_2 点亮，达到自动切换的目的。同时 K_2 吸合，K_2 的常开触点闭合后控制电铃报警，促使操作人员换灯泡。

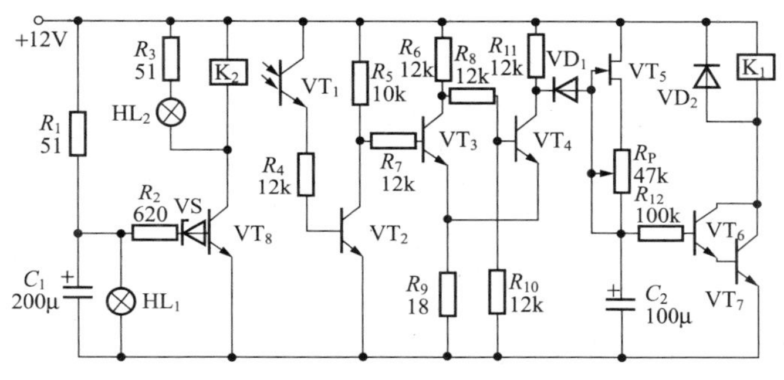

图 13.11　自动传输线堵料监视电路

VT_1 选 3DU5，VT_2～VT_4、VT_6 选 3DU6、β 值在 50～80 的三极管。VT_7 和 VT_8 选 3DG12 或 3DK4，β 值在 40～50 即可。

K_1 和 K_2 选用 JQX-4F 型 12V 的继电器或其他灵敏继电器。

调试时，光线照到 VT_1 上 VT_3 应截止，K_1 应释放，如果不是这样，可将 VT_2 换成 β 值大的（如 100 倍）三极管。如果光路挡住很长时间 K_1 也不吸合，可将 R_{10} 换成阻值小一点的电阻。

13.11 自动传输线断料监视电路

有些自动生产线物料的传送是断断续续的，这就不能用一般的“亮通控制电路”电路来监视了，必须采用延时电路来辨别是真断料还是假断料，只有在真断料时才进行报警和控制。

自动传输线断料监视电路如图 13.12 所示。

光电转换部分由 VT_2 和 VT_3 组成，物料从光源 HL_1 和光电三极管之间通过，不断地遮挡光线，使电容 C_3 的电压来不及上升，VT_4 截止，VT_5 也处于截止状态，K_2 不能吸合。

当物料断料时，光线长时间地照到光电三极管 VT_2 上，VT_2 内阻变小，向 VT_3 提供足够的基极电流，VT_3 导通，电源通过 R_P 向 C_3 充电，当 C_3 的电压上升到一定值时，VT_4、VT_5 导通，K_2 吸合，K_2 的常开触点闭合后去控制外电路或报警。C_3 和 R_P 组成延时电路用以辨别断料的真伪。因为有些物料的运行是断断续续的，短时间的断料（比如 1～2s）是正常现象，C_3 的电压上升不多，达不到使 VT_4 导通的程度，而当物料继续运行后，挡住光线，C_3 上的电压又通过 R_6 放掉，调整 R_P 可改变正常断料允许时间。

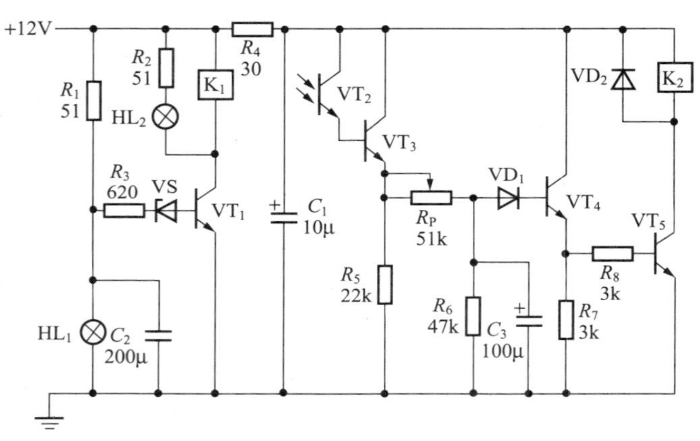

图 13.12 自动传输线断料监视电路

VT_1 组成光源自动切换、报警电路。HL_1 正常工作时，其两端电压为 6V 左右，VS 的击穿电压在 8V 左右，所以 VT_1 不能导通。而当 HL_1 损坏时，12V 电压通过 R_1 和 R_3 使 VS 击穿导通，VT_1 导通，备用电珠 HL_2 点亮，达到自动切换的目的。同时 K_1 吸合，K_1 的常开触点闭合后控制电铃报警，促使操作人员更换小电珠。

VT_1 和 VT_5 选 3DK4，$\beta>60$。VT_2 选 3DU5 型光电三极管。VT_3 和 VT_4 选 3DG8 或 3DG6，$\beta>50$。HL_1、HL_2 选用 6.3V 小电珠。

K_1 和 K_2 选 JQX-4F 型 12V 继电器。

调试时，如果 HL_1、HL_2 同时亮，可能是由于 VS 稳压值较低造成的，更换稳压值较高的稳压管；如果物料稍一断 K_2 就吸合，而且调整也不起作用，可能是 VT_3 漏电流大或 β 值太大造成的（光很暗时 C_3 就能充电），更换 VT_3 或在 VT_3 基极对地加一个 62kΩ 的电阻。

13.12 计数器电路

本例是一种用光控晶闸管作检测探头的计数器电路，能方便地实现产品计数的目的。

计数器电路如图 13.13 所示。

当产品运动到电珠 H 与光控晶闸管 VSP 之间，光线被挡住，VSP 关断。此时电源通过 VD、R，向电容器 C 快速充电，当电容器两端电压迅速上升并略超过稳压二极管 VR 的稳定电压值后，VR 导通，晶闸管 VS 亦相继导通，计数器 PC 通电。当产品运动过后，H 的光线重新照射 VSP，VSP 导通，电容器 C 被短接，VR、VS 相继关断，PC 失电。PC 每通断一次电源，便能自动累计一个数字，从而实现了计数产品的目的。PC 可以采用 JDM-II-DC12V 电磁脉冲计数器。

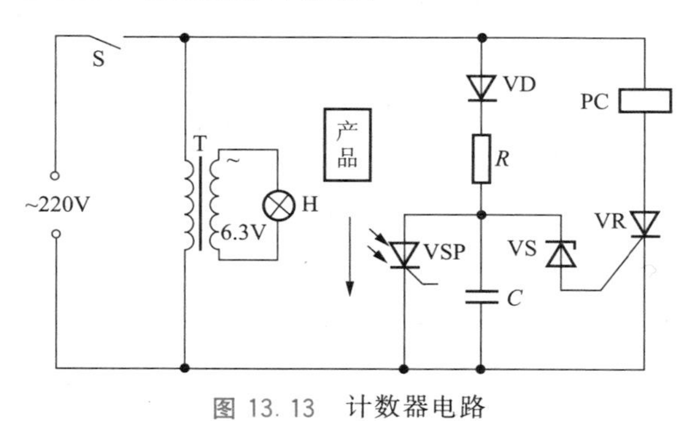

图 13.13　计数器电路

13.13 玻璃瓶计数器电路

用普通的计数器计数玻璃瓶往往会有误差，这是因为玻璃瓶是半透明的，它在遮挡光源时会产生透射和折射，使光敏晶体管的光电流和暗电流变化范围变小，转换成的电信号波形复杂，给正常计数造成一定困难。参照本例电路制成的计数器能有效解决这一问题。

玻璃瓶计数器电路如图 13.14 所示。

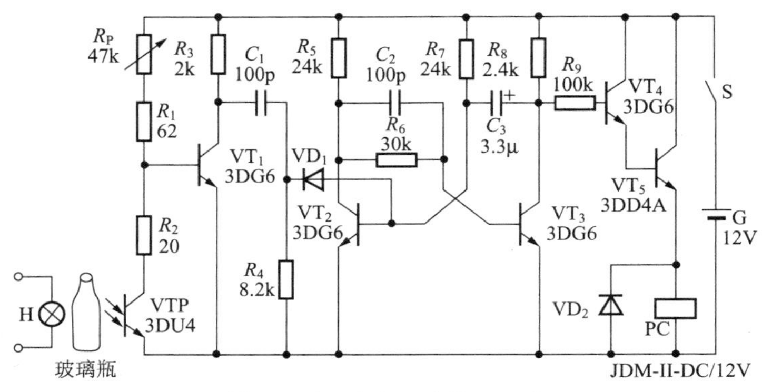

图 13.14　玻璃瓶计数器电路

当传送带上的玻璃瓶运动至电珠 H 和光敏晶体管 VTP 之间，挡住 H 光线的瞬间，VTP 由原来的低阻状态转换呈高阻状态，电源经 R_P、R_1 向 VT_1 基极提供正向偏置电流，VT_1 饱和导通，使得电容器 C_1 的电压突然从 12V 降至 0V，这个负跳变经 R_4、VD_1 加到 VT_2 基极，使 VT_2 由原来的饱和变为截止，VT_3 由截止变为饱和，电路进入暂稳状态。由于 VT_2 呈截止状态，所以此时即使有玻璃瓶体的透射、折射干扰光信号，所形成的负脉冲加到 VT_2 基极也不起任何作用。只要电路暂稳时间长于一只玻璃瓶遮光的全过程，就不会发生干扰信号参与计数的可能，从而确保了一只玻璃瓶只触发一次单稳态电路。

暂稳态维持的时间取决于 C_3 放电时间的长短。C_3 的放电促使 VT_2 基极电位逐渐上升，当上升到 VT_2 的导通电压时，电路发生翻转，VT_2 重新导通，VT_3 重新截止，电路恢复到原来的稳定状态，为下一只玻璃瓶的到来计数做好准备。

VT_4、VT_5 组成复合管开关电路，在 VT_3 截止时，VT_4、VT_5 导通，PC 通电，VT_3 饱和后，VT_4、VT_5 截止，计数器 PC 断电。PC 每通断一次电源，便累计一个数字。

13.14 具有断电数据保持功能的计时器电路

本例电路以分钟为单位累计设备的运行时间，最大累计时间为 694 天，且停电也不会丢失数据。

具有断电数据保持功能的计时器电路如图 13.15 所示。

220V 交流电经电容器 C_1 降压，$VD_1 \sim VD_4$ 桥式整流，C_2 滤波，VS 稳压，得到约 7.5V 的直流电压作为 NE555 的电源。当电源通过 R_2、R_3、R_P 使 C_3 充电至 $2/3U_{CC}$ 时，NE555 的 7 脚导通，3 脚输出低电平，使 VS 截止；C_3 通过 R_P、R_3、7 脚对地放电至 $1/3U_{CC}$ 时，7 脚截止，3 脚输出高电平，VS 导通，计数器 PC 得电累进 1 计数。调节 R_P 可改变电容器 C_3 的充放电时间常数，即控制计数的间隔时间。

本电路放电时间常数约为 58s，充电时间约为 2s，合计 60s。VS 导通截止一次，计数器计数一次。计数器 PC 可采用 JD6-ⅢA 型继电式计数器。

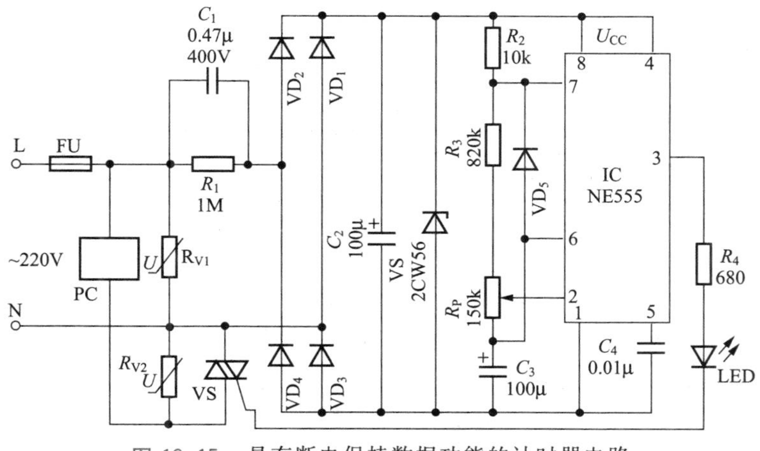

图 13.15　具有断电保持数据功能的计时器电路

13.15 插座接线安全检测器电路

这是一种具有七种功能的插座内部接线安全检测器，它可以测试单相插座内部接线是否正确，并能显示插座内部是否有安全可靠的接地保护措施，可作为家用电器插头的安全用电指示灯，还可用来专门检测插座的接线是否正确安全。

插座接线安全检测器电路如图 13.16 所示。

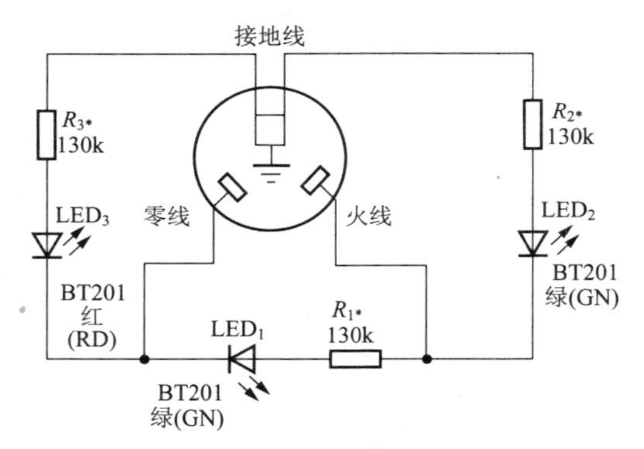

图 13.16　插座接线安全检测器电路

把插头插入插座，安全检测的结果会有以下几种情况：

① 插座内部接线正确，则所装绿色发光二极管 LED_1、LED_2 发亮；红色发光二极管 LED_3 不亮，证明用电安全正常。

② 插座保护接地线断线，则发光二极管 LED_1 亮，而 LED_2、LED_3 不亮。

③ 插座接地线与相线相反，则发光二极管 LED_1 不亮，LED_2、LED_3 亮，证明使用家用电器很危险。

④ 插座零线断线，则发光二极管 LED_1、LED_3 不亮，LED_2 亮。

⑤ 零线与火线相反，则发光二极管 LED_1、LED_3 亮，LED_2 不亮。

⑥ 插座火线断线，则发光二极管 LED_1、LED_2、LED_3 均不亮。

⑦ 插座保护接地线断线并且家用电器外壳漏电，则发光二极管 LED_1、LED_3 亮，LED_2 不亮，说明非常危险应立即断开电源。

科学出版社

科龙图书读者意见反馈表

书　　名 ______________________________

个人资料

姓　　名：__________ 年　　龄：__________ 联系电话：__________

专　　业：__________ 学　　历：__________ 所从事行业：__________

通信地址：______________________________ 邮　　编：__________

E-mail：______________________________

宝贵意见

◆ 您能接受的此类图书的定价

20 元以内□　30 元以内□　50 元以内□　100 元以内□　均可接受□

◆ 您购本书的主要原因有(可多选)

学习参考□　教材□　业务需要□　其他__________

◆ 您认为本书需要改进的地方(或者您未来的需要)

____

____

◆ 您读过的好书(或者对您有帮助的图书)

____

____

◆ 您希望看到哪些方面的新图书

____

____

◆ 您对我社的其他建议

____

____

谢谢您关注本书！您的建议和意见将成为我们进一步提高工作的重要参考。我社承诺对读者信息予以保密，仅用于图书质量改进和向读者快递新书信息工作。对于已经购买我社图书并回执本“科龙图书读者意见反馈表”的读者，我们将为您建立服务档案，并定期给您发送我社的出版资讯或目录；同时将定期抽取幸运读者，赠送我社出版的新书。如果您发现本书的内容有个别错误或纰漏，烦请另附勘误表。

回执地址：北京市朝阳区华严北里 11 号楼 3 层

科学出版社东方科龙图文有限公司电工电子编辑部(收)

邮编：100029